高等职业教育水利类“十三五”系列教材

水利工程施工监理

主　编　赵　静　马兴建　陈　林
副主编　池龙哲　罗　文　刘建飞
主　审　刘进宝　宋汉耀

中国水利水电出版社
www.waterpub.com.cn
·北京·

内 容 提 要

本书结合当前我国水利工程监理工作实际、依据现行行业规范规程和高等职业教育特点编写而成，努力体现高等职业教育教学特色，突出职业岗位的针对性和技术的实用性，注重实践技能和工作能力的培养，便于学生自主学习。全书主要内容为：水利工程施工监理基本知识，监理组织，水利工程施工质量控制，水利工程建设项目进度控制，水利工程建设项目资金控制，水利工程建设项目施工安全及文明施工监理，水利工程施工合同管理的其他工作，水利工程建设项目信息管理和资料整理，水利工程建设项目组织协调，水利工程施工监理主要文件。

本书可作为高等职业院校水利工程、水利水电建筑工程、水利工程施工管理等水利工程建设与管理类专业的教材，同时可供从事水利工程监理、水利工程建设项目管理的技术人员参考。

图书在版编目（CIP）数据

水利工程施工监理 / 赵静，马兴建，陈林主编. -- 北京 : 中国水利水电出版社，2019.1
高等职业教育水利类“十三五”系列教材
ISBN 978-7-5170-7258-4

Ⅰ. ①水… Ⅱ. ①赵… ②马… ③陈… Ⅲ. ①水利工程－工程施工－施工监理－高等职业教育－教材 Ⅳ. ①TV523

中国版本图书馆CIP数据核字(2018)第297858号

书　　名	高等职业教育水利类“十三五”系列教材 **水利工程施工监理** SHUILI GONGCHENG SHIGONG JIANLI
作　　者	主　编　赵　静　马兴建　陈　林 副主编　池龙哲　罗　文　刘建飞 主　审　刘进宝　宋汉耀
出版发行	中国水利水电出版社 （北京市海淀区玉渊潭南路1号D座　100038） 网址：www.waterpub.com.cn E-mail：sales@waterpub.com.cn 电话：(010) 68367658（营销中心）
经　　售	北京科水图书销售中心（零售） 电话：(010) 88383994、63202643、68545874 全国各地新华书店和相关出版物销售网点
排　　版	中国水利水电出版社微机排版中心
印　　刷	北京合众伟业印刷有限公司
规　　格	184mm×260mm　16开本　14.25印张　338千字
版　　次	2019年1月第1版　2019年1月第1次印刷
印　　数	0001—2000册
定　　价	**39.00**元

前言

本书是根据依据《教育部关于深化职业教育教学改革全面提高人才培养质量的若干意见》(教职成〔2015〕6号)、教育部《高等职业教育创新发展行动计划(2015—2018年)》等文件精神，在教育部高等学校高职高专水利水电工程专业教学指导委员会指导下组织编写完成的。

建设监理制是水利工程建设管理体制改革的一项重大举措。水利工程建设监理经过30多年的实践，正在向规范化、制度化、科学化方向深入发展。面对水利工程建设项目的特殊性、复杂性以及对社会、经济影响的重要性，对从事工程建设监理人员的素质提出了更高的要求。为满足水利工程建设对监理人才的迫切需要，大部分高职院校在水利工程建设与管理类专业中开设水利工程施工监理课程，以使学生系统地学习和掌握水利工程施工监理相关知识及方法，提高学生的实际工作能力。随着水利工程施工监理工作的深入和完善，国家相关法律、法规和政策的修订与健全，行业规范的更新，为提高水利工程施工监理教学质量，及时更新完善教材相关内容显得十分必要和迫切。

本书紧密联系我国水利工程施工监理的实际，结合我国监理制度的发展状况，从高职高专院校学生的培养目标出发，按照水利工程建设行业对水利工程现场监理人员的岗位要求，依据《水利工程施工监理规范》(SL 288—2014)，系统阐述了建设工程监理的基本概念、基本理论和基本方法。全书共分为十章内容，分别为：水利工程施工监理基本知识，监理组织，水利工程施工质量控制，水利工程建设项目进度控制，水利工程建设项目资金控制，水利工程建设项目施工安全及文明施工监理，水利工程施工合同管理的其他工作，水利工程建设项目信息管理和资料整理，水利工程建设项目组织协调，水利工程施工监理主要文件。

本书由浙江同济科技职业学院联合水利行业企业编写而成，编写人员及编写分工如下：浙江同济科技职业学院赵静编写第一、第二章；浙江广川工程项目管理有限公司马兴建编写第三章；浙江广川工程项目管理有限公司陈林编写第四、第五章；浙江广川工程咨询有限公司池龙哲编写第六章；浙江同济科技职业学院罗文编写第七章；浙江同济科技职业学院刘建飞编写第八章；浙江同济科技职业学院蒋维编写第九章第一、第二节；杭州市千岛湖原水股份有限公司杨立新编写第九章第三、第四节；浙江省水利河口研究院杨琼编写第十章第一、第二节；浙江同济科技职业学院翟振华编写第十章第三、第四、第五节。

全书由赵静、马兴建、陈林任主编，池龙哲、罗文、刘建飞任副主编，浙江同济科技职业学院刘进宝教授和杭州市千岛湖原水股份有限公司宋汉耀高级工程师任主审。

本书大量引用了有关专业文献和资料，未在书中一一注明出处，在此对有关文献的作者表示感谢。由于编者水平有限，不足之处在所难免，恳请广大读者予以批评指正。

编者

2018年11月

目录

第一章　水利工程施工监理基本知识

第一节　水利工程施工监理概述

一、当前我国建设项目管理体制

改革开放前，我国的建设项目管理体制经历了自营制、指挥部制、投资包干责任制等阶段。这些传统的工程项目管理体制由于自身的先天不足，使得我国工程建设的水平和投资效益长期得不到提高，投资失控、工期拖长、质量低下等问题无法从根本上得到解决。

随着社会主义市场经济体制的建立和发展，传统的建设与管理模式的弊端日趋显现。我国在工程建设领域进行了一系列的重大改革，从以前在工程设计和施工中采用行政分配、缺乏活力的计划管理方式，改为由项目法人为主体的工程招标发包体系，以设计、施工和材料设备供应为主体的投标承包体系，以建设监理单位为主体的技术咨询服务体系，构筑了当前我国建设项目管理体制的基本格局。水利部《水利工程建设项目管理规定》中指出："水利工程建设要推行项目法人责任制、招标投标制和建设监理制。"

1. 项目法人（业主）责任制

法人是具有权利能力和行为能力，依法独立享有民事权利和承担民事义务的组织。项目法人是建设项目的投资者，项目投资风险的承担者，贷款建设项目的负债者，项目建设与运行的决策者，项目投产或使用效益的受益者，建成项目资产的所有者。项目法人是1994年提出的，此前称为业主。建立、健全水利工程建设项目法人责任制，是推进工程建设管理体制改革的关键。项目法人责任制的前身是项目业主责任制，项目业主责任制是西方国家普遍实行的一种项目组织管理方式。我国实行的项目法人责任制，是建立社会主义市场经济的需要，是转换建设项目投资经营机制、提高投资效益的一项重要改革措施。项目法人责任制的主要职责是：对项目的策划、资金筹措、建设实施、生产经营、债务偿还及资产的保值增值，实行全过程负责。项目法人是工程建设投资行为的主体，要承担投资风险，并对投资效果全面负责，必然委托高智能的监理单位为其提供咨询和管理。

2. 招标投标制

招标投标是国际建筑市场中，项目法人选择承包商的基本方式。我国在20世纪70年代之前，都是根据国家或地方的计划，用行政分配方式下达建设任务。20世纪80年代以后，随着改革开放的发展而逐步推行招标投标制。20世纪90年代以后，逐步实施与完善招标投标制。建设工程实行招标投标，有利于开展竞争，使建设工程得到科学有效的控制和管理，从而提高我国水利工程建设的管理水平，促进我国水利水电建设事业的发展。

3. 建设监理制

20世纪80年代中后期，随着我国建设管理体制改革的不断深化和按国际惯例实施工程建设的需要，出现了建设工程监理。建设部于1988年7月发布了《关于开展建设监理工作的通知》，明确提出要建设建设监理制，并开始组织建设监理制试点。1998年3月实施的《中华人民共和国建筑法》规定“国家推行建设工程监理制度”，标志着建设工程监理在我国全面推行。为提高建设工程监理水平，规范建设工程监理行为，建设部和国家质量技术监督局于2000年颁布了《建设工程监理规范》，并于2013年5月发布了该规范的修订版，该规范在建设工程监理实践中发挥了重要作用。

建设监理制是我国工程建设领域中项目管理体制的重大改革举措之一，是一种科学的管理制度。监督管理的对象是建设者在工程项目实施过程中的技术经济活动，要求这些活动及其结果必须符合有关法规、技术标准、规程、规范和工程承包合同的规定，目的在于确保工程项目在合理的期限内，以合理的代价与合格的质量实现其预定的目标。建设监理制是我国实行项目法人责任制、招标投标制而配套推行的一项建设管理的科学制度。它的推行，使我国的工程建设项目管理体制由传统的自筹、自建、自管的小生产管理模式，开始向社会化、专业化、现代化的管理模式转变。

实施20多年来，一大批基础设施项目、住宅项目、工业项目以及大量的公共建筑项目按国家规定实施了强制监理。多年来实践证明，建设工程监理对于保证工程质量和投资效益发挥了十分重要的作用，已得到社会的广泛认可。

二、水利工程施工监理的概念、内涵和性质

（一）水利工程施工监理的概念

按照《水利工程施工监理规范》（SL 288—2014）规定，施工监理是指监理单位依据有关规定和合同约定，对水利工程施工、保修实施的监理。包括水利工程建设项目的施工监理、水土保持工程施工监理、机电及金属结构设备制造监理、水利工程建设环境保护监理四个专业。

（二）水利工程施工监理的内涵

1. 针对水利工程施工实施的监督管理

水利工程施工监理是围绕着水利工程项目施工来展开的，是针对具体的水利工程建设项目的施工、保修阶段实施的监督管理，并以此来界定水利工程施工监理的范围。监理单位代表项目法人的利益，依据法规、合同、科学技术、现代方法和手段，对水利工程施工进行程序化管理。

2. 行为主体是监理单位

监理单位是具有独立性、社会化、专业化特点的，专门从事工程建设监理和其他技术服务活动的组织。监理单位在工程建设中是独立的第三方，监理单位必须按照“公正、独立、自主”的原则，开展水利工程施工监理工作。水利工程施工监理的行为主体是具有水利工程施工监理资质的监理单位。

3. 需要项目法人委托和授权

监理单位是依法成立的具有独立性、社会性、专业化等特点，从事工程建设管理的社

会中介服务机构。工程建设监理的实施需要项目法人委托和授权，这是工程建设监理的特点所决定的，也是建设监理制所规定的。有业主的委托和授权是工程建设监理与政府对工程建设的强制性监督的重要区别。项目法人应当按照水利工程建设项目招标投标管理的规定，确定具有相应资质的监理单位，并依法签订水利工程施工监理合同，以合同的形式进行委托和授权。

4. 有明确依据的工程建设管理行为

工程建设监理实施是有明确依据的，水利工程施工监理的依据主要有国家和国务院水行政主管部门有关工程建设的法律、法规和规章、工程建设标准强制性条文（水利工程部分）、经批准的工程建设项目设计文件、监理合同、施工合同等合同文件。

5. 属于微观性质的监督管理活动

水利工程施工监理属于微观层次的工程建设管理，是针对一个具体的水利工程项目展开的，是紧紧围绕着工程建设项目的各项投资活动和生产活动进行的监督管理，注重具体项目的实际效益，与政府对工程建设的宏观管理是有明显区别的。

（三）水利工程施工监理的性质

1. 服务性

服务性是工程建设监理的根本属性。监理单位本身不是工程建设产品的投资者和生产者，它不需要投入大量资金、材料、设备、劳动力，既不向项目法人承包工程造价、也不参与承包商的盈利分成。监理单位既不需要拥有大量的机具、设备和劳务力量，也不必拥有雄厚的注册资金。它只是受项目法人委托，对其提供高智能的服务。在工程项目建设过程中，监理单位利用自己在工程建设方面的知识、技能和经验，对工程进行检查、监督、协调、控制，保证合同顺利实施。这种服务性的活动是按照工程建设监理合同来进行的，并获得技术服务性监理报酬。

2. 独立性

独立性是工程建设监理的一个重要特征。监理单位是直接参与工程项目建设的三方当事人之一，是独立的第三方，要协调项目法人与承包人双方的利益，组织有关各方协作，必须坚持公正性，而公正的前提就是要有独立性。

建设监理的独立性与监理单位是建设市场上的独立主体和独立的行业性质是分不开的。为保证工程建设监理的独立性，监理单位和监理工程师不得与承包人以及原材料、中间产品和工程设备供应单位有隶属关系或者其他利害关系，从而坚持自己的独立性。监理单位尽管受项目法人委托专门为项目法人提供工程技术服务，但它们之间是平等的合同关系。监理单位按合同约定承担监理任务，项目法人不得超出合同之外随意增减任务，也不得干涉监理工程师独立、正常的工作。独立性是监理单位开展工程建设监理工作的重要原则。

3. 公正性

监理单位公正性的要求是建设监理制对工程建设监理工作的基本要求。实施建设监理制是为了适应社会主义市场经济的工程建设新秩序，为投资者和承包商提供公平合同关系的条件，监理单位和监理工程师在工程建设中具有重要地位，因此必须对监理单位和监理工程师制定工作要求，公正性就是其基本要求之一。

公正性是监理工作正常和顺利开展的基本条件，监理单位在监理服务过程中，如果没有设计、施工、材料和设备供应单位的配合是完不成监理目标的，监理成败的关键在很大程度上取决于能否与承建单位以及与项目法人进行良好合作、相互支持、相互配合，而这一切都需要以监理工作的公正性作为基础。监理单位应当以公正的态度对待委托方和被监理方，特别是当项目法人和承包人发生利益冲突或矛盾时，能够以事实为依据，以有关法律、法规和双方所签订的工程建设合同为准绳，公正地解决和处理问题。

4. 科学性

科学性是工程建设监理的又一个重要特征，是由监理单位的社会化、专业化、技术服务性质特点所决定的。从事工程建设监理活动应当遵循科学的准则。监理单位的科学性来源于它拥有足够数量高素质的监理人员；有一套科学的管理制度；拥有现代化的监理手段；掌握先进的监理理论、方法，积累足够的技术、经济资料和数据。科学性使监理单位区别于其他一般性服务机构，科学性也是其赖以存在的重要条件。

三、我国水利工程施工监理的发展现状

我国水利行业开展监理的工程最早是1982年的云南鲁布革水电站，该项目首次采用国际咨询工程师联合会编制的《土木工程施工合同条件》，按世界银行要求进行国际招标。在鲁布革系统工程中，鲁布革工程管理局作为工程师机构，履行合同目标控制和工程引水施工管理职责。

为规范水利工程建设领域监理工作的开展，1997年12月中华人民共和国水利部发布了《水利工程质量理规定》；1999年11月中华人民共和国水利部发布了《水利工程建设监理规定》《水利工程建设监理单位管理办法》和《水利工程建设人员管理办法》等的修改版；2000年1月由中华人民共和国水利部与国家工商行政管理总局联合发布了《水利工程建设监理合同示范文本》（水建管〔2000〕47号）；2001年10月中华人民共和国水利部发布了《水利工程建设项目招标投标管理规定》；2003年10月发布了《水利工程建设项目施工监理规范》（SL 288—2003）［已被《水利工程施工监理规范》（SL 288—2014）替代］等；2004年6月又发布了《中华人民共和国工程建设标准强制性条文》（水利工程部分）（已于2010年重新修订）等。

此后，福建闽江水口、云南澜沧江漫湾、四川雅砻江二滩、湖北清江隔河岩、广西红水河岩滩、广东抽水蓄能电站、黄河小浪底水利枢纽、长江三峡水利枢纽等大型水利工程项目都实行了建设监理制。实践证明，建设监理制在提高工程质量、加快工程进度和节约工程投资等方面取得了明显的效果。实行建设监理制，培养专业化的、高水平的建设项目管理队伍，能强化水利建设市场各主体之间的合同关系及监督、制约与协调的机能，提高工程建设项目管理的科学性和专业化。

我国自提出推行工程监理制度，经历了准备阶段（1988年）、试点阶段（1989—1992年）、稳步发展阶段（1993—1995年）以及全面推广阶段（1996年至今）四个发展阶段，无论从理论上还是实践上都积累了丰富的经验，但仍存在以下几点不足。

1. 现行监理模式问题

我国现行监理模式主要有两个特点：一是大多仅限于工程建设项目的施工阶段。工程

监理应该贯穿工程建设项目的始终，包括投资决策、设计、施工招投标、施工（含保修）等阶段。但目前，仅限于工程建设项目的施工阶段（含保修阶段），而且许多项目正式开工前缺少必要的施工准备阶段，监理人员接受委托后，工程马上开工，造成监理人员对工程设计意图并未熟悉和深入掌握，对工程项目周边环境、施工单位及项目管理人员缺乏了解和熟悉，只能是边工作边熟悉，也就谈不上从全局进行宏观控制。尤其是大型工程，技术复杂程度高，战线长，影响因素多，更不利于监理工作顺利开展，监理的技术优势也不可能得到充分发挥。二是形成一种混合型的监理。表现为两方面：①建设单位仍设置较庞大的工程管理部门，监理机构完全从属于建设单位，驻地监理机构服从于建设单位人员的管理；②监理主要承担或只承担质量控制，进度、投资控制和合同管理等由建设单位直接控制。这种混合模式从根本上讲与工程建设监理的本质内涵不同，监理不具备独立性、公正性。由于建设单位的现场管理人员不一定都是专业人员，往往不能严格按合同文件（含技术规范）办事，因而监理的科学化、规范化就难以做到。部分建设单位单位一般不具备项目管理能力，对基建程序尤其是监理制度不了解，往往出现市场行为不规范问题。

2. 监理工作不到位

监理工作不到位主要表现为监理机构组织不健全，监理人员的数量、专业、素质不能满足监理工作的需要。施工现场监督管理不得力，应检项目未检、应签认项目未签认、对关键部位和工序需要旁站的未旁站。问题的主要原因：一是市场竞争机制不健全，监理费用较低，部分监理企业为了保证经营利润，随意减少监理人员和监理工作程序以应付监理工作。二是监理人员素质不高，在施工现场不能及时发现和解决问题，致使工程质量难以控制。三是注册监理工程师数量较少，专业不配套，监理员的数量不适应现场旁站的需要。四是监理行业尚缺乏科学合理的监理人员配置标准。五是一些监理人员缺乏责任感和职业道德，对监理工作不负责任。六是监理工作不规范，制订的监理规划和监理实施细则千篇一律，缺乏针对性，难以有效地指导现场监理工作的实施。

3. 监理取费亟待提高

当前监理工作中取费偏低问题严重制约着监理行业的发展，很多工程项目的监理费甚至达不到合理的监理成本水平，使监理企业无法挽留和吸引高素质监理人才，严重影响了监理人员的积极性，难以发挥监理应有的作用。主要原因：一是国家监理取费标准比较低。二是建设单位不合理压价，大多数建设单位对监理制度缺乏认识，迫于政府强制实行监理的压力，在选择监理单位时强行压低监理费。在委托监理时，一些建设单位还与监理单位签订阴阳两份合同，实际执行的监理委托合同的合同价远远低于报送政府主管部门备案的监理委托合同的合同价。监理单位为了求生存，被迫接受不合理的压价要求。三是监理市场尚未建立起规范有序的竞争机制，在监理招标中，建设单位普遍以监理费报价作为中标的唯一条件。一些市场行为不规范的监理单位在监理投标时采取不正当手段恶性压价竞争，中标后不是采用科学合理的方法组织实施监理，而是采取减少人员数量、降低人员层次和减少监理工作程序的方式降低监理成本，以获取不正当利润，以致在监理工程中仅使用低价聘用的退休职工充当监理工程师。智力密集型的监理企业尚达不到劳动力密集型的施工企业的效益水平。

4. 监理人员整体素质不高

监理人员整体素质不高主要表现在：一是监理工程师的知识结构不合理；二是监理工程师的数量和质量不能满足监理工作需要；三是监理人员缺乏实践经验。

监理工程师是在具有一定专业技术知识和实践经验基础上，增加管理和法律知识后复合型的管理人才。目前，我国的监理人员来源比较广泛，主要来自勘察设计单位、科研院所、大专院校、基建管理部门和施工单位，他们即使获得监理工程师注册，但由于缺乏管理知识和法律知识，因而在监理工作中不能有效地发挥组织、协调、管理的作用，难以取得监理成效。监理队伍中既有兼职也有专职；有经过监理培训的，也有未经培训；有取得监理上岗证的，也有未取得上岗证，更有未通过监理工程师资格考试的；有退休外聘人员，也有刚出校门的学生；甚至有些是单位下岗编外人员，经过短期监理培训就从事监理工作，从而使得监理队伍中人员素质参差不齐。

5. 监理企业缺乏市场主体地位

突出表现在：大部分监理企业仍未摆脱母体的限制，缺乏市场竞争主体和法人实体地位，不能作为完全的独立法人自主经营和自负盈亏。

据统计，全国80%以上的监理企业依附于政府、协会、高等院校、科研院所、勘察设计等为母体的企事业单位中。母体单位以行政管理方式调控监理企业的经营管理。企业经营者及员工们希望参资入股改制，而母体单位不愿放弃管理权，有些母体单位虽然同意下属监理企业改制，但仍以国有法人股身份控股，并以行政管理代替产权管理，与原有形式没有根本区别，企业的经营性支出必须经母体单位审核批准，企业经营利润全部无偿上交，企业没有自我积累能力，难以求得自我发展，无法摆脱浅层次、低水平徘徊的尴尬局面。经营者却无法自主经营、无权调动职工、无权分配利润，企业经营者和广大员工积极性受到挫伤。这些企业往往缺乏活力与市场竞争意识，监理工作水平不能得到充分发挥。

6. 政府监督管理缺乏力度

我国推行建设监理制的时间不长，监理行业还比较脆弱，监理单位的市场主体地位还不够稳固，需要政府大力扶持和引导。《中华人民共和国建筑法》《建设工程质量管理条例》等法律法规虽然对监理工作的实施有明确规定，但在实施中缺乏有效的监督管理。主要表现在：一是监理工作没有专职部门甚至没有专职人员负责管理；二是一些违规的市场监理行为得不到及时纠正处理；三是监理行业缺乏长期发展规划。

第二节　水利工程施工监理的任务、目标、依据

一、水利工程施工监理的任务

监理机构应按照监理合同和施工合同约定，开展水利工程施工质量、进度、资金的控制活动，以及信息管理、合同管理、施工安全和文明施工等监理工作，协调施工合同有关各方之间的关系。

1. 工程资金控制

监理机构审核承包人提交的资金流计划，并协助发包人编制合同工程付款计划；建

立合同工程付款台账，对付款情况进行记录；根据工程实际进展情况，对合同工程付款情况进行分析，必要时提出合同工程付款计划调整建议。熟悉设计图纸、招标文件、标底（合同价），分析合同价构成因素，找出工程费用最易突破的部分，从而明确资金控制的重点，预测工程风险及可能发生索赔的原因，制定防范性对策。严格执行付款审核签订制度，严格履行计量与支付程序，及时对质量合格工程进行计量，及时审核签发付款证书等。

资金控制并不是单一目标的控制，而是与质量控制、进度控制同时进行的，它是针对整个项目目标系统所实施的控制活动的一个组成部分，在资金控制的同时要兼顾质量和进度目标。

2. 工程质量控制

（1）原材料、构配件及设备的质量控制。工程所需的主要原材料、构配件及设备应由监理单位进行质量认定，其主要控制内容一般有：审核工程所用原材料、构配件及设备的出厂合格证或质量保证书；对工程原材料、构配件及设备在使用前需进行抽检或复试其试验的范围，按有关规定、标准的要求确定；凡采用新材料、新型制品，应检查技术鉴定文件；对重要原材料、构配件及设备的生产工艺、质量控制、检测手段等进行检查，必要时应到生产厂家实地进行考察，以确定供货单位；所有设备在安装前，应按相应技术说明书的要求进行质量检查，必要时还应由法定检测部门检测。

（2）分部、单元工程的质量控制。在一般情况下，主要的分部工程施工前，施工单位应将施工工艺、原材料使用、劳动力配置、质量保证措施等基本情况填写施工条件准备情况表报监理单位，监理单位应调查核实，经同意后方可开工。

分部工程施工过程中，应对关键部位随时进行抽检，抽检不合格的应通知施工单位整改，并要做好复查和记录。

所有单元工程施工，施工单位应在自检合格后，填写单元工程报验申请表，并附上单元工程评定表。属隐蔽工程的，还应将隐蔽工程报验单报监理单位，监理工程师必须严格按每道工序进行检查。经检查合格的，签发隐蔽工程验收证书。不合格的，给施工单位下达监理通知，指明整改项目。整改合格后，重新报验。

3. 工程进度控制

工程进度控制一般包括以下工作内容：

（1）审核施工单位编制的工程项目实施总进度计划。

（2）审核施工单位提交的施工进度计划，审核施工进度计划与施工方案的协调性和合理性等。

（3）审核施工单位提交的施工总平面布置图。

（4）审定材料、构配件及设备的采购供应计划。

（5）工程进度的检查，主要检查计划进度与实际进度的差异和实际工程量与计划工程量指标完成情况的一致性。

4. 合同管理

合同管理是监理单位进行资金控制、进度控制和质量控制的重要手段，是监理单位站在公正立场采取各种控制、协调与监督，履行纠纷调解职责的依据。监理单位受项目法人的委托，协助项目法人组织工程项目建设合同的订立、签订，避免合同风险。在合同实施过程中依据合同文件合理解决支付、合同变更、违约、索赔及风险分担、合同争议协调等。

5. 信息管理

信息管理是项目建设监理的重要手段。只有及时、准确地掌握项目建设中的信息，严格、有序地管理各种文件、图纸、记录、指令、报告和有关技术资料，完善信息资料的接收、签发、归档和查询等制度，才能使信息及时、准确和可靠地为建设监理提供工作依据，以便及时采取措施，有效地完成监理任务。监理单位应建立监理信息管理体系，并严格按照规范要求进行信息管理的相关工作。

6. 施工安全和文明施工监理

国务院颁布的《建设工程安全生产管理条例》明确监理单位对建设工程安全生产承担三大职责：审核查验职责、安全检查职责和督促整改职责。建设工程安全监理是建设工程监理的重要组成部分，也是建设工程安全生产管理的重要保障。建设工程安全监理的实施，是提高施工现场管理水平的有效方法，也是建设管理体制改革中加强安全管理、控制重大伤亡事故的一种有效手段。

监理机构应审查承包人编制的施工组织设计中的安全技术措施、施工现场临时用电方案，以及灾害应急预案、危险性较大的分部工程或单元工程专项施工方案是否符合工程建设标准强制性条文（水利工程部分）及相关规定的要求。监理机构应按照相关规定核查承包人的安全生产管理机构，以及安全生产管理人员的安全资格证书和特种作业人员的特种作业操作资格证书，并检查安全生产教育培训情况。监理机构发现施工安全隐患时，应要求承包人立即整改；必要时，可指示承包人暂停施工，并及时向发包人报告。当发生安全事故时，监理机构应指示承包人采取有效措施防止损失扩大，并按有关规定立即上报，配合安全事故调查组的调查工作，监督承包人按调查处理意见处理安全事故。监理机构应监督承包人将列入合同安全施工措施的费用按照合同约定专款专用。

监理机构应依据有关文明施工规定和施工合同约定，审核承包人的文明施工组织机构和措施，检查承包人文明施工的执行情况、督促承包人开展文明施工的宣传和教育工作、积极配合当地政府和居民共建和谐建设环境，监督承包人通过自查和改进完善文明施工管理、落实合同约定的施工现场环境管理工作。

二、水利工程施工监理的目标

就整个水利工程施工全过程监理而言，施工监理的目标就是力求在计划的质量、进度、资金目标内实现项目的总目标，即施工合同中规定的施工合同价、施工进度、施工质量目标。

阶段监理则要力求实现本阶段施工的目标，即本阶段的资金使用、施工进度、施工质量目标。

三、水利工程施工监理的依据

水利工程施工监理的主要依据如下：

（1）国家和国务院水行政主管部门有关工程建设的法律、法规和规章。

（2）工程建设标准强制性条文（水利工程部分）。

（3）经批准的工程建设项目设计文件。

（4）监理合同、施工合同等合同文件。

第三节 水利工程施工监理工作程序、方法、制度

一、施工监理基本工作程序

《水利工程施工监理规范》（SL 288—2014）规定施工监理的基本工作程序如下：

（1）依据监理合同组建监理机构，选派总监理工程师、监理工程师、监理员和其他工作人员。

（2）熟悉工程建设有关法律、法规、规章以及技术标准，熟悉工程设计文件、施工合同文件和监理合同文件。

（3）编制监理规划。

（4）进行监理工作交底。

（5）编制监理实施细则。

（6）实施施工监理工作。

（7）整理监理工作档案资料。

（8）参加工程验收工作，参加发包人与承包人的工程交接和档案资料移交。

（9）按合同约定实施缺陷责任期的监理工作。

（10）结清监理报酬。

（11）向发包人提交有关监理档案资料、监理工作报告。

（12）向发包人移交其所提供的文件资料和设施设备。

二、施工监理的主要工作方法

（1）现场记录。监理机构记录每日施工现场的人员、原材料、中间产品、工程设备、施工设备、天气、施工环境、施工作业内容、存在的问题及其处理情况等。

（2）发布文件。监理机构采用通知、指示、批复、确认等书面文件开展施工监理工作。

（3）旁站监理。监理机构按照监理合同约定和监理工作需要，在施工现场对工程重要部位和关键工序的施工作业实施连续性的全过程监督、检查和记录。

（4）巡视检查。监理机构对所监理工程的施工进行的定期或不定期的监督与检查。

（5）跟踪检测。监理机构对承包人在质量检测中的取样和送样进行监督。跟踪检测费用由承包人承担。

（6）平行检测。在承包人对原材料、中间产品和工程质量自检的同时，监理机构按照监理合同约定独立进行抽样检测，核验承包人的检测结果。平行检测费用由发包人承担。

（7）协调。监理机构依据合同约定对施工合同双方之间的关系以及工程施工过程中出现的问题和争议进行的沟通、协商和调解。

三、施工监理的主要工作制度

（1）技术文件核查、审核和审批制度。根据施工合同约定由发包人或承包人提供的施工图纸、技术文件以及承包人提交的开工申请、施工组织设计、施工措施计划、施工进度计划、专项施工方案、安全技术措施、度汛方案和灾害应急预案等文件，均应经监理机构核查、审核或审批后方可实施。

（2）原材料、中间产品和工程设备报验制度。监理机构应对发包人或承包人提供的原材料、中间产品和工程设备进行核验或验收。不合格的原材料、中间产品和工程设备不得投入使用，其处置方式和措施应得到监理机构的批准或确认。

（3）工程质量报验制度。承包人每完成一道工序或一个单元工程，都应经过自检。承包人自检合格后方可报监理机构进行复核。上道工序或上一单元工程未经复核或复核不合格，不得进行下道工序或下一单元工程施工。

（4）工程计量付款签证制度。所有申请付款的工程量、工作均应进行计量并经监理机构确认。未经监理机构签证的付款申请，发包人不得付款。

（5）会议制度。监理机构应建立会议制度，包括第一次监理工地会议、监理例会和监理专题会议。会议由总监理工程师或其授权的监理工程师主持，工程建设有关各方应派员参加。会议应符合下列要求：

1）第一次监理工地会议。第一次监理工地会议应在监理机构批复合同工程开工前举行，会议主要内容包括：介绍各方组织机构及其负责人；沟通相关信息；进行首次监理工作交底；合同工程开工准备检查情况。会议的具体内容可由有关各方会前约定，会议由总监理工程师主持召开。

2）监理例会。监理机构应定期主持召开由参建各方现场负责人参加的会议，会上应通报工程进展情况，检查上次监理例会中有关决定的执行情况，分析当前存在的问题，提出问题的解决方案或建议，明确会后应完成的任务及其责任方和完成时限。

3）监理专题会议。监理机构应根据工作需要，主持召开监理专题会议。会议专题可包括施工质量、施工方案、施工进度、技术交底、变更、索赔、争议及专家咨询等方面。

4）总监理工程师或授权副总监理工程师组织编写由监理机构主持召开会议的纪要，并分发与会各方。

（6）紧急情况报告制度。当施工现场发生紧急情况时，监理机构应立即指示承包人采取有效紧急处理措施，并向发包人报告。

（7）工程建设标准强制性条文（水利工程部分）符合性审核制度。监理机构在审核施工组织设计、施工措施计划、专项施工方案、安全技术措施、度汛方案和灾害应急预案等文件时，应对其与工程建设标准强制性条文（水利工程部分）的符合性进行审核。

（8）监理报告制度。监理机构应及时向发包人提交监理月报、监理专题报告；在工程验收时，应提交工程建设监理工作报告。

（9）工程验收制度。在承包人提交验收申请后，监理机构应对其是否具备验收条件进行审核，并根据有关水利工程验收规程或合同约定，参与或主持工程验收。

第四节　水利工程施工监理业务承揽

一、水利工程施工监理范围

《水利工程建设监理规定》规定总投资200万元以上且符合下列条件之一的水利工程建设项目，必须实行建设监理：

（1）关系社会公共利益或者公共安全的。

（2）使用国有资金投资或者国家融资的。

（3）使用外国政府或者国际组织贷款、援助资金的。

铁路、公路、城镇建设、矿山、电力、石油天然气、建材等开发建设项目的配套水土保持工程，符合以上条件的，应当按照规定开展水土保持工程施工监理。

二、水利工程施工监理承揽方式

发包人应遵照《中华人民共和国招标投标法》《中华人民共和国招标投标法实施条例》《水利工程建设项目招标投标管理规定》以及相关法律、法规和规章的规定采用招标或直接委托方式，公开、公平、公正选择监理单位。监理单位的选择要着重考察、评价监理单位和拟参加该项目的监理人员的业绩、能力和业务水平。

（一）水利工程施工监理招标范围

《水利工程建设项目招标投标管理规定》和《必须招标的工程项目规定》规定符合下列具体范围并达到规模标准之一的水利工程建设项目必须进行招标，具体范围：

（1）关系社会公共利益、公共安全的防洪、排涝、灌溉、水力发电、引（供）水、滩涂治理、水土保持、水资源保护等水利工程建设项目。

（2）使用国有资金投资或者国家融资的水利工程建设项目。

（3）使用国际组织或者外国政府贷款、援助资金的水利工程建设项目。

监理服务的采购，单项合同估算价在100万元人民币以上的必须进行招标。

项目监理招标一般不宜分标。如若分标，各监理标的监理合同估算价应当在100万元人民币以上。项目监理分标的，应当利于管理和竞争，利于保证监理工作的连续性和相对独立性，避免相互交叉和干扰，造成监理责任不清。

（二）水利工程监理招标应具备的条件

《水利工程建设项目监理招标投标管理办法》规定项目监理招标应当具备下列条件：

（1）项目可行性研究报告或者初步设计已经批复。

（2）监理所需资金已经落实。

（3）项目已列入年度计划。

项目监理招标宜在相应的工程勘察、设计、施工、设备和材料招标活动开始前完成。

（三）招标方式

项目监理招标分为公开招标和邀请招标。

公开招标，是指招标人以招标公告的方式邀请不特定的法人或者其他组织投标。这是一种无限竞争性招标，招标单位可以通过报刊、网络或其他方式发布招标公告。

邀请招标，是指招标人以投标邀请书的方式邀请特定的法人或者其他组织投标。这是一种有限竞争性招标，由招标单位发出招标邀请书，邀请三个以上（含三个）有能力承担相应监理业务的单位参加招标。

《水利工程建设项目招标投标管理规定》规定依法必须招标的项目中，国家重点水利项目、地方重点水利项目及全部使用国有资金投资或者国有资金投资占控股或者主导地位的项目应当公开招标，但有下列情况之一的，应按规定经批准后可采用邀请招标：

（1）分标单项合同估算价低于招标标准的。

（2）项目技术复杂，有特殊要求或涉及专利权保护，受自然资源或环境限制，新技术或技术规格事先难以确定的项目。

（3）应急度汛项目。

（4）其他特殊项目。

必须采用公开招标采用邀请招标的，招标前招标人必须履行下列批准手续：国家重点水利项目经水利部初审后，报国家发展和改革委员会批准；其他中央项目报水利部或其委托的流域管理机构批准；地方重点水利项目经省（自治区、直辖市）人民政府水行政主管部门会同同级发展计划行政主管部门审核后，报本级人民政府批准；其他地方项目报至省（自治区、直辖市）人民政府水行政主管部门批准。

《水利工程建设项目监理招标投标管理办法》规定招标公告或者投标邀请书应当至少载明下列内容：①招标人的名称和地址；②监理项目的内容、规模、资金来源；③监理项目的实施地点和服务期；④获取招标文件或者资格预审文件的地点和时间；⑤对招标文件或者资格预审文件收取的费用；⑥对投标人的资质等级的要求。

（四）监理招标、投标程序

招标程序就是招标过程中应该遵循的先后次序。规范招标程序，加强招标管理，才能顺利开展招标工作。水利部《水利工程建设项目招标投标管理规定》中规定，招标一般按照下列程序进行：

（1）招标前，按项目管理权限向水行政主管部门提交招标报告备案。报告具体内容应当包括：招标已具备的条件、招标方式、分标方案、招标计划安排、投标人资质（资格）条件、评标方法、评标委员会组建方案以及开标、评标的工作具体安排等。

（2）编制招标文件。

（3）发布招标信息（招标公告或投标邀请书）。

（4）发售资格预审文件。

（5）按规定日期接受潜在投标人编制的资格预审文件。

（6）组织对潜在投标人资格预审文件进行审核。

（7）向资格预审合格的潜在投标人发售招标文件。

（8）组织购买招标文件的潜在投标人现场踏勘。

（9）接受投标人对招标文件有关问题要求澄清的函件，对问题进行澄清，并书面通知所有潜在投标人。

（10）组织成立评标委员会，并在中标结果确定前保密。

（11）在规定时间和地点，接受符合招标文件要求的投标文件。

（12）组织开标评标会。

（13）在评标委员会推荐的中标候选人中，确定中标人。

（14）向水行政主管部门提交招标投标情况的书面总结报告。

（15）发中标通知书，并将中标结果通知所有投标人。

（16）进行合同谈判，并与中标人订立书面合同。

二、水利工程施工监理投标文件内容

投标人应当按照招标文件的要求编制投标文件。投标文件一般包括下列内容：

（1）投标报价书。

（2）投标保证金。

（3）委托投标时，法定代表人签署的授权委托书。

（4）投标人营业执照、资质证书以及其他有效证明文件的复印件。

（5）监理大纲。

（6）项目总监理工程师及主要监理人员简历、业绩、学历证书、职称证书以及监理工程师资格证书和岗位证书等证明文件。

（7）拟用于本工程的设施设备、仪器。

（8）近3～5年完成的类似工程、有关方面对投标人的评价意见以及获奖证明。

（9）投标人近3年财务状况。

（10）投标报价的计算和说明。

（11）招标文件要求的其他内容。

监理大纲的主要内容应当包括：工程概况、监理范围、监理目标、监理措施、对工程的理解、项目监理机构组织机构、监理人员等。

三、监理服务收费规定解读

（一）建设工程监理与相关服务收费管理规定

为规范建设工程监理与相关服务收费行为，维护发包人和监理人的合法权益，根据《中华人民共和国价格法》及有关法律、法规，国家发展和改革委员会、建设部组织国务院有关部门和有关行业组织制定的《建设工程监理与相关服务收费管理规定》（发改价格〔2007〕670号）自2007年5月1日开始施行，规定如下：

（1）建设工程监理与相关服务的发包与承包应当遵循公开、公平、公正、自愿和诚实信用的原则。依据《中华人民共和国招标投标法》等法律法规，发包人有权自主选择监理人，监理人自主决定是否接受委托。

（2）发包人和监理人应当遵守国家有关价格法律、法规的规定，维护正常的价格秩序，接受政府价格主管部门的监督、管理。

（3）建设工程监理与相关服务收费根据建设项目投资额的不同情况，分别实行政府指导价和市场调节价。建设项目总投资额3000万元及以上的建设工程施工阶段的监理收费实行政府指导价；建设项目总投资额3000万元以下的建设工程施工阶段的监理收费和其他阶段的监理与相关服务收费实行市场调节价。

（4）实行政府指导价的建设工程施工阶段监理收费，其基准价根据《建设工程监理与相关服务收费标准》计算，浮动幅度为上下20%。发包人和监理人应当根据建设项目的实际情况在规定的浮动幅度内协商确定收费额。实行市场调节价的建设工程监理与相关服务收费，由发包人和监理人协商确定收费额。

（5）建设工程监理与相关服务收费，应当体现优质优价的原则。建设工程监理与相关服务收费实行政府指导价的，在保证工程质量的前提下因建设工程监理与相关服务原因而节省投资，缩短工期，取得显著经济效益的，发包人和监理人可根据合同约定，按照节省投资额的一定比例协商确定奖励监理人。

（6）监理人应当按照《关于商品和服务实行明码标价的规定》，告知发包人有关服务项目、服务内容、服务质量、收费依据，以及收费标准。

（7）建设工程监理与相关服务的内容、质量要求和相应的收费金额以及支付方式，由发包人和监理人在监理与相关服务合同中约定。

（8）监理人提供的监理与相关服务，应当符合国家规定的规程规范和技术质量标准，满足合同约定的内容、质量等要求。

（9）由于非监理人原因造成建设工程监理与相关服务工作量增加的，发包人应当按合同约定向监理人另行支付相应的建设工程监理与相关服务费。

（10）由于监理人原因造成监理与相关服务工作量增加的，发包人不另行支付监理与相关服务费用。由于监理人工作失误给发包人造成经济损失的，应当按照合同约定依法承担赔偿责任；监理人提出合理化建议经采用、取得实效的，发包人可另行给予奖励。

（11）违反本规定和国家有关价格法律、法规规定的，由政府价格主管部门依据《中华人民共和国价格法》《价格违法行为行政处罚规定》予以处罚。

（二）建设工程监理与相关服务收费标准

建设工程监理与相关服务收费为建设工程施工阶段的工程监理（以下简称“施工监理”）服务收费与勘察、设计、设备监造、保修等阶段的监理与相关服务（以下简称“其他阶段的相关服务”）收费之和。

1. 施工监理收费标准

施工监理收费一般按照建设项目工程概算投资额分档定额计费方法收费。铁路、水运、公路、水利、水电工程的施工监理收费按建筑安装工程费分档计费方式计算收费，对机电设备与工器具购置费、联合试运转费之和占工程概算投资额30%以上的工程项目，双方可协商确定计费方式和收费额。

施工监理收费按照下列公式计算：

施工监理收费＝施工监理收费基准价×（1＋浮动幅度值）

施工监理收费基准价＝施工监理收费基价×专业调整系数×工程复杂程度调整系数×附加调整系数

施工监理收费基准价是按照收费标准计算出的施工监理基准收费额，发包人与监理人根据项目的实际情况，在规定的浮动幅度范围内协商确定施工监理收费合同额。

（1）施工监理收费基价。施工监理收费基价是完成国家法律法规、行业规范规定的施工阶段基本监理服务内容的酬金。施工监理收费基价按表1-1确定，计费额处于两个数值区间的，采用直线内插法确定施工监理收费基价。

表1-1　施工监理收费基价表　单位：万元

序号	计费额	收费基价	序号	计费额	收费基价
1	500	16.5	9	60000	991.4
2	1000	30.1	10	80000	1255.8
3	3000	78.1	11	100000	1507.0
4	5000	120.80	12	200000	2712.5
5	8000	181.0	13	400000	4882.6
6	10000	218.6	14	600000	6835.6
7	20000	393.4	15	800000	8658.4
8	40000	708.2	16	1000000	10390.1

注　计费额大于1000000万元的，以计费额乘以1.039%的收费率计算收费基价，其他未包含的收费由双方协商议定。

（2）施工监理计费额。施工监理收费以建设项目工程概算投资额为计费额的，计费额为经过批准的建设项目初步设计概算中的建筑安装工程费、设备与工器具购置费和联合试运转费之和。

工程中有利用原有设备并进行安装调试服务的，以签订工程监理合同时同类设备的当期价格作为施工监理收费的计费额；工程中有缓配设备的，应扣除签订监理合同时同类设备的当期价格作为施工监理收费的计费额；工程中有引进设备的，按照购进设备的离岸价格折换成人民币作为施工监理收费的计费额。

施工监理收费以建筑安装工程费为计费额的，计费额为经过批准的建设项目初步设计概算中的建筑安装工程费。

作为施工监理收费计费额的建设项目工程概算投资额或建筑安装工程费均指每个监理合同中约定的工程项目范围的投资额。

（3）专业调整系数。专业调整系数是对不同专业建设工程项目的施工监理工作复杂程度和工作量差异进行调整的系数。计算施工监理收费时，水利电力工程专业调整系数见表1-2。

表1-2　水利电力工程专业调整系数

工程类别	专业调整系数	工程类别	专业调整系数
风力发电、其他水利工程	0.9	核电常规岛、水电、水库工程	1.2
火电工程、送变电工程	1.0	核能工程	1.3

（4）工程复杂程度调整系数。工程复杂程度调整系数是对同一专业不同建设工程项目的施工监理复杂程度和工作量差异进行调整的系数。工程复杂程度分为一般、较复杂和复杂三个等级，其调整系数分别为：一般（Ⅰ级）0.85；较复杂（Ⅱ级）1.0；复杂（Ⅲ级）1.15。电力、核能、水库工程以及其他水利工程复杂程度表见表1-3和表1-4。

表1-3　　电力、核能、水库工程复杂程度表

等级	工程特征
Ⅰ级	1. 新建4台以上同容量凝汽式机组发电工程，燃气轮机发电工程； 2. 电压等级110kV及以下的送电、变电工程； 3. 工程复杂程度赋分值之和不大于－20的水库和水电工程
Ⅱ级	1. 新建或扩建2～4台单机容量50MW以上凝汽式机组及50MW及以下供热机组发电工程； 2. 电压等级220kV、330kV的送电、变电工程； 3. 工程复杂程度赋分值之和为－20～20的水库和水电工程
Ⅲ级	1. 新建一台机组的发电工程，一次建设两种不同容量机组的发电工程，新建2～4台单机容量50MW以上供热机组发电工程，新建或扩建2～4台单机容量1000MW等级凝汽式机组发电工程； 2. 新能源发电工程（可再生能源、风电、潮汐等）； 3. 换流站工程，电压等级500kV及以上送电、变电； 4. 核电工程； 5. 工程复杂程度赋分值之和不小于20的水库和水电工程

注　电力、水库工程地处深山峡谷且距交通枢纽200km以上附加调整系数为1.1。

表1-4　　其他水利工程复杂程度表

等级	工程特征
Ⅰ级	1. 丘陵、山区、沙漠地区的建筑物投资之和与建设项目中所有建筑物投资之和的比例小于30%的引调水建筑物工程； 2. 丘陵、山区、沙漠地区渠道管线长度之和与建设项目中所有渠道管线长度之和的比例小于30%的引调水渠道管线工程； 3. 堤防等级Ⅴ级的河道治理建（构）筑物及河道堤防工程； 4. 灌区田间工程； 5. 水土保持工程
Ⅱ级	1. 丘陵、山区、沙漠地区的建筑物投资之和与建设项目中所有建筑物投资之和的比例在30%～60%的引调水建筑物工程； 2. 丘陵、山区、沙漠地区渠道管线长度之和与建设项目中所有渠道管线长度之和的比例在30%～60%的引调水建筑物工程； 3. 堤防等级Ⅲ级、Ⅳ级的河道治理建（构）筑物及河道堤防工程
Ⅲ级	1. 丘陵、山区、沙漠地区的建筑物投资之和与建设项目中所有建筑物投资之和的比例大于60%的引调水建筑物工程； 2. 丘陵、山区、沙漠地区管线长度之和与建设项目中所有渠道管线长度之和的比例大于60%的引调水渠道管线工程； 3. 堤防等级Ⅰ级、Ⅱ级的河道治理建（构）筑物及河道堤防工程； 4. 护岸、防波堤、围堰、人工岛、围垦工程，城镇防洪、河口整治工程

注　引调水渠道或管道、河道堤防工程附加调整系数为0.85；灌区田间工程附加调整系数为0.25；水土保持工程附加调整系数0.7；河道治理及引调水工程建筑物、构筑物附加调整系数为1.3；工程地处深山峡谷且距交通枢纽200km以上附加调整系数为1.1。

（5）附加调整系数。附加调整系数是对施工监理的自然条件、作业内容以及专业调整系数和工程复杂程度调整系数尚不能调整的因素进行补充调整的系数。附加调整系数分别列于总则和有关章节中。附加调整系数为两个或两个以上的，附加调整系数不能连乘。将各附加调整系数相加，再减去附加调整系数的个数，加上定值1，作为附加调整系数值。

1）在海拔高程超过2000m地区进行施工监理工作时，高程附加调整系数如下：

海拔高程2000～3000m为1.1。

海拔高程3001～3500m为1.2。

海拔高程3500～4000m为1.3。

海拔高程4001m以上的，高程附加调整系数在以上基础上由发包人和监理人协商确定。

2）改扩建和技术改造建设工程项目，附加调整系数为1.1～1.2。

2.其他阶段的相关服务收费

其他阶段的相关服务收费一般按相关服务工作所需工日和建设工程监理与相关服务人员人工日费用标准（表1-5）的规定收费。

表1-5　建设工程监理与相关服务人员人工日费用标准

建设工程监理与相关服务人员职级	工日费用标准/元
一、高级专家	1000～1200
二、高级专业技术职称的监理与相关服务人员	800～1000
三、中级专业技术职称的监理与相关服务人员	600～800
四、初级及以下专业技术职称监理与相关服务人员	300～600

注　本表适用于提供短期服务的人工费用标准。

3.其他收费标准

发包人将施工监理基本服务中的某一部分工作单独发包给监理人，则按照其占施工监理基本服务工作量的比例计算施工监理收费，具体比例由双方协商确定。

建设工程项目施工监理由两个或者两个以上监理人承担的，各监理人按照其占施工监理基本服务工作量的比例计算施工监理收费。发包人委托其中一个监理人对建设工程项目施工监理总负责的，该监理人按照各监理人合计监理费的5%～7%加收总体协调费。

其他服务收费，国家有规定的，从其规定；国家没有收费规定的，由发包人与监理人协商确定。

《国家发展改革委关于进一步放开建设项目专业服务价格的通知》（发改价格〔2015〕299号）规定在已放开非政府投资及非政府委托的建设项目专业服务价格的基础上，全面放开实行政府指导价管理的建设项目专业服务价格，实行市场调节价，包括工程监理费。

复习思考题

1.当前我国建设项目管理制度有哪些？

2.什么是水利工程施工监理？

3.水利工程施工监理具有哪些性质？其具体含义是什么？

4.水利工程施工监理的任务有哪些？

5.水利工程施工监理的依据是什么？

6.施工监理的主要工作方法有哪些？

7. 简述水利工程施工监理的基本工作程序。

8. 水利工程施工监理的主要工作制度有哪些?

9. 哪些水利工程建设项目必须实行建设监理?

10. 任意选取一个典型的水工建筑物(如水闸、面板堆石坝、重力坝、拱坝、渠道等),请列出该工程的监理依据。

第二章　监　理　组　织

第一节　监　理　单　位

一、监理单位的概念与性质

监理单位是指具有企业法人资格，取得水利工程建设监理资质等级证书，并与发包人签订监理合同，提供监理服务的单位。

监理单位必须具有自己的名称、组织机构和场所，有与承担监理业务相适应的经济、法律、技术及管理人员，完善的组织章程和管理制度，并具有一定数量的资金和设施。符合条件的单位经申请取得资质等级证书，并经工商注册取得营业执照后，才可承担监理业务。

我国的监理单位是推行工程建设监理制后才兴起的一种企业，它不是指政府的建设监督机构，所以不行使政府对工程建设的监督管理职能。它是在接受建设单位的委托和授权后而对工程建设项目建设实施监督管理职能的机构。我国为了把它们与政府建设监督机构相区别，常把它们称之为“社会建设监理单位”。其主要任务是向建设单位提供高智能的技术服务，对工程建设的质量、进度、资金三大目标进行监督管理。

二、监理单位的资质等级和标准

监理单位的资质主要体现在监理能力和监理效果上。监理能力是指所能监理的建设项目的类别和等级。监理效果是指实施监理后，在质量、进度、资金控制等方面所取得的效果。监理单位的监理能力和监理效果主要取决于：监理人员的素质、监理单位的专业配套能力、技术装备、管理水平、监理经历和成效等。

根据水利部 2006 年 12 月颁布的第 29 号令《水利工程建设监理单位资质管理办法》第 6 条规定，监理单位资质分为水利工程施工监理、水土保持工程施工监理、机电及金属结构设备制造监理和水利工程建设环境保护监理四个专业。其中，水利工程施工监理专业资质和水土保持工程施工监理专业资质分为甲级、乙级和丙级三个等级，机电及金属结构设备制造监理专业资质分为甲级、乙级两个等级，水利工程建设环境保护监理专业资质暂不分级。

（一）甲级监理单位资质条件

（1）具有健全的组织机构、完善的组织章程和管理制度。技术负责人具有高级专业技术职称，并取得总监理工程师岗位证书。

（2）专业技术人员。监理工程师以及其中具有高级专业技术职称的人员、总监理工程师，均不少于表 2－1 规定的人数。水利工程造价工程师不少于 3 人。

（3）具有 5 年以上水利工程建设监理经历，且近 3 年监理业绩分别如下：

1）申请水利工程施工监理专业资质，应当承担过（含正在承担，下同）1 项Ⅱ等水利枢纽工程或者 2 项Ⅱ等（堤防 2 级）其他水利工程的施工监理业务；该专业资质许可的监理范围内的近 3 年累计合同额不少于 600 万元。

承担过水利枢纽工程中的挡、泄、导流、发电工程之一的，可视为承担过水利枢纽工程。

2）申请水土保持工程施工监理专业资质，应当承担过 2 项Ⅱ等水土保持工程的施工监理业务；该专业资质许可的监理范围内的近 3 年累计合同额不少于 350 万元。

3）申请机电及金属结构设备制造监理专业资质，应当承担过 4 项中型机电及金属结构设备制造监理业务；该专业资质许可的监理范围内的近 3 年累计合同额不少于 300 万元。

（4）能运用先进技术和科学管理方法完成建设监理任务。

（二）乙级监理单位资质条件

（1）具有健全的组织机构、完善的组织章程和管理制度。技术负责人具有高级专业技术职称，并取得总监理工程师岗位证书。

（2）专业技术人员。监理工程师以及其中具有高级专业技术职称的人员、总监理工程师，均不少于表 2－1 规定的人数。水利工程造价工程师不少于 2 人。

表 2－1　　各专业资质等级配备监理工程师一览表　　单位：人

监理单位资质等级	水利工程施工监理专业资质			水土保持工程施工监理专业资质		
	监理工程师	其中高级职称人员	其中总监理工程师	监理工程师	其中高级职称人员	其中总监理工程师
甲级	40	8	7	25	5	4
乙级	25	5	3	15	3	2
丙级	10	3	1	10	3	1
不定级	—	—	—	—	—	—

监理单位资质等级	机电及金属结构设备制造监理专业资质			水利工程建设环境保护监理专业资质		
	监理工程师	其中高级职称人员	其中总监理工程师	监理工程师	其中高级职称人员	其中总监理工程师
甲级	25	5	4	—	—	—
乙级	12	3	2	—	—	—
丙级	—	—	—	—	—	—
不定级	—	—	—	10	3	1

注　1. 监理工程师的监理专业必须为各专业资质要求的相关专业。
　　2. 具有两个以上不同类别监理专业的监理工程师，监理单位申请不同专业资质等级时可分别计算人数。

（3）具有 3 年以上水利工程建设监理经历，且近 3 年监理业绩分别如下：

1）申请水利工程施工监理专业资质，应当承担过 3 项Ⅲ等水利枢纽工程；该专业资质许可的监理范围内的近3年累计合同额不少于400万元。

2）申请水土保持工程施工监理专业资质，应当承担过4项Ⅲ等水土保持工程的施工监理业务；该专业资质许可的监理范围内的近3年累计合同额不少于200万元。

（4）能运用先进技术和科学管理方法完成建设监理任务。

首次申请机电及金属结构设备制造监理专业乙级资质，只需满足第（1）、（2）、（4）项；申请重新认定、延续或者核定机电及金属结构设备制造监理专业乙级资质，还须该专业资质许可的监理范围内的近3年年均监理合同额不少于30万元。

（三）丙级和不定级监理单位资质条件

（1）具有健全的组织机构、完善的组织章程和管理制度。技术负责人具有高级专业技术职称，并取得总监理工程师岗位证书。

（2）专业技术人员。监理工程师以及其中具有高级专业技术职称的人员、总监理工程师，均不少于表2-1规定的人数。水利工程造价工程师不少于1人。

（3）能运用先进技术和科学管理方法完成建设监理任务。

申请重新认定、延续或者核定丙级（或者不定级）监理单位资质，还须专业资质许可的监理范围内的近3年年均监理合同额不少于30万元。

三、监理单位的业务范围

（一）水利工程施工监理专业资质

甲级可以承担各等级水利工程的施工监理业务；乙级可以承担Ⅱ等（堤防2级）以下各等级水利工程的施工监理业务；丙级可以承担Ⅲ等（堤防3级）以下各等级水利工程的施工监理业务。

（二）水土保持工程施工监理专业资质

甲级可以承担各等级水土保持工程的施工监理业务；乙级可以承担Ⅱ等以下各等级水土保持工程的施工监理业务；丙级可以承担Ⅲ等水土保持工程的施工监理业务。

同时具备水利工程施工监理专业资质和乙级以上水土保持工程施工监理专业资质的，方可承担淤地坝中的骨干坝施工监理业务。

（三）机电及金属结构设备制造监理专业资质

甲级可以承担水利工程中的各类型机电及金属结构设备制造监理业务；乙级可以承担水利工程中的中、小型机电及金属结构设备制造监理业务。

（四）水利工程建设环境保护监理专业资质

可以承担各类各等级水利工程建设环境保护监理业务。

四、监理单位的资质申请与管理

《水利工程建设监理规定》中规定，建设监理单位资格实行统一审批、分级管理。

（一）监理单位资质的申请

1. 申请程序

申请监理单位资质，应当具备《水利工程建设监理单位资质等级标准》规定的资质条件。监理单位资质一般按照专业逐级申请。申请人可以申请一个或者两个以上专业资质。监理单位资质每年集中认定一次，受理时间由水利部提前 3 个月向社会公告。

水利部所属流域管理机构（以下简称流域管理机构）和省、自治区、直辖市人民政府水行政主管部门依照管理权限，负责有关的监理单位资质申请材料的接收、转报以及相关管理工作。

申请人应当向其注册地的省、自治区、直辖市人民政府水行政主管部门提交申请材料。但是，水利部直属单位独资或者控股成立的企业申请监理单位资质的，应当向水利部提交申请材料；流域管理机构直属单位独资或者控股成立的企业申请监理单位资质的，应当向该流域管理机构提交申请材料。

省、自治区、直辖市人民政府水行政主管部门和流域管理机构应当自收到申请材料之日起 20 个工作日内提出意见，并连同申请材料转报水利部。水利部按照《中华人民共和国行政许可法》的规定办理受理手续。

2. 申请材料

首次申请监理单位资质，申请人应当提交以下材料：

(1)《水利工程建设监理单位资质等级申请表》。

(2)《企业法人营业执照》或者工商行政管理部门核发的企业名称预登记证明。

(3) 企业章程。

(4) 法定代表人身份证明。

(5)《水利工程建设监理单位资质等级申请表》中所列监理工程师的资格证书和申请人同意注册证明文件（已在其他单位注册的，还需提供原注册单位同意变更注册的证明），总监理工程师岗位证书，造价工作人员资格或者职称证书，以及上述监理人员、造价人员的聘用合同。

申请晋升、重新认定、延续监理单位资质等级的，除提交前款规定的材料外，还应当提交以下材料：①原《水利工程建设监理单位资质等级证书》（副本）；②《水利工程建设监理单位资质等级申请表》中所列监理工程师的注册证书；③近 3 年承担的水利工程建设监理合同书，以及已完工程的建设单位评价意见。

申请人应当如实提交有关材料和反映真实情况，并对申请材料的真实性负责。

3. 监理单位资质的审批

水利部应当自受理申请之日起 20 个工作日内作出认定或者不予认定的决定；20 个工作日内不能作出决定的，经本机关负责人批准，可以延长 10 个工作日。决定予以认定的，应当在 10 个工作日内颁发《水利工程建设监理单位资质等级证书》；不予认定的，应当书面通知申请人并说明理由。水利部在作出决定前，应当组织对申请材料进行评审，并将评审结果在水利部网站公示，公示时间不少于 7 日。

水利部应当制作《水行政许可除外时间告知书》，将评审和公示时间告知申请人。

《水利工程建设监理单位资质等级证书》包括正本一份、副本四份，正本和副本具有同等法律效力，有效期为 5 年。

资质等级证书有效期内，监理单位的名称、地址、法定代表人等工商注册事项发生变更的，应当在变更后30个工作日内向水利部提交水利工程监理单位资质等级证书变更申请并附工商注册事项变更的证明材料，办理资质等级证书变更手续。水利部自收到变更申请材料之日起3个工作日内办理变更手续。

监理单位分立的，应当自分立后30个工作日内，提交有关申请材料以及分立决议和监理业绩分割协议，申请重新认定监理单位资质等级。

资质等级证书有效期届满，需要延续的，监理单位应当在有效期届满30个工作日前，向水利部提出延续资质等级的申请。水利部在资质等级证书有效期届满前，作出是否准予延续的决定。

水利部应当将资质等级证书的发放、变更、延续等情况及时通知有关省、自治区、直辖市人民政府水行政主管部门或者流域管理机构，并定期在水利部网站公告。

（二）监理单位资质管理

水利部建立监理单位资质监督检查制度，对监理单位资质实行动态管理。

我国《水利工程建设监理规定》（水利部令〔2016〕28号）对水利工程建设监理单位资质管理有明确规定：

县级以上人民政府水行政主管部门和流域管理机构应当加强对水利工程建设监理活动的监督管理，对项目法人和监理单位执行国家法律法规、工程建设强制性标准以及履行监理合同的情况进行监督检查。项目法人应当依据监理合同对监理活动进行检查。县级以上人民政府水行政主管部门和流域管理机构在监督检查中，发现监理单位和监理人员有违规行为的，应当责令纠正，并依法查处。任何单位和个人有权对水利工程建设监理活动中的违法违规行为进行检举和控告。有关水行政主管部门和流域管理机构以及有关单位应当及时核实、处理。

监理单位有下列行为之一的，依照《建设工程质量管理条例》进行处罚：①超越本单位资质等级许可的业务范围承揽监理业务的；②未取得相应资质等级证书承揽监理业务的；③以欺骗手段取得的资质等级证书承揽监理业务的；④允许其他单位或者个人以本单位名义承揽监理业务的；⑤转让监理业务的；⑥与项目法人或者被监理单位串通，弄虚作假、降低工程质量的；⑦将不合格的建设工程、建筑材料、建筑构配件和设备按照合格签字的；⑧与被监理单位以及建筑材料、建筑构配件和设备供应单位有隶属关系或者其他利害关系承担该项工程建设监理业务的。

监理单位有下列行为之一的，责令改正，给予警告；无违法所得的，处1万元以下罚款，有违法所得的，予以追缴，处违法所得3倍以下且不超过3万元罚款；情节严重的，降低资质等级；构成犯罪的，依法追究有关责任人员的刑事责任：①以串通、欺诈、胁迫、贿赂等不正当竞争手段承揽监理业务的；②利用工作便利与项目法人、被监理单位以及建筑材料、建筑构配件和设备供应单位串通，谋取不正当利益的。

监理单位有下列行为之一的，依照《建设工程安全生产管理条例》处罚：①未对施工组织设计中的安全技术措施或者专项施工方案进行审查的；②发现安全事故隐患未及时要求施工单位整改或者暂时停止施工的；③施工单位拒不整改或者不停止施工，未及时向有关水行政主管部门或者流域管理机构报告的；④未依照法律、法规和工程建设强制性标准实施监理的。

监理单位有下列行为之一的，责令改正，给予警告；情节严重的，降低资质等级：①聘用无相应监理人员资格的人员从事监理业务的；②隐瞒有关情况、拒绝提供材料或者提供虚假材料的。

降低监理单位资质等级、吊销监理单位资质等级证书的处罚以及注销监理工程师注册证书，由水利部决定；其他行政处罚，由有关水行政主管部门依照法定职权决定。

监理单位被吊销资质等级证书的，三年内不得重新申请；被降低资质等级的，两年内不得申请晋升资质等级；受到其他行政处罚的，受到通报批评、情节严重，被计入不良行为档案，或者在审计、监察、稽察、检查中发现存在严重问题的，一年内不得申请晋升资质等级。法律法规另有规定的，从其规定。

第二节 监 理 人 员

一、监理人员的概念与种类

监理人员是指在监理机构中从事水利工程施工监理的总监理工程师、副总监理工程师、监理工程师和监理员。

总监理工程师是指取得《水利工程建设监理工程师注册证书》并经培训合格后，由中国水利工程协会审批并颁发《全国水利工程建设总监理工程师岗位证书》，受监理单位委派，全面负责监理机构施工监理工作的监理工程师。水利工程建设监理实行总监理工程师负责制。总监理工程师全面负责履行监理合同约定的监理单位职责，发布有关指令，签署监理文件，协调有关各方之间的关系。总监理工程师不分类别、专业。

副总监理工程师由总监理工程师书面授权，代表总监理工程师行使总监理工程师部分职责和权力的监理工程师。

监理工程师指经中国水利工程协会组织的资格考试合格，取得《全国水利工程建设监理工程师资格证书》，并按规定注册取得《水利工程建设监理工程师注册证书》，在监理机构中承担施工监理工作的人员。未取得监理工程师资格证书和虽已取得监理工程师资格证书但未经注册的人员不得以监理工程师的名义从事水利工程建设监理业务。监理工程师在总监理工程师授权范围内开展监理工作，具体负责所承担的监理工作，并对总监理工程师负责。

监理员是指由中国水利工程协会审批，或者由具有审批管辖权的行业自律组织或中介机构审批并报中国水利工程协会备案后，颁发《全国水利工程建设监理员资格证书》，在监理机构中承担辅助性施工监理工作的人员。监理员在监理工程师或者总监理工程师授权范围内从事监理辅助工作。

监理员、监理工程师的监理专业分为水利工程施工、水土保持工程施工、机电及金属结构设备制造、水利工程建设环境保护 4 类。其中，水利工程施工类设水工建筑、机电设备安装、金属结构设备安装、地质勘察、工程测量 5 个专业，水土保持工程施工类设水土保持 1 个专业，机电及金属结构设备制造类设机电设备制造、金属结构设备制造 2 个专业，水利工程建设环境保护类设环境保护 1 个专业。

二、监理人员管理

监理人员资格管理实行行业自律管理制度。中国水利工程协会负责全国水利工程建设监理人员的行业自律管理工作。总监理工程师实行岗位资格管理制度，监理工程师实行执业资格管理制度，监理员实行从业资格管理制度。

中国水利工程协会负责全国水利工程建设监理人员资格管理工作。负责全国总监理工程师资格审批；负责全国监理工程师资格审批；归口管理全国监理员资格审批，负责水利部直属单位的监理员资格审批工作。

流域管理机构指定的行业自律组织或中介机构受中国水利工程协会委托，负责本流域管理机构所属单位的监理员资格审批工作。

省级水行政主管部门指定的行业自律组织或中介机构受中国水利工程协会委托，负责本行政区域内的监理员资格审批工作。

（一）资格取得

1. 监理员

（1）申请监理员资格应同时具备以下条件：

1）取得工程类初级专业技术职务任职资格，或者具有工程类相关专业学习和工作经历（中专毕业且工作 5 年以上、大专毕业且工作 3 年以上、本科及以上学历毕业且工作 1 年以上）。

2）经培训合格。

3）年龄不超过 60 周岁。

（2）申请监理员资格，由监理单位签署意见后向具有审批管辖权的单位申报，并提交以下有关材料：

1）《水利工程建设监理员资格申请表》。

2）身份证、学历证书或专业技术职务任职资格证书、监理员培训合格证书。

审批单位自收到监理员资格申请材料后，应当在 20 个工作日内完成审批，审批上报中国水利工程协会备案后，颁发《全国水利工程建设监理员资格证书》。

监理员资格证书由中国水利工程协会统一印制、统一编号，由审批单位加盖中国水利工程协会统一规格的资格管理专用章。监理员资格证书有效期一般为 3 年。

2. 监理工程师

监理工程师资格考试由中国水利工程协会负责，监理工程师注册管理由水利部建设与管理司负责。

监理工程师资格考试，一般每年举行一次，全国统一考试。

（1）申请监理工程师资格考试者，应同时具备以下条件：

1）取得工程类中级专业技术职务任职资格，或者具有工程类相关专业学习和工作经历（大专毕业且工作 8 年以上、本科毕业且工作 5 年以上、硕士研究生毕业且工作 3 年以上）。

2）年龄不超过 60 周岁。

3）有一定的专业技术水平、组织协调能力和管理能力。

(2) 申请监理工程师资格考试，应当向中国水利工程协会申报，并提交以下材料：

1)《水利工程建设监理工程师资格考试申请表》。

2) 身份证、学历证书或专业技术职务任职资格证书。

中国水利工程协会对申请材料组织审查，对审查合格者准予参加考试。经监理工程师资格考试成绩合格者由中国水利工程协会颁发《全国水利工程建设监理工程师资格证书》。

(3) 取得《水利工程建设监理工程师资格证书》的人员应当先申请注册，取得《水利工程建设监理工程师注册证书》和执业印章后，方可从事水利工程建设监理活动。但是，有下列情形之一的，不予注册：

1) 不具备完全民事行为能力的。

2) 在两个以上监理单位申请注册执业的。

3) 在申请注册过程中弄虚作假的。

4) 为国家公务员或依照公务员管理的现职工作人员的。

5) 年龄超过65周岁的。

6) 未按定取得继续教育合格证书的。

7) 依法不予注册的其他情形。

(4) 监理工程师申请注册程序如下：

1) 监理工程师向监理企业提出申请。

2) 监理企业同意后，由监理企业向其工商注册地的省、自治区、直辖市人民政府水行政主管部门提交申请材料。但是，流域管理机构直属单位独资或控股成立的监理企业，应当向流域管理机构提交申请材料；水利部直属单位独资或控股成立的监理企业，应当向水利部提交申请材料。

省、自治区、直辖市人民政府水行政主管部门和流域管理机构应当自收到申请材料之日起10个工作日内提出意见，并连同申请材料转报水利部。

水利部自收到申请材料之日起20个工作日内完成审查工作，对符合条件者准予注册备案，并颁发《水利工程建设监理工程师注册证书》和执业印章。

(5) 申请注册应提交下列材料：

1)《水利工程建设监理工程师注册申请表》。

2) 与监理企业签订的聘用合同和身份证复印件。

3)《水利工程建设监理工程师资格证书》复印件。

取得《水利工程建设监理工程师资格证书》3年后首次申请注册执业或被注销注册证书后又重新申请注册执业的，应提交继续教育合格证书。

《水利工程建设监理工程师注册证书》有效期一般为3年。监理工程师允许执业时间不足3年的，按其实际可执业期限确定有效期。

3. 总监理工程师

(1) 申请总监理工程师岗位资格应同时具备以下条件：

1) 具有工程类高级专业技术职务任职资格并在监理工程师岗位从事水利工程建设监理工作的经历不少于2年。

2) 已取得《水利工程建设监理工程师注册证书》。

3）经总监理工程师岗位培训合格。

4）年龄不超过65周岁。

5）具有较高的专业技术水平、组织协调能力和管理能力。

（2）申请总监理工程师岗位资格，应由其注册的监理单位签署意见后向中国水利工程协会申报，并提交以下材料：

1）《水利工程建设总监理工程师岗位资格申请表》。

2）《水利工程建设监理工程师注册证书》《专业技术职务任职资格证书》《总监理工程师岗位培训合格证书》。

3）由监理单位和建设单位共同出具近两年监理工作经历证明材料。

中国水利工程协会组织评审总监理工程师申请材料，并将评审结果公示，公示期满后向合格者颁发《全国水利工程建设总监理工程师岗位证书》，证书有效期一般为3年。

（二）资格管理

《全国水利工程建设监理员资格证书》有效期满需继续从业的，应在有效期满前30个工作日内，由监理单位到有审批管辖权的单位申请办理延续手续，并报中国水利工程协会备案。监理员允许从业时间不足3年的，应当按其实际可从业期限确定资格证书有效期。监理员在证书有效期内至少参加一次由中国水利工程协会组织的教育培训。

监理工程师的注册证书有效期满需继续执业的，应当在有效期满30个工作日前，按规定向有关主管部门申请办理延续注册备案手续。监理工程师在注册证书有效期内，其注册内容（包括注册监理企业、监理专业等）发生变化的，应当按规定及时向有关主管部门申请办理变更注册备案手续。

《全国水利工程建设总监理工程师岗位证书》有效期满需继续从事本岗位工作的，应当在有效期满前30个工作日内，由监理单位到中国水利工程协会申请办理延续手续。总监理工程师允许从事本岗位工作时间不足3年的，应当按其实际可从事本岗位工作的期限确定岗位证书有效期。

监理人员资格申请人应对其提交申请材料内容的真实性负责，禁止提供虚假材料或以欺骗等不正当手段取得相应的资格（岗位）证书。监理人员资格（岗位）证书和执业印章应当由本人保管。任何单位和个人不得涂改、伪造、出借、倒卖、转让监理人员资格（岗位）证书和执业印章，不得非法扣压、没收监理人员资格（岗位）证书和执业印章。

（1）资格管理人员在进行监理人员资格管理过程中，应遵守下列规定：

1）不得违反监理人员资格管理有关规定。

2）不得滥用职权、玩忽职守、徇私舞弊。

3）应当依法维护监理人员的知情权、申诉权和诉讼权。

4）不得索取、接受监理单位或监理人员的财物或其他好处。

（2）有下列情形之一的，中国水利工程协会撤销已批准的监理人员资格：

1）违反规定程序批准的；

2）不具备规定条件批准的；

3）有关单位超越职权范围批准的；

4）以欺骗等不正当手段取得资格的；

5）严重违反行业自律规定的；

6）应当撤销的其他情形。

(3) 取得监理人员资格后有下列情形之一的，中国水利工程协会注销其相应的资格（岗位）证书：

1）完全丧失民事行为能力的。

2）死亡或者依法宣告死亡的。

3）超过规定的监理人员年龄限制的。

4）超过资格（岗位）证书有效期而未延续的。

5）监理人员资格批准决定被依法撤销、撤回或资格（岗位）证书被依法吊销的。

6）应当注销的其他情形。

监理人员遗失资格（岗位）证书，应当在资格审批单位指定的媒体声明后，向资格审批单位申请补发相应的资格（岗位）证书。

中国水利工程协会对监理人员资格实行动态管理。监理单位应当每年将本单位监理人员的从业情况，向中国水利工程协会申报备案，并对备案材料内容的真实性负责。

在监督检查中，发现监理人员不符合资格条件的，由中国水利工程协会依据行业自律有关规定予以查处。

(三) 监理人员监管

隐瞒有关情况或者提供虚假材料申请监理人员资格的，不予受理或者不予认定，并给予警告，且1年内不得重新申请。以欺骗等不正当手段取得监理人员资格（岗位）证书的，吊销相应的资格（岗位）证书，3年内不得重新申请。监理人员涂改、倒卖、出租、出借、伪造资格（岗位）证书，或者以其他形式非法转让资格（岗位）证书的，吊销相应的资格（岗位）证书。

监理人员从事工程建设监理活动，有下列行为之一，情节严重的，吊销相应的资格（岗位）证书：

(1) 利用执（从）业上的便利，索取或收受项目法人、被监理单位以及建筑材料、建筑构配件和设备供应单位财物的。

(2) 与被监理单位以及建筑材料、建筑构配件和设备供应单位串通，谋取不正当利益或损害他人利益的。

(3) 将质量不合格的建设工程、建筑材料、建筑构配件和设备按照合格签字的。

(4) 泄露执（从）业中应当保守的秘密的。

(5) 从事工程建设监理活动中，不严格履行监理职责，造成重大损失的。

监理工程师从事工程建设监理活动，因违规被水行政主管部门处以吊销注册证书的，吊销相应的资格证书。监理人员因过错造成质量事故的，责令停止执（从）业1年；造成重大质量事故的，吊销相应的资格（岗位）证书，5年内不得重新申请；情节特别恶劣的，终身不得申请。监理人员未执行法律、法规和工程建设强制性条文且情节严重的，吊销相应的资格（岗位）证书，5年内不得重新申请；造成重大安全事故的，终身不得申请。资格管理工作人员在管理监理人员的资格活动中玩忽职守、滥用职权、徇私舞弊的，按行业自律有关规定给予处罚；构成犯罪的，依法追究刑事责任。监理人员被吊销相应的资格（岗位）证书，除已明确规定外，3年内不得重新申请。吊销资格（岗位）证书的处罚，由中国水利工程协会作出。

三、监理人员的职责

（一）总监理工程师

水利工程施工监理实行总监理工程师负责制。总监理工程师应负责全面履行监理合同中约定的监理单位的义务，主要职责应包括以下各项：

（1）主持编制监理规划，制定监理机构工作制度，审批监理实施细则。

（2）确定监理机构各部门职责及监理人员职责权限；协调监理机构内部工作；负责监理机构中监理人员的工作考核，调换不称职的监理人员；根据工程建设进展情况，调整监理人员。

（3）签发或授权签发监理机构的文件。

（4）主持审查承包人提出的分包项目和分包人，报发包人批准。

（5）审批承包人提交的合同工程开工申请、施工组织设计、施工进度计划、资金流计划。

（6）审批承包人按有关安全规定和合同要求提交的专项施工方案、度汛方案和灾害应急预案。

（7）审核承包人提交的文明施工组织机构和措施。

（8）主持或授权监理工程师主持设计交底；组织核查并签发施工图纸。

（9）主持第一次监理工地会议，主持或授权监理工程师主持监理例会和监理专题会议。

（10）签发合同工程开工通知、暂停施工指示和复工通知等重要监理文件。

（11）组织审核已完成工程量和付款申请，签发各类付款证书。

（12）主持处理变更、索赔和违约等事宜，签发有关文件。

（13）主持施工合同实施中的协调工作，调解合同争议。

（14）要求承包人撤换不称职或不宜在本工程工作的现场施工人员或技术、管理人员。

（15）组织审核承包人提交的质量保证体系文件、安全生产管理机构和安全措施文件并监督其实施，发现安全隐患及时要求承包人整改或暂停施工。

（16）审批承包人施工质量缺陷处理措施计划，组织施工质量缺陷处理情况的检查和施工质量缺陷备案表的填写；按相关规定参与工程质量及安全事故的调查和处理。

（17）复核分部工程和单位工程的施工质量等级，代表监理机构评定工程项目施工质量。

（18）参加或受发包人委托主持分部工程验收，参加单位工程验收、合同工程完工验收、阶段验收和竣工验收。

（19）组织编写并签发监理月报、监理专题报告和监理工作报告；组织整理监理档案资料。

（20）组织审核承包人提交的工程档案归档资料，并提交审核专题报告。

（21）当监理人员数量较少时，总监理工程师可同时承担监理工程师的职责。

（二）副总监理工程师

总监理工程师可通过书面授权副总监理工程师或监理工程师履行其部分职责，但下列工作除外：

（1）主持编制监理规划，审批监理实施细则。

（2）主持审查承包人提出的分包项目和分包人。

（3）审批承包人提交的合同工程开工申请、施工组织设计、施工总进度计划、年施工进度计划、专项施工进度计划、资金流计划。

（4）审批承包人按有关安全规定和合同要求提交的专项施工方案、度汛方案和灾害应急预案。

（5）签发施工图纸。

（6）主持第一次监理工地会议，签发合同工程开工通知、暂停施工指示和复工通知。

（7）签发各类付款证书。

（8）签发变更、索赔和违约有关文件。

（9）签署工程项目施工质量等级评定意见。

（10）要求承包人撤换不称职或不宜在本工程工作的现场施工人员或技术、管理人员。

（11）签发监理月报、监理专题报告和监理工作报告。

（12）参加合同工程完工验收、阶段验收和竣工验收。

（三）监理工程师

监理工程师应按照职责权限开展监理工作，是所实施监理工作的直接责任人，并对总监理工程师负责。其主要职责应包括以下各项：

（1）参与编制监理规划，编制监理实施细则。

（2）预审承包人提出的分包项目和分包人。

（3）预审承包人提交的合同工程开工申请、施工组织设计、施工总进度计划、年施工进度计划、专项施工进度计划、资金流计划。

（4）预审承包人按有关安全规定和合同要求提交的专项施工方案、度汛方案和灾害应急预案。

（5）根据总监理工程师的安排核查施工图纸。

（6）审批分部工程或分部工程部分工作的开工申请报告、施工措施计划、施工质量缺陷处理措施计划。

（7）审批承包人编制的施工控制网和原始地形的施测方案；复核承包人的施工放样成果；审批承包人提交的施工工艺试验方案、专项检测试验方案，并确认试验成果。

（8）协助总监理工程师协调参建各方之间的工作关系。按照职责权限处理施工现场发生的有关问题，签发一般监理指示和通知。

（9）核查承包人报验的进场原材料、中间产品的质量证明文件；核验原材料和中间产品的质量；复核工程施工质量；参与或组织工程设备的交货验收。

（10）检查、监督工程现场的施工安全和文明施工措施的落实情况，指示承包人纠正违规行为；情节严重时，向总监理工程师报告。

(11) 复核已完成工程量报表。

(12) 核查付款申请单。

(13) 提出变更、索赔及质量和安全事故处理等方面的初步意见。

(14) 按照职责权限参与工程的质量评定工作和验收工作。

(15) 收集、汇总、整理监理资料，参与编写监理月报，核签或填写监理日志。

(16) 施工中发生重大问题和遇到紧急情况时，及时向总监理工程师报告、请示。

(17) 指导、检查监理员的工作。必要时可向总监理工程师建议调换监理员。

(18) 完成总监理工程授权的其他工作。

(19) 机电设备安装、金属结构设备安装、地质勘察和工程测量等专业监理工程师应根据监理工作内容和时间安排完成相应的监理工作。

(20) 当监理人员数量较少时，监理工程师可同时承担监理员的职责。

(四) 监理员

监理员应按照职责权限开展监理工作，其主要职责应包括下列各项：

(1) 核实进场原材料和中间产品报验单并进行外观检查，核实施工测量成果报告。

(2) 检查承包人用于工程建设的原材料、中间产品和工程设备等的使用情况，并填写现场记录。

(3) 检查、确认承包人单元工程（工序）施工准备情况。

(4) 检查并记录现场施工程序、施工工艺等实施过程情况，发现施工不规范行为和质量隐患，及时指示承包人改正，并向监理工程师或总监理工程师报告。

(5) 对所监理的施工现场进行定期或不定期的巡视检查，依据监理实施细则实施旁站监理和跟踪检测。

(6) 协助监理工程师预审分部工程或分部工程部分工作的开工申请报告、施工措施计划、施工质量缺陷处理措施计划。

(7) 核实工程计量结果，检查和统计计日工情况。

(8) 检查、监督工程现场的施工安全和文明施工措施的落实情况，发现异常情况及时指示承包人纠正违规行为，并向监理工程师或总监理工程师报告。

(9) 检查承包人的施工日志和现场实验室记录。

(10) 核实承包人质量评定的相关原始记录。

(11) 填写监理日记，依据总监理工程师或监理工程师授权填写监理日志。

四、监理人员的执业规则

水利工程施工监理人员应按有关规定持证上岗。监理人员应遵守以下规则：

(1) 遵纪守法，坚持求实、严谨、科学的工作作风，全面履行职责，正确运用权限，勤奋、高效地开展监理工作。

(2) 努力钻研业务，熟悉和掌握工程建设管理知识和专业技术知识，提高自身素质、技术和管理水平。

(3) 提高监理服务意识，增强责任感，加强与工程建设有关各方的协作，积极、主动开展工作，尽职尽责，公正廉洁。

（4）妥善保管并及时归还发包人提供的工程建设文件资料，未经许可不得泄露与本工程有关的技术秘密和商务秘密。

（5）不得与承包人以及原材料、中间产品和工程设备供应单位有隶属关系或其他利害关系。

（6）不得出卖、出借、转让、涂改、伪造岗位证书、资格证书或注册证书。

（7）只能同时在一个监理单位注册、执业或从业。

（8）遵守职业道德，维护职业信誉，严禁徇私舞弊。

（9）不得索取、收受承包人的财物或者谋取其他不正当利益。

第三节 监 理 机 构

一、监理机构概念及职责

监理机构是监理单位依据监理合同派驻工程现场，由监理人员和其他工作人员组成，代表监理单位履行监理合同的机构。

监理机构应在监理合同授权范围内行使职权。发包人不得擅自做出有悖于监理机构在合同授权范围内所发指示的决定、指示和通知。

监理机构的基本职责与权限应包括下列各项：

（1）审查承包人拟选择的分包项目和分包人，报发包人审批。

（2）核查并签发施工图纸。

（3）审批、审核或确认承包人提交的各类文件。

（4）签发指示、通知、批复等监理文件。

（5）监督、检查现场施工安全，发现安全隐患及时要求承包人整改或暂停施工。

（6）监督、检查文明施工情况。

（7）监督、检查施工进度。

（8）核验承包人申报的原材料、中间产品的质量，复核工程施工质量。

（9）参与或组织工程设备的交货验收。

（10）审核工程计量，签发各类付款证书。

（11）审批施工质量缺陷处理措施计划，监督、检查施工质量缺陷处理情况，组织施工质量缺陷备案表的填写。

（12）处置施工中影响工程质量和安全的紧急情况。

（13）处理变更、索赔和违约等合同事宜。

（14）依据有关规定参与工程质量评定，主持或参与工程验收。

（15）主持施工合同履行中发包人和承包人之间的协调工作。

（16）监理合同约定的其他职责与权限。

监理机构应制定与监理工作内容相适应的工作制度。

监理机构应将总监理工程师和其他主要监理人员的姓名、监理业务分工和授权范围报送发包人并通知承包人。

监理机构应在完成监理合同约定的全部工作后，按有关档案管理规定，移交合同履行期间的监理档案资料。

二、监理机构的组织形式

监理组织形式应根据工程项目的特点、工程项目承发包模式、业主委托的任务以及监理单位自身情况而确定。常用的监理机构组织形式如下。

（一）直线型监理组织

这种组织模式是最简单的，组织中各种职位是按垂直系统直线排列的。如图 2-1 所示，总监理工程师负责整个项目的规划、组织和指导，并着重整个项目范围内各方面的协调工作。子项目监理组分别负责子项目的目标值控制，具体领导现场专业或专项监理组的工作。这种模式特点是命令系统自上而下进行，责任系统自下而上承担。上层管理若干个下层子项目管理部门，下层只接受唯一的上层指令。

这种组织模式的主要优点是机构简单、权力集中、命令统一、职责分明、决策迅速、隶属关系明确、目标控制分工明确。缺点是实行没有职能机构的“个人管理”，这就要求总监理工程师博晓各种业务，通晓多种知识技能，成为“全能”式人物。因此直线型监理组织模式适用于监理项目能划分为若干个相对独立的子项目、技术与管理专业性不太强的建设项目监理。

（二）职能型监理组织

职能型的监理组织模式是总监理工程师下设一些职能机构，分别从职能角度对基层监理组进行业务管理，这些职能机构可以在总监理工程师授权的范围内，就其主管的业务范围，向下下达命令和指示，如图 2-2所示。

这种组织模式的主要优点是目标控制分工明确，能够发挥职能机构的专业管理作用，专家参加管理，提高管理效率，减轻总监理工程师负担。缺点是多头领导，命令源不唯一，易造成职责不清。因此职能型监理组织模式适用于工程项目在地理位置上相对集中、技术较复杂的建设项目监理。

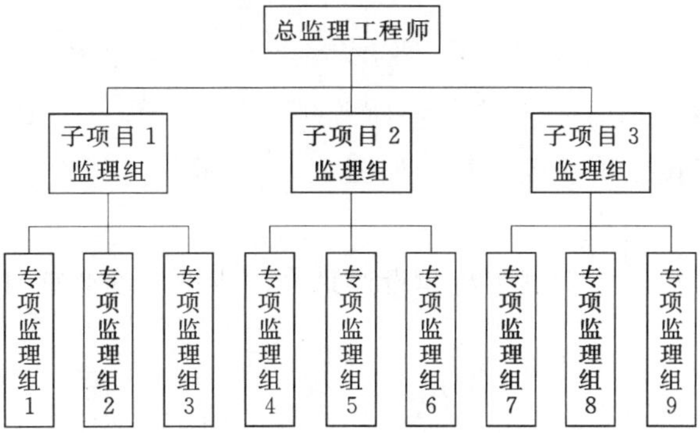

图 2-1 按子项分解的直线型监理组织模式

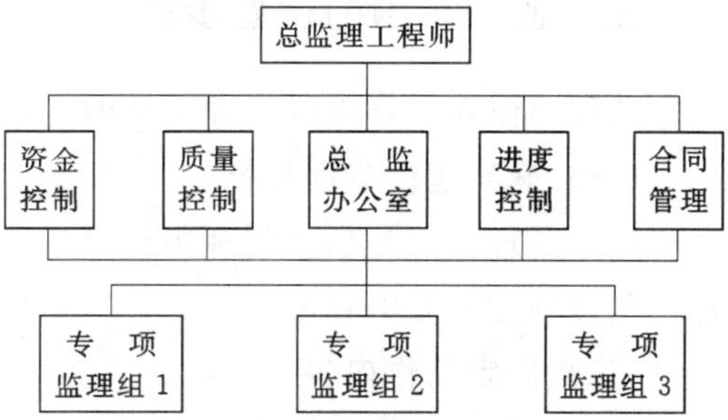

图 2-2 职能型监理组织模式

（三）直线职能型监理组织

直线职能型监理组织模式吸收了直线型和职能型组织模式的优点，而构成的一种组织模式。其指挥系统呈线性，在一个指挥层上配有相应的职能顾问，他们为同层级的主管作参谋，无权向下一级主管直接发布命令和指挥。例如，二滩水电站现场监理组织机构，基本上采用这种模式，如图 2－3 所示。

直线职能型监理组织模式既有直线型监理组织模式权利集中、权责分明、决策效率高等优点，又兼有职能型监理模式处理专业化问题能力强的优点。缺点是职能部门与指挥部门易产生矛盾，信息传递路线长，不利于互通情报。

（四）矩阵型监理组织

矩阵型监理组织模式是由纵横两套管理系统组成的矩阵型组织结构，一套是纵向的职能系统，另一套是横向的子项目系统，如图2－4所示。

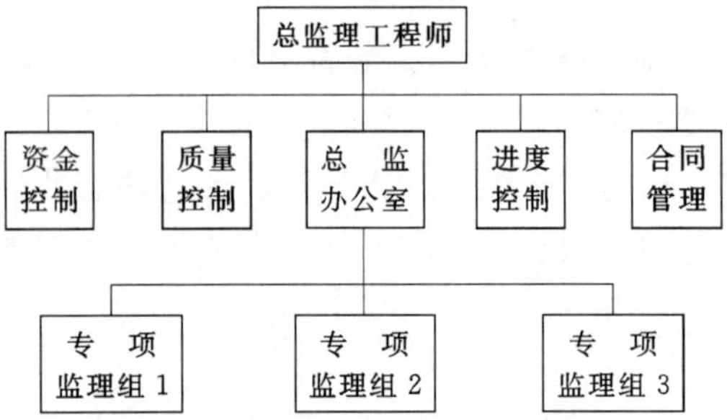

图 2－3　直线职能型监理组织模式

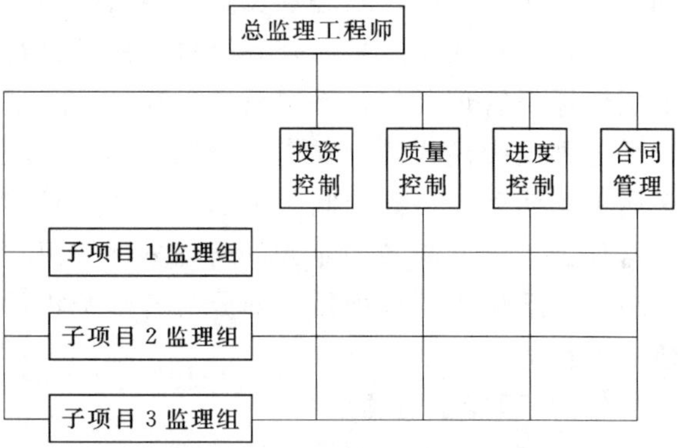

图 2－4　矩阵型监理组织模式

这种模式的优点是加强了各职能部门的横向联系，专业人员得到了充分利用，具有较大的机动性和适应性，把上下左右集权与分权实行最优的结合，有利于解决复杂难题，有利于监理人员业务能力的培养。缺点是纵横向协调工作量大，处理不当会造成扯皮现象，产生矛盾。矩阵型监理模式适用于大中型工程项目的管理，同时有若干个子项目要完成，而每个项目又需具有不同专业或专长的人共同完成。如三峡永久性船闸工程现场监理组织机构就是矩阵组织结构。

三、监理机构的设置步骤

监理单位在设置项目监理机构时，一般按以下步骤进行，如图 2－5 所示。

（一）确定建设监理目标

建设监理目标是项目监理组织设置的前提，应根据工程建设监理合同中确定的监理目标，明确划分为分解目标。

（二）确定工作内容

根据监理目标和监理合同中规定的监理任务，明确列出监理工作内容，并进行分类归并及组合，是一项重要的组织工作。对各项工作进行归并及相应组合，以便于监理目标控制为目的，并考虑监理项目的规模、性质、工期、工程复杂程度以及监理单位自身技术业务水平、监理人员数量、组织管理水平等。

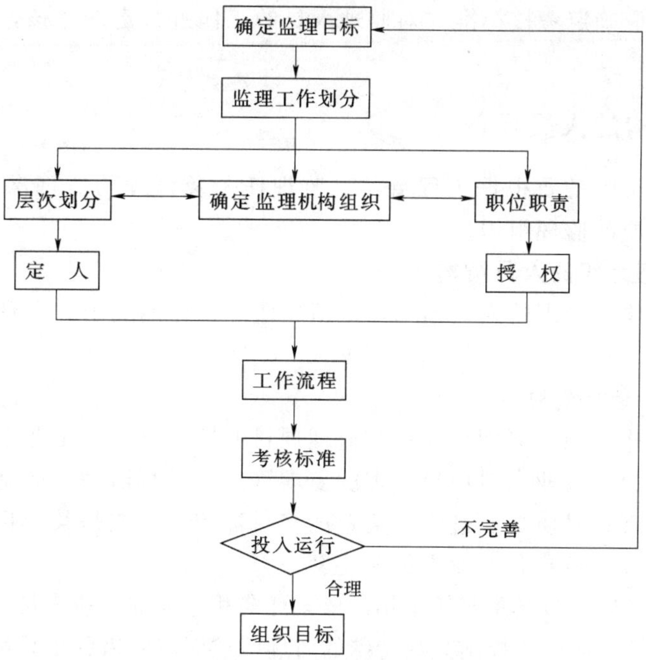

图 2－5 监理机构的设置步骤

（三）监理机构组织设计

1. 确定监理机构的组织形式

由于工程项目规模、性质、建设阶段等不同，可以选择不同的监理机构组织形式以适应监理工作需要。组织形式的选择应考虑有利于项目合同管理，有利于控制目标，有利于决策指挥，有利于信息沟通。

2. 合理确定管理层次

监理机构组织中一般应有三个层次：

（1）决策层。由总监理工程师和其助手组成。根据工程项目的监理活动特点与内容进行科学化、程序化决策。

（2）中间控制层（协调层和执行层）。由专业监理工程师和子项目监理工程师组成。具体负责监理规划的落实，目标控制及合同实施管理。属承上启下管理层次。

（3）作业层（操作层）。由监理员、检查员等组成，具体负责监理工作的操作。

3. 制定岗位职责

岗位职务及职责的确定，要有明确的目的性，不可因人设事。根据责权一致的原则，应进行适当的授权，以承担相应的职责。

4. 选派监理人员

根据监理工作的任务，选择相应的各层次人员，除应考虑监理人员个人素质外，还应考虑总体的合理性与协调性。

（四）制定工作流程与考核标准

为使监理工作科学、有序进行，应按监理工作的客观规律性制定工作流程，规范化地开展监理工作，并应确定考核标准，对监理人员的工作进行定期考核，包括考核内容、考核标准及考核时间。

四、监理机构的人员配备

监理组织的人员配备要根据工程特点、监理任务及合理的监理深度与密度，优化组合，形成整体高素质的监理组织。

（一）项目监理组织的人员结构

项目监理组织要有合理的人员结构才能适应监理工作的要求。合理的人员结构包括以下两方面的内容：

1. 要有合理的专业结构

合理的专业结构即项目监理组应由与监理项目的性质（如是工业项目、民用项目或是专业性强的生产项目）及业主对项目监理的要求（是全过程监理，或是某一阶段如设计阶段或施工阶段的监理；是质量、进度、资金的多目标控制，或是某一目标的控制）相称职的各专业人员组成。也就是各专业人员要配套。

一般来说，监理组织应具备与所承担的监理任务相适应的专业人员。但是，当监理项目局部具有某些特殊性，或业主提出某些特殊的监理要求而需要借助于采用某种特殊的监控手段时，如局部的钢结构、网架、罐体等质量监控需采用无损探伤、X射线及超声探测仪；水下及地下混凝土桩基，需采用遥测仪器探测等，此时，将这些局部的、专业性很强的监控工作另行委托给相应资质的咨询监理机构来承担，也应视为保证了人员合理的专业结构。

2. 要有合理的技术职务、职称结构

监理工作虽是一种高智能的技术性劳务服务，但绝非不论监理项目的要求和需要，追求监理人员的技术职务、职称越高越好。合理的技术职称结构是高级职称、中级职称和初级职称应有与监理工作要求相称的比例。一般来说，决策阶段、设计阶段的监理，具有中级及中级以上职称的人员在整个监理人员构成中应占绝大多数，初级职称人员仅占少数。施工阶段的监理，应有较多的初级职称人员从事实际操作，如旁站、填记日志、现场检查、计量等。这里说的初级职称指助理工程师、助理经济师、技术员、经济员，还可包括具有相应能力的实践经验丰富的工人（应要求这部分人员能看懂图纸、能正确填报有关原始凭证）。监理人员要求的技术职称结构如图 2－6 所示。

（二）监理人员数量的确定

1. 监理人员数量的影响因素

（1）工程建设强度及监理阶段。工程建设强度是指单位时间内投入的建设工程资金的数量，它是衡量一项工程紧张程度的标准。

工程建设强度＝投资/工期

其中，投资是指由监理企业所承担的那部分工程的建设投资，工期也是指这部分工程的工期。投资费用一般可按工程估算、概算或合同价计算，工期根据进度总目标及其分目标计算。

工程强度越大，需投入的监理人员越多。工程建设强度是确定人员数量的一项重要因素。

监理组织层次		主要职能	要求对应的技术职称
项　目 监理组	总监理工程师 专业监理工程师	项目监理的策划 项目监理实施的组织与协调	高级
子　项 监理部	子项监理工程师 专业监理工程师	具体组织子项监理业务	中级
现　场 监理员	质监员 计量员 预算员 计划员等	监理实务的执行与作业	初级

图 2-6　监理人员的技术职称结构

监理机构的监理人员配置标准按照监理初期阶段、正常施工监理阶段和监理收尾阶段等不同阶段分类规定。

监理初期阶段是指项目开工到主体工程开工阶段。正常施工监理阶段是指主体工程开工到工程完工验收阶段。阶段监理收尾阶段是指工程完工验收后的监理服务阶段。

(2) 监理项目类别及复杂程度。监理机构的监理人员的配置标准按照工程类别、复杂程度、规模等分类确定，并考虑工程的点状和线状分布特征、施工过程是否需要旁站要求等不同情况。工程项目的技术难度越大，越复杂，需要的人员就越多。一般按照工程规模、施工条件、导流方法等因素综合考虑将水利工程监理项目的复杂等级划分为Ⅰ级、Ⅱ级和Ⅲ级三个等级，水利工程监理项目类别及等级划分具体见表 2-2。

表 2-2　　水利工程监理项目类别及等级划分情况表

项目分类	等级	工　程　特　征
水库水电工程 （专业调整系数 1.2）	Ⅰ级	1. 最大坝高＜70m，边坡高度＜50m，基础处理深度＜20m 的水库水电工程。 2. 施工明渠导流建筑物与土石围堰。 3. 总装机容量＜50MW 的水电工程。 4. 单洞长度＜1km 的隧洞。 5. 无特殊环保要求
	Ⅱ级	1. 70m≤最大坝高＜100m 或 1000 万 m^3≤库容＜1 亿 m^3 的水库水电工程。 2. 地下洞室的跨度＜15m，50m≤边坡高度＜100m，20m＜基础处理深度＜40m 的水库水电工程。 3. 施工明渠导流建筑物（洞径＜10m）与混凝土围堰（最大堰高＜20m）。 4. 50MW≤总装机容量＜1000MW 的水电工程。 5. 1km≤单洞长度＜4km 的隧洞。 6. 工程位于省级环境（生态）保护区内，或毗邻省级环境（生态）保护区，有较高的环保要求。
	Ⅲ级	1. 最大坝高≥100m 或库容≥1 亿 m^3 的水库水电工程。 2. 地下洞室的跨度≥15m，边坡高度≥100m，基础处理深度≥40m 的水库水电工程。 3. 50MW≤总装机容量＜1000MW 的水电工程。 4. 施工明渠导流建筑物（洞径≥10m）与混凝土围堰（最大堰高≥20m）。 5. 单洞长度≥4km 的隧洞。 6. 工程位于国家重点环境（生态）保护区内，或毗邻国家重点环境（生态）保护区，有特殊的环保要求

续表

项目分类	等级	工　程　特　征
河道治理建（构）筑物及河道堤防工程（专业调整系数 0.9）	Ⅰ级	堤防等级Ⅴ级的河道治理建（构）筑物及河道堤防工程
	Ⅱ级	堤防等级Ⅲ级、Ⅳ级的河道治理建（构）筑物及河道堤防工程
	Ⅲ级	1. 堤防等级Ⅰ级、Ⅱ级的河道治理建（构）筑物及河道堤防工程。 2. 护岸、防波堤、围堰、人工岛、围垦工程，城镇防洪、河口整治工程
引调水工程（专业调整系数 0.9）	Ⅰ级	1. 流量<15m^3/s的引调水渠道管线工程
	Ⅱ级	1. 15m^3/s≤流量<25m^3/s的引调水渠道管线工程。 2. 丘陵、山区、沙漠地区的引调水建筑物工程
	Ⅲ级	1. 流量≥25m^3/s的引调水渠道管线工程。 2. 丘陵、山区、沙漠地区的引调水建筑物工程
灌区田间工程（专业调整系数 0.9）	Ⅰ级	

注　Ⅰ级、Ⅱ级、Ⅲ级复杂程度调整系数分别为 0.85、1.0、1.15。

（3）工程监理单位的业务水平。每个监理单位的业务水平有所不同，人员素质、专业能力、管理水平、工程经验、设备手段等方面的差异影响监理效率的高低。高水平的监理单位可以投入较少人力完成一个工程项目的监理工作，而一个经验不多或管理水平不高的监理单位则需要投入较多的人力。因此，各工程监理单位应当根据自己的实际情况制定监理人员需要量定额。

具体到一个工程项目中，还应视配备的具体监理人员的水平和设备手段并加以调整。

（4）监理组织结构和任务职能分工。监理组织情况牵涉具体人员配备，务必使监理机构与任务职能分工的要求得到满足。因而还需要将人员做进一步的调整。

监理机构的监理人员分总部监理人员和施工现场监理人员，包括总监理工程师、副总监理工程师、监理工程师、监理员以及造价工程师、造价员。监理工程师按照岗位或专业分为水工监理工程师、机电设备安装监理工程师、金属结构设备安装监理工程师、测量监理工程师、地质监理工程师、检测监理工程师、合同监理工程师、质量监理工程师、技术监理工程师、进度监理工程师等专业监理工程师。

2. 监理人员配置标准

根据水利工程项目建设施工监理初期阶段、收尾阶段监理工作的特点，不规定监理人员的配置标准，根据项目实际情况进行监理人员安排。

正常施工期监理机构的监理人员配置标准根据《水利工程建设施工监理机构监理人员配置标准导则》进行配置。

监理机构监理人员的配置标准分为基本标准和参考标准。基本标准是项目应达到的监理人员配置最低要求；参考标准是项目监理人员配置的指导性标准，可根据项目的特点、项目的建筑物组成与建设布局安排、监理机构设置、监理工作与交通条件、项目的地区差异、监理合同约定的监理义务与项目法人提供条件、主管部门及项目法人对项目监理工作的要求等实际情况进行调整。

（1）总监理工程师的配置标准。水库水电工程、Ⅱ级以上河道治理工程、Ⅱ级以上引水工程，每个监理项目应单独配置总监理工程师 1 人。

Ⅰ级河道治理工程、Ⅰ级引水工程、灌区田间工程，总监理工程师的配置，允许以县、区为单位跨项目配置，总监理工程师配置人数计算如下：

$$总监理工程师基本配置标准=\frac{同一县（区）总监理工程师配置数量}{8}+0.5（取整）$$

同一县（区）总监理工程师的配置标准按照监理单位承接的所有监理项目的配置标准数量之和计算。单一项目的总监理工程师配置标准按表 2－3 确定。

表 2－3　　总监理工程师配置标准表　　单位：人日

序号	项目类别	年均计费额/万元	基本标准	参考标准	备　注
1	Ⅰ级河道治理建（构）筑物及河道堤防工程	＜200	1	1～3	项目之间交通便利时，取参考标准的低值，否则，取高值
		200～500	2	2～4	
		501～1000	3	3～5	
		1001～2000	4	4～6	
		2001～3000	5	5～7	
		＞3001	5	5～10	
2	Ⅰ级引调水工程	＜200	1	1～3	
		200～500	2	2～4	
		501～1000	3	3～5	
		1001～2000	4	4～6	
		2001～3000	5	5～7	
		＞3001	5	5～10	
3	灌区田间工程	＜200	0.5	0.5～2	
		200～500	1	1～3	
		501～1000	2	2～4	
		1001～2000	3	3～5	
		2001～3000	4	4～6	
		＞3001	4	4～7	

（2）副总监理工程师的配置标准。副总监理工程师配置标准按表 2－4 确定。

表 2－4　　副总监理工程师配置标准表　　单位：人日

年均计费额/万元	基本标准	参考标准	备　注
＜10000	0	1	1. 总监理工程师跨监理项目服务时，每个监理项目至少设 1 名副总监理工程师。 2. 副总监理工程师的职责包括：完成总监理工程师赋予的职责；可兼职全部或部分完成某些专业监理工程师的工作（包括质量、安全、测量、检测、技术、合同、造价、进度、水工、设备安装等专业监理工程师）
10001～30000	1	1～3	
30001～50000	2	2～4	
＞50001	3	3～6	

(3) 安全监理人员的配置标准。安全监理人员的配置标准见表2-5。

表2-5　　　　安全监理人员配置标准表　　　　单位：人日

序号	工程类别	年均计费额/万元	基本标准		参考标准	
			监理工程师	监理员	监理工程师	监理员
1	水库水电工程	＜10000	0	0	1	0
		10001～30000	1	1	1	1～2
		30001～50000	1	2	1～2	1～3
		＞50001	1	3	1～3	1～3
2	河道治理建（构）筑物及河道堤防工程	＜10000	0	0	1	0
		10001～30000	0	0	1	1～2
		30001～50000	1	0	1～2	1～3
		＞50001	1	1	1～3	1～3
3	引调水工程	＜10000	0	0	1	0
		10001～30000	0	0	1	1～2
		30001～50000	1	0	1～2	1～3
		＞50001	1	1	1～3	1～3
4	灌区田间工程	＜1000	0	0	0	0
		＞5001	0	0	1～2	1～2

(4) 合同监理工程师、造价工程师、造价员的基本配置标准。水库水电工程、Ⅱ级以上河道治理工程、Ⅱ级以上引水工程，合同监理工程师、造价工程师、造价员的基本配置标准按表2-6确定。

表2-6　　　　合同、造价人员配置标准表　　　　单位：人日

序号	工程类别	年均计费额/万元	基本标准		
			合同监理工程师	造价工程师	造价员
1	水库水电工程	＜10000	0	0	0
		10001～30000	1	0	1
		30001～50000	1	0	2
		＞50001	1	1	3
2	河道治理建（构）筑物及河道堤防工程	＜10000	0	0	0
		10001～30000	1	0	1
		30001～50000	1	0	2
		＞50001	1	1	3
3	引调水工程	＜10000	0	0	0
		10001～30000	1	0	1
		30001～50000	1	0	2
		＞50001	1	1	3
4	灌区田间工程	＜1000	0	0	0
		＞1001	1	0	1

Ⅰ级河道治理工程、Ⅰ级引水工程、灌区田间工程，可不专门配置合同监理工程师、造价工程师、造价员。

（5）技术监理工程师、质量监理工程师、进度监理工程师的基本配置标准。水库水电工程、Ⅱ级以上河道治理工程、Ⅱ级以上引水工程，合同监理工程师、造价工程师、质量监理工程师、进度监理工程师的基本配置标准按表2-7确定。

表2-7　技术、质量、进度监理工程师配置标准表　　单位：人日

序号	工程类别	年均计费额/万元	基本标准		
			技术监理工程师	质量监理工程师	进度监理工程师
1	水库水电工程	<10000	0	0	0
		10001～30000	1	0	0
		30001～50000	1	0	1
		>50001	1	1	1
2	河道治理建（构）筑物及河道堤防工程	<10000	0	0	0
		10001～30000	1	0	0
		30001～50000	1	0	0
		>50001	1	1	0
3	引调水工程	<10000	0	0	0
		10001～30000	1	0	0
		30001～50000	1	0	1
		>50001	1	1	1
4	灌区田间工程	<1000	0	0	0
		>1001	1	0	0

Ⅰ级河道治理工程、Ⅰ级引水工程、灌区田间工程，可不专门配置技术监理工程师、质量监理工程师、进度监理工程师。

（6）施工现场水工、设备安装等专业监理人员配置标准。

1）水库水电工程、Ⅱ级以上河道治理工程、Ⅱ级以上引水工程专业监理工程师的配置标准如上：

施工现场监理人员基本配置标准＝∑(施工现场监理人员服务基本工时×工程规模系数)i×工程专业调整系数×工程复杂程度系数/8

式中：i为施工场地序号。

施工现场监理人员服务基本工时和工程规模系数按照《水利工程建设施工监理机构监理人员配置标准导则》中规定计取。监理机构中的每个现场机构至少配备1名监理工程师。

施工现场监理人员参考配置标准＝施工现场监理人员基本配置标准×（1＋场地综合距离系数）＋现场机构附加

$$场地综合距离系数=\frac{各施工场地距各场地中心的平均距离\times 施工场地个数}{场内交通速度\times 8}$$

现场机构附加是指考虑监理机构中施工现场机构设置的不同需要增加的监理人员数量，不影响时取0。

2）Ⅰ级河道治理工程、Ⅰ级引水工程、灌区田间工程，施工现场专业监理工程师的配置标准。水工监理工程师的配置标准见表2-8。

表2-8　Ⅰ级河道治理工程、Ⅰ级引水工程、灌区田间工程施工现场水工监理工程师配置标准　单位：人日

序号	年均计费额/万元	基本标准		参考标准	
		监理工程师	监理员	监理工程师	监理员
1	<500	0.5	1	1	1
2	500～1000	1	1	1	1～2
3	1001～2000	1	2	1～2	2～4
4	2001～3000	1	3	1～2	3～6
5	>3001	1	3	1～5	3～8

金属结构设备安装监理工程师、机电设备安装监理工程师不做配置标准规定，视具体工作需要安排。

复习思考题

1. 根据《水利工程建设监理单位资质管理办法》，监理单位资质分为哪几个专业？分别分几级？

2. 简述水利工程施工监理专业资质的业务范围。

3. 监理人员有哪些？请分别列出从业条件。

4. 简述监理机构的基本职责与权限。

5. 监理机构的组织形式有哪些？简述各自的特点及适用条件。

6. 某水利工程施工监理企业，其资质等级为丙级，有正式在职工程技术和管理人员8人，其中4人有中级职称。该监理企业技术负责人是高级工程师，但不是注册监理工程师，其余为初级职称和无职称者。该监理单位通过熟人关系取得一项2级堤防工程施工阶段监理任务。此外，建设单位还以本单位工程部人员参加监理进行合作监理为由，使监理企业又给建设单位劳务费人民币15万元。在监理过程中，由于监理企业给被监理方提供技术服务，监理企业接受被监理方技术指导费10万元人民币。

问：该监理单位本身及其行为有哪些违反国家规定？

7. 某水利工程建设项目，建设单位委托某监理公司负责施工阶段的监理工作。总监理工程师亲自主持编写该项目监理规划。监理规划中关于岗位职责包含如下内容：

（1）总监理工程师职责：

1）主持编制监理规划和监理实施细则，制定监理机构工作制度。

2）主持审查并批准承包人提出的分包项目和分包人。

3）审查承包人提交的合同工程开工申请、施工组织设计、施工进度计划、资金流计划，并报发包人批准。

4）审批承包人提交的文明施工组织机构和措施。

5）核准分部工程和单位工程的施工质量等级，评定工程项目施工质量。

6）主持单位工程验收、合同工程完工验收、阶段验收和竣工验收。

（2）副监理工程师职责：

1）协调监理机构内部工作；负责监理机构中监理人员的工作考核，调换不称职的监理人员。

2）审批承包人按有关安全规定和合同要求提交的专项施工方案、度汛方案和灾害应急预案。

3）主持施工合同实施中的协调工作，调解合同争议。

4）签署工程项目施工质量等级评定意见。

5）要求承包人撤换不称职或不宜在本工程工作的现场施工人员或技术、管理人员。

6）复核分部工程和单位工程的施工质量等级，代表监理机构评定工程项目施工质量。

7）参加合同工程完工验收、阶段验收和竣工验收。

（3）监理员职责：

1）检查、确认承包人单元工程（工序）施工准备情况。

2）提出变更、索赔及质量和安全事故处理等方面的初步意见。

3）检查承包人的施工日志和现场实验室记录。

4）审批分部工程或分部工程部分工作的开工申请报告、施工措施计划、施工质量缺陷处理措施计划。

5）核实工程计量结果，检查和统计计日工情况。

6）预审承包人提出的分包项目和分包人。

7）按照职责权限参与工程的质量评定工作和验收工作。

问题：

（1）关于总监职责的描述有何不妥之处？并说明理由。

（2）关于副总监职责的描述有何不妥之处？并说明理由。

（3）关于监理员职责的描述有何不妥之处？并说明理由。

8. 某监理单位与建设单位签订委托监理合同后，在实施建设工程之前，应建立项目监理机构。监理机构在组建项目监理机构时，按以下步骤进行：①监理工作内容划分；②确定项目监理机构目标；③制定工作流程和信息流程；④设计项目监理机构的组织结构。

问题：

（1）组建项目监理机构时的步骤是否妥当？请写出正确的步骤。

（2）项目监理机构的组织形式和规模应根据哪些因素来确定？

9. 某水利工程施工监理单位承担了150km河道整治的监理业务，该工程包括河道清淤及护岸治理150km、水闸2座和农桥3座。建设单位分别将河道清淤及护岸治理、水闸工程和农桥工程分别分包给3家承包商。针对工程特点和建设单位的分项发包情况，总监理工程师首先建立监理组织机构，并拟定了矩阵型和直线型两种监理组织机构方案供大家讨论。

问题：

(1) 作为一名监理工程师，你推荐哪种方案？为什么？

(2) 请绘出你所推荐的监理组织机构示意图？

第三章　水利工程施工质量控制

工程质量是基本建设效益得以实现的基本保证，是决定工程建设成败的关键，也是进行建设监理三大控制目标的重点。工程项目的进度控制和资金控制必须以一定的质量水平为前提，确保工程建设能全面地满足合同规定的各项要求。质量控制是保证工程质量的一种有效方法，是建设工程项目管理的核心。

施工阶段是形成工程质量最为关键的阶段，它将“设计蓝图”变为现实。工程质量在很大程度上是在施工阶段创造的，监理工程师必须加强施工阶段的质量控制。

第一节　水利工程施工质量控制概述

一、质量与质量控制

（一）质量

从狭义上讲，质量通常是指工程产品质量。而从广义上讲，则应包括工程产品质量和工作质量两方面。

1. 工程产品质量

工程产品质量是指工程实体满足明确和隐含需要的能力的特性总和。所谓满足明确需要，通常是指符合国家有关法规、技术标准或合同规定的要求；所谓满足隐含需要，一般是指满足用户的需要。上述需要即是对工程产品的性能、时间性、可信性、适应性、经济性、安全性等特性的要求。

2. 工作质量

工作质量是指参与建设的各方为了保证工程产品质量所做的组织管理工作和生产全过程各项工作的水平和完善程度。要保证工程产品的质量，就要求各方有关部门、有关人员对影响工程产品质量的所有因素进行控制，即通过提高工作质量来保证和提高工程产品质量。

工作质量可以概括为社会工作质量和生产过程质量两个方面。社会工作质量主要是指在社会调查、质量回访、维修服务等方面工作的质量。生产过程质量主要包括：安全教育工作质量、管理工作质量、技术工作质量、后勤工作质量等，最终还将反映在工序质量上。而工序质量是受人、材料、机具设备、工艺及环境等五方面因素的影响。

3. 工序质量

工序是指施工人员在某一工作面上，借助于某些工具或施工机械对一个或若干个劳动对象所完成的一切连续活动的综合。工序质量包括这些活动条件的质量和活动效果的质量。工程产品的质量是由参与建设的各方完成工作质量和生产（施工）过程中的工序质量来决定的。构成施工过程的基本单元是工序。虽然工程产品复杂程度不同，生产过程也不相同，但它们都有一个共同特点，都是由一道一道工序加工出来的，每一道工序的质量好坏，最终都直接或间接地影响工程产品的质量。所以工序质量是形成工程产品质量最基本的环节。

工程产品质量、工序质量、工作质量三者之间有着密切的关系。工程产品质量取决于工序质量和工作质量；工序质量又取决于工作质量。工程产品质量是工作质量的综合反映，工作质量是工程产品质量的基础和保证。因此，要把质量管理的重点放在如何提高工作质量上，并通过提高工作质量来保证和提高工程产品质量。

（二）质量控制

质量控制是为了达到质量要求所采取的作业技术和活动。

工程质量有个产生、形成和实现的过程，如设备和材料采购过程、施工过程等。在这个过程中，为使工程产品能满足用户的需要，达到规定的质量要求，就需要进行一系列的作业技术和活动，只有将这一系列环节的作业技术和活动均置于严格的控制之下，才能最终得到满足规定的质量要求的工程产品。也只有及时地排除所有这些环节的作业技术和活动中发生偏离有关规范、规程、标准的现象，并使之恢复正常，才能达到控制的目的。如为了控制施工过程的质量，可以通过作业指导书规定施工中该工序使用的工艺设备、施工方法、检验方法，对关键工序还可以采取动态控制方法监视其质量的波动情况。

（三）质量保证

在工程建设中，质量保证是施工承包商在质量管理的基础上，在确定的质量保证计划的指导下，为确保工程达到质量指标、技术标准和用户要求而提供的担保，是准确地履行质量职能的依据，是取得有关各方满意和信任的全部有计划、有系统的活动。

在工程建设中，质量保证的途径包括以下三种：

（1）以检验为手段的质量保证。以检验为手段的质量保证，实质上是对工程质量效果是否合格作出评价，并不能通过它对工程质量加以控制。因此，它不能从根本上保证工程质量，只不过是质量保证工作的内容之一。

（2）以工序管理为手段的质量保证。以工序管理为手段的质量保证，是通过对工序能力的研究，充分管理设计施工工序，使之处于严格的控制之中，以此来保证最终的质量效果。但这种手段仅对设计、施工工序进行了控制，并没有对规划和使用等阶段实行有关的质量控制。

（3）以开发新技术、新工艺、新材料、新工程产品为手段的质量保证。以开发新技术、新工艺、新材料、新的工程产品为手段的质量保证，是对工程从规划、设计、施工到使用的全过程实行的全面质量保证。这种质量保证，克服了前两种质量保证手段的不足，可以从根本上确保工程质量。这是目前最高级的质量保证手段。

（四）质量管理

质量管理是确定质量方针、目标和职责，并在质量体系中通过诸如质量策划、质量控制、质量保证和质量改进，使其实施全部管理职能的所有活动。

质量管理既包括质量控制和质量保证，也包括质量方针、质量策划、质量改进等，它的运作是通过质量体系来进行的。

监理工程师要搞好质量管理，应加强最高管理者的领导作用，落实各级管理者的职责，并动员、教育、激励全体职工积极参与质量管理。

二、水利工程质量管理体系

《水利工程质量管理规定》（水利部令第7号）规定：水利工程质量实行项目法人负责、监理单位控制、施工单位保证和政府监督相结合的质量管理体制。水利工程质量由项目法人负全面责任。监理、施工、设计单位按照合同及有关规定对各自承担的工作负责。质量监督机构履行政府部门监督职能，不代替项目法人、监理、设计、施工单位的质量管理工作。水利工程建设各方均有责任和权利向有关部门和质量监督机构反映工程质量问题。

水利工程项目法人、监理、设计、施工等单位的负责人，对本单位的质量工作负领导责任。各单位在工程现场的项目负责人对本单位在工程现场的质量工作负直接领导责任。各单位的工程技术负责人对质量工作负技术责任。具体工作人员为直接责任人。

水利工程建设各单位要积极推行全面质量管理，采用先进的质量管理模式和管理手段，推广先进的科学技术和施工工艺，依靠科技进步和加强管理，努力创建优质工程，不断提高工程质量。

各级水行政主管部门要对提高工程质量做出贡献的单位和个人实行奖励。

水利工程建设各单位要加强质量法制教育，增强质量法制观念，把提高劳动者的素质作为提高质量的重要环节，加强对管理人员和职工的质量意识和质量管理知识的教育，建立和完善质量管理的激励机制，积极开展群众性质量管理和合理化建议活动。

（一）政府监督管理

（1）政府对水利工程质量实行监督管理制度。水利工程按照分级管理的原则由相应水行政主管部门授权的质量监督机构实施质量监督。

（2）水利工程质量监督机构须按照水利部有关规定设立，经省级以上水行政主管部门资质审查合格，方可承担水利工程的质量监督工作。各级水利工程质量监督机构须建立健全质量监督工作机制，完善监督手段，增强质量监督的权威性和有效性。各级水利工程质量监督机构，负责贯彻执行国家和水利部有关质量法规、规范情况的检查。

（3）水利部水利工程质量监督机构负责对流域机构、省级水利工程质量监督机构和水利工程质量检测单位进行统一规划、管理和资质审查。各省、自治区、直辖市设立的水利工程质量监督机构负责本行政区域内省级以下水利工程质量监督机构和水利工程质量检测单位统一规划管理和资质审查。

（4）水利工程质量监督机构负责监督设计、监理、施工单位在其资质等级允许范围内从事水利工程建设的质量工作；负责检查、督促建设、监理、设计、施工单位建立健全质量体系。水利工程质量监督机构，按照国家和水利行业有关工程建设法规、技术标准和设计文件实施工程质量监督，对施工现场影响工程质量的行为进行监督检查。

（5）水利工程质量监督工作是以抽查为主的监督方式。工程竣工验收时，质量监督机构应对工程质量等级进行核定。未经质量核定或核定不合格的工程，施工单位不得交验，工程主管部门不能验收，工程不得投入使用。

（6）根据需要，质量监督机构可委托经计量认证合格的检测单位，对水利工程有关部位以及所采用的建筑材料和工程设备进行抽样检测。水利部水利工程质量监督机构认定的水利工程质量检测机构出具的数据是全国水利系统的最终检测。各省级水利工程质量监督机构认定的水利工程质量检测机构所出具的检测数据是本行政区域内水利系统的最高检测依据。

（二）项目法人质量管理

（1）项目法人应根据国家和水利部有关规定依法设立，主动接受水利工程质量监督机构对其质量体系的监督检查。

（2）项目法人应根据工程规模和工程特点，按照水利部有关规定，通过资质审查招标选择勘测设计、施工、监理单位并实行合同管理。在合同文件中，必须有工程质量条款，明确图纸、资料、工程、材料、设备等的质量标准及合同双方的质量责任。

（3）项目法人要加强工程质量管理，建立健全施工质量检查体系，根据工程特点建立质量管理机构和质量管理制度。

（4）项目法人在工程开工前，应按规定向水利工程质量监督机构办理工程质量监督手续。在工程施工过程中，应主动接受质量监督机构对工程质量的监督检查。

（5）项目法人应组织设计和施工单位进行设计交底。施工中应对工程质量进行检查，工程完工后，应及时组织有关单位进行工程质量验收、签证。

（三）监理单位质量管理

（1）监理单位须持有水利部颁发的监理单位资质等级证书，依照核定的监理范围承担相应水利工程的监理任务。监理单位必须接受水利工程质量监督机构对其监理资格、质量检查体系及质量监理工作的监督检查。

（2）监理单位须严格执行国家法律、水利行业法规、技术标准，严格履行监理合同。

（3）监理单位根据所承担的监理任务向水利工程施工现场派出相应的监理机构，人员配备须满足项目要求。监理工程师上岗须持有水利部颁发的监理工程师岗位证书，一般监理人员上岗要经过岗前培训。

（4）监理单位应根据监理合同参与招标工作，从保证工程质量全面履行工程承建合同出发，签发施工图纸；审查施工单位的施工组织设计和技术措施；指导监督合同中有关质量标准、要求的实施；参加工程质量检查、工程质量事故调查处理和工程验收工作。

（四）设计单位质量管理

（1）设计单位须按其资质等级及业务范围承担勘测设计任务，并应主动接受水利工程质量监督机构对其资质等级及质量体系的监督检查。

（2）设计单位须建立健全设计质量保证体系，加强设计过程质量控制，健全设计文件的审核、会签批准制度，做好设计文件的技术交底工作。

（3）设计文件须符合下列基本要求：

1）设计文件应符合国家、水利行业有关工程建设法规，工程勘测设计技术规程、标准和合同的要求。

2）设计依据的基本资料应完整、准确、可靠，设计论证充分，计算成果可靠。

3）设计文件的深度应满足相应设计阶段有关规定要求，设计质量必须满足工程质量、安全需要并符合设计规范的要求。

（4）设计单位应按合同规定及时提供设计文件及施工图纸，在施工过程中要随时掌握施工现场情况，优化设计，解决有关设计问题。对大中型工程，设计单位应按合同规定在施工现场设立设计代表机构或派驻设计代表。

（5）设计单位应按水利部有关规定在阶段验收、单位工程验收和竣工验收中，对施工质量是否满足设计要求提出评价意见。

（五）施工单位质量管理

（1）施工单位须按其资质等级和业务范围承揽工程施工任务，接受水利工程质量监督机构对其资质和质量保证体系的监督检查。

（2）施工单位须依据国家、水利行业有关工程建设法规、技术规程、技术标准的规定以及设计文件和施工合同的要求进行施工，并对其施工的工程质量负责。

（3）施工单位不得将其承接的水利建设项目的主体工程进行转包。对工程的分包，分包单位须具备相应资质等级，并对其分包工程的施工质量向总包单位负责，总包单位对全部工程质量向项目法人负责。工程分包必须经过项目法人的认可。

（4）施工单位应推行全面质量管理，建立健全质量保证体系，制定和完善岗位质量规范、质量责任及考核办法，落实质量责任制。在施工过程中要加强质量检验工作，认真执行“三检制”，切实做好工程质量的全过程控制。

（5）工程发生质量事故，施工单位须按照有关规定向监理单位、项目法人及有关部门报告，并保护好现场，接受工程质量事故调查，提交完整的技术档案、试验成果及有关资料。

（六）建筑材料、设备采购的质量管理

（1）建筑材料和工程设备的质量由采购单位承担相应责任。凡进入施工现场的建筑材料和工程设备均应按有关规定进行检验。未经检验或经检验不合格的产品不得用于工程。

（2）建筑材料和工程设备的采购单位具有按合同规定自主采购的权利、其他单位或个人不得干预。

（3）建筑材料和工程设备应当符合下列要求：

1）有产品质量检验合格证明。

2）有中文标明的产品名称、生产厂名和厂址。

3）产品包装和商标式样符合国家有关规定和标准要求。

4）工程设备应有产品详细的使用说明书，电气设备还应附有线路图。

5）实施生产许可证或实行质量认证的产品，应当具有相应的许可证或认证证书。

（七）工程保修管理

水利工程保修期从工程移交证书写明的工程完工日起一般不少于一年。有特殊要求的工程，其保修期限在合同中规定。工程质量出现永久性缺陷的，承担责任的期限不受以上保修期限制。水利工程在规定的保修期内，出现工程质量问题，一般由原施工单位承担保修，所需费用由责任方承担。

三、工程质量控制的依据

（1）已批准的设计文件、施工图纸及相应的设计变更与修改文件。

（2）已批准的施工组织设计。

（3）合同中引用的现行施工规范、规程。

（4）合同中引用的有关原材料、半成品、构配件方面的质量依据。

（5）建设单位和施工承包单位签订的工程承包合同中有关质量的合同条款。

（6）制造厂提供的设备安装说明书和有关技术标准。

四、工程质量控制制度

1. 工程建设标准强制性条文（水利工程部分）符合性审核制度

监理机构在审核施工组织设计、施工措施计划、专项施工方案、安全技术措施、度汛方案和灾害应急预案等文件时，应对其与工程建设标准强制性条文（水利工程部分）的符合性进行审核。

工程建设强制性标准是指直接涉及工程质量、安全、卫生及环境保护等方面的工程建设标准强制性条文。工程建设标准强制性条文由国务院建设行政主管部门会同国务院有关行政主管部门确定。工程建设强制性标准分为：工程建设规划阶段强制性标准；工程建设勘察、设计阶段强制性标准；工程建设施工阶段强制性标准、公路工程施工强制性标准、工业与民用建筑施工强制性标准等。凡在我国境内从事新建、扩建、改建等工程建设活动，都必须执行工程建设强制性标准。

建设单位不得明示或暗示施工单位使用不合格的建筑材料、建筑构配件和设备，不得明示或暗示设计单位或者施工单位违反工程建设强制性标准，降低工程质量。施工单位违反工程建设强制性标准的责令改正，造成工程质量不符合规定的质量标准的，负责返工、修理，并赔偿因此造成的损失；情节严重的，应停业整顿，降低资质等级或吊销资质证书。

工程监理单位违反强制性标准规定，将不合格的建设工程以及建筑材料、建筑构配件和设备按照合格签字的责令改正，情节严重的，降低资质等级或者吊销资质证书；有违法所得的，予以没收；造成损失的，承担连带赔偿责任。

2. 技术文件核查、审核和审批制度

根据施工合同约定由发包人或承包人提供的施工图纸、技术文件以及承包人提交的开工申请、施工组织设计、施工措施计划、施工进度计划、专项施工方案、安全技术措施、度汛方案和灾害应急预案等文件，均应经监理机构核查、审核或审批后方可实施。

承包人必须在开工前至少7天向项目监理机构提交施工组织设计和施工措施。项目监理机构分别由负责资金、质量、进度控制专业的监理工程师进行审核，把审核意见提交总监理工程师。必要时施工单位必须按照监理机构的要求修改，完善其施工组织设计和施工措施。施工组织设计和施工措施一经批准，不得轻易改变，并作为施工阶段“三控制”（质量控制、进度控制、资金控制）的依据。施工组织设计和施工措施未经批准，工程不得开工。

3. 原材料、中间产品和工程设备报验制度

监理机构应对发包人或承包人提供的原材料、中间产品和工程设备进行核验或验收。

未经验收合格的原材料、中间产品和工程设备不得投入使用，不合格的原材料、中间产品和工程设备的处置方式和措施应得到监理机构的批准或确认。

4. 工程质量报验制度

承包人每完成一道工序或一个单元工程，都应经过自检。承包人自检合格后方可报监理机构进行复核。上道工序或上一单元工程未经复核或复核不合格，不得进行下道工序或下一单元工程施工。

隐蔽工程隐蔽以前，施工单位应根据《工程质量评定验收标准》进行自检，并将评定资料报监理工程师。施工单位应将需检查的隐蔽工程在隐蔽前3日提出计划报监理工程师，监理工程师应排出计划，通知施工单位。监理工程师应按约定的时间派监理人员到现场进行检查，确定质量符合合同技术条款要求，并在检查记录上签字后，施工单位才能进行覆盖。如果监理人员未及时到现场检查，施工单位不得将隐蔽工程进行覆盖。但由此造成的损失，可向业主提出索赔。

5. 工程计量付款签证制度

所有申请付款的工程量、工作量均应进行计量并经监理机构确认。未经监理机构签证的付款申请，发包人不得付款。所计量项目工程必须是承包人实际完成并经监理机构确认质量合格，质量不合格不予支付工程款。

6. 工程验收制度

在承包人提交验收申请后，监理机构应对其是否具备验收条件进行审核，并根据有关水利工程验收规程或合同约定，参与或主持工程验收。验收的依据是批准的设计文件（包括变更设计）、有关设计施工规范、工程质量验收标准以及合同及协议文件等。施工单位按规定编写和提出验收交接文件是申请竣工验收的必要条件，竣工文件不齐全、不正确、不清晰，不能验收交接。承包人应在验收前将编好的全部竣工文件及绘制的竣工图提供给监理机构一份，审查确认完整无误后，报建设单位，其余分发有关接管、使用单位。工程没有进行竣工验收，不得签发移交证书，不得交付使用，不支付保留金，不进行完工结算。

7. 监理报告制度

监理机构应及时向发包人提交监理月报、监理专题报告；在工程验收时，应提交工程建设监理工作报告。

监理月报由项目监理机构总监理工程师签发后，报送建设单位和监理单位。编制监理月报的主要目的是使建设单位了解工程的全面状况，及时作出有关决策和计划。监理月报应全面反映当月的监理工作情况，编制周期与支付周期宜同步，在约定时间前报送发包人和监理单位。监理专题报告应针对施工监理中某些特定的专题编制。专题事件持续时间较长时，监理机构可提交关于该专题事件的中期报告。监理专题报告有利于解决专业性较强的质量问题。在各类工程验收时，监理机构应按规定提交相应的监理工作报告。

8. 设计技术交底制度及图纸的变更处理制度

监理机构应督促、协助、组织设计单位向施工单位进行设计图纸的全面技术交底。不进行设计技术交底，工程不得开工。

不论是建设单位、设计单位、监理单位、施工单位提出的设计变更，一般由设计单位完成，监理机构核查，未经监理机构核查签发的图纸不得用于工程。监理机构应根据监理合同授权的施工合同约定，向承包人发出变更指示。监理机构未发出工程变更指示，工程不得进行变更。

9. 工程开工申请、审批制度

分部或单位工程开工前，施工单位应编写单项或单位工程开工报告书，报送监理机构审批。开工报告应包含以下基本内容：

(1) 申请开工日期。

(2) 进场施工机械一览表及维修调试情况。

(3) 管理人员及劳动力到位情况。

(4) 材料采购及试验情况。

(5) 合同要求资金到位情况。

(6) 施工图已经会审。

(7) 施工组织设计已批准。

(8) 工程定位及施工测量放线已报验。

以上内容由现场监理人员逐项核实并提出审核意见，由监理机构签批开工报告书和下达开工指令。监理机构未下达开工令的单项工程或单位工程不得开工。

五、施工质量控制的程序

合同项目一般是由若干个单位（分部）工程所组成。要想有效地控制合同项目的质量，首先必须控制每一单位（分部）工程的质量。由此可见，单位（分部）工程质量控制是确保合同项目质量能满足规定要求的基础。

(1) 审核承包人的《单位（分部）工程开工申请单》。在每个单位工程、分部工程施工开始前48h，施工承包人均需填写《单位（分部）工程开工申请单》，并附上施工组织计划、机具设备与技术工人数量、材料及施工机具设备到场情况，各项施工用的建筑材料试验报告，以及分包人的资格证明等，报送监理机构进行审核。监理机构在收到《单位（分部）工程开工申请单》后，应在7天内会同有关部门检查核实承包人的施工准备工作情况。如果认为满足合同要求和具备施工条件时，可签发《单位（分部）工程开工申请单》。承包人在接到签发的《单位（分部）工程开工申请单》后即可开工。如果审核不合格，监理机构应指出承包人施工准备工作中存在的问题，并要求在相应限期内解决，此时，承包人应按照监理机构所指明的问题，继续做好施工准备，届时再次填报《单位（分部）工程开工申请单》供审核，或在不影响整体工程进度的情况下，监理机构要求承包人调整单位（分部）工程开工顺序。

(2) 现场检查和监督试验室检验。在单位（分部）工程施工过程中，监理工程师除了应检查、帮助、督促承包人的质量保证体系正常运作之外，更应要求承包商严格执行工程质量的“三检制”。当承包人在按图纸规范、合同规定的工艺和技术要求完成每一道工序后，首先应由班组兼职质检员填写初检记录，班组长复核签字。一道工序由几个班组连续施工时，要做好班组交接记录，由完成该道工序的最后一个班组填写初检记录。然后由质检科的专职质检员或施工队的兼职质检员，与施工技术人员一起搞好复检工作，并填写复检意见。搞好施工质量复检，是考核、评定施工班组工作质量的依据，要努力提高一次检查合格率。然后，必须由质检（管）处或施工单位的专职质检员进行终检，并签署终检意见。在终检合格后，由承包人填写《工程质量报验单》并附上自检资料，报请监理机构进行检查、认证。监理机构应在商定的时间到现场对每一道工序进行检测，包括目测、手测、机械检测等方法，逐项进行检查，必要时利用承包人的试验室进行现场抽检。所有的检查结果，均应作详细的记录。对于关键部位，还要进行旁站监理、中间检查和技术复核，以防止质量隐患。对重要部位的施工状况或发现的质量问题，除了作详细记录外，还应采用拍照、录像等手段存档。单元工程（工序）质量控制监理工作程序如图 3-1 所示。

（3）签发工程质量合格证。在现场检查和试验室检验的所有项目均合格之后，监理机构可签发工程质量合格证。承包人可进行下一道工序施工。上一道工序未经监理机构检查或检查不合格，不得进行下一道工序的施工。如果监理机构检查不合格，则应让承包人返工。经返工后再经监理机构检查，合格后签发《复工通知书》，才能进行下一道工序施工。如果监理机构认为必要时，也可对承包商已覆盖了的工程质量进行抽检，承包商不得阻碍，必须提供抽查条件。如抽检不合格，应按工程质量事故处理。经局部处理返工或补强加固合格后方可继续施工。对于违反合同规定，未经监理机构检查，强行覆盖的，将作为违规违约论处。

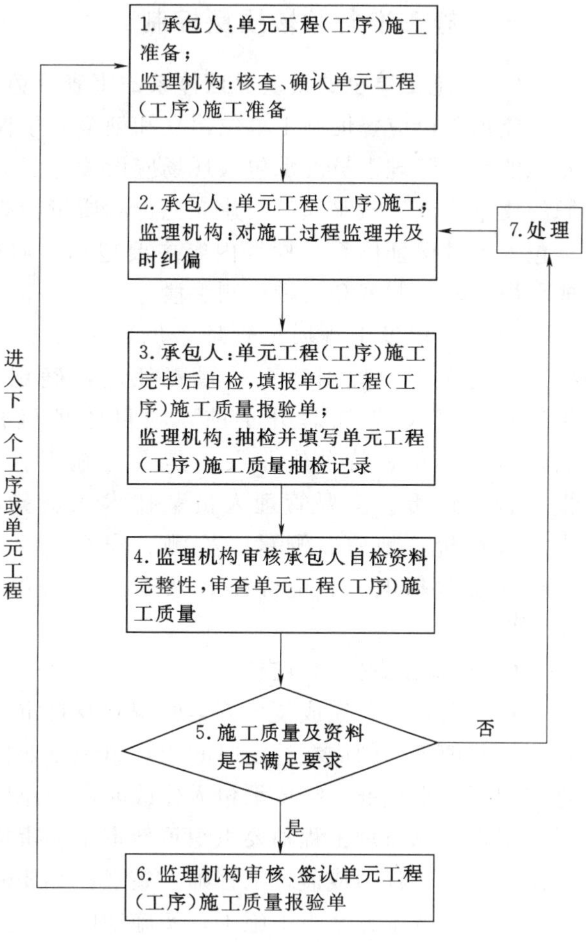

图 3-1　单元工程（工序）质量控制监理工作程序图

（4）填写中间交工证书。在单位（分部）工程完成后，承包人可填写中间交工证书，上报监理工程师。监理工程师应汇总、检查该单位（分部）工程中每道工序的各《工程质量合格证》，并将其编号填入中间交工证书。

（5）组织现场检查。监理工程师在收到承包商的中间交工证书并汇总、检查该单位（分部）工程中每道工序的《工程质量合格证》单位（分部）工程的质量。由此可见，单位（分部）工程质量控制是确保合同项目质量能满足规定要求的基础。

（6）签认中间交工证书。经上述检查，如果发现工程质量不合格，监理工程师可签发

《不合格工程通知》，要求承包商对不合格的工程予以拆除、更换、修补或返工。如果检查合格，则对该单位（分部）工程予以中间验收，并签认中间交工证书。这是单位（分部）工程最后计量支付的基本条件。

第二节 施工阶段质量控制

一、施工准备阶段质量控制

（一）施工单位的质量保证体系的审查及监督实施

监理单位应督促施工单位建立和健全质量保证体系，组建专职的质量管理机构，配备专职的质量管理人员。承包人现场应设置专门的质量检查机构和必要的试验条件，配备专职的质量检查、试验人员，建立完善的质量检查制度。工程开工前，项目监理机构应检查承包人质量保证体系。检查内容主要包括：质检机构的组织和岗位职责、质检人员的组成、质量检验制度和质量检测手段等。

根据《建设工程质量管理条例》第二十六条，“施工单位对建设工程的施工质量负责。施工单位应当建立质量责任制，确定工程项目的项目经理、技术负责人和施工管理负责人。”工程开工前，项目监理机构应检查承包人派驻现场的主要管理人员、技术人员、特种作业人员是否与施工合同文件一致。如有变化，应重新审查并报发包人认可。主要管理人员、技术人员指项目经理、技术负责人、施工现场负责人，及造价、地质、测量、检测、安全、金结、机电设备、电气等人员。特种作业人员主要包括电工、电焊工、架子工、塔吊司机、塔吊司索工、塔吊信号工、爆破工等。

（二）施工方案的审查

承包人要及时完成技术方案的编制及自审工作，并填写技术方案申报表，报送监理机构。总监理工程师应在约定时间内，组织专业监理工程师审查，提出审查意见后，由总监理工程师审定批准。需要承包人修改时，由总监理工程师签发书面意见，退回承包人修改后再报审，总监理工程师要组织重新审定，审批意见由总监理工程师（施工措施计划可授权副总监理工程师或监理工程师）签发。必要时与发包人协商、组织有关专家会审。承包人按批准的技术方案组织施工，实施期间如需变更，需重新报批。

施工方案审查应包括下列基本内容。

1. 编审程序应符合相关规定

在程序性审查方面：应重点审查施工方案的编制人、审批人是否符合有关权限规定的要求。根据相关规定，通常情况下，施工方案应由项目技术负责人组织编制，并经施工单位技术负责人审批签字后提交项目监理机构。项目监理机构在审批施工方案时，应检查施工单位的内部审批程序是否完善、签章是否齐全，重点核对审批人是否为施工单位技术负责人。

2. 工程质量保证措施应符合有关标准

在内容性审查方面：应重点审查施工方案是否具有针对性、指导性、可操作性，现场施工管理机构是否建立了完善的质量保证体系；是否明确了工程质量要求及目标；是否健全了质量保证体系组织机构及岗位职责、是否配备了相应的质量管理人员；是否建立了各项质量管理制度和质量管理程序等；施工质量保证措施是否符合现行的规范、标准等，特别是与工程建设强制性标准的符合性。如：施工方案编审及技术交底制度、重点部位与关键工序的质量技术措施、隐蔽工程的质量保证措施等。

项目监理机构审查施工方案的主要依据有：建设工程施工合同文件及建设工程监理合同文件，经批准的建设工程项目文件和设计文件，相关法律、法规、规范、规程、标准、图集等，以及其他工程基础资料、工程场地周边环境（含管线）资料等。

（三）审查施工单位报送的新材料、新工艺、新技术、新设备的质量认证材料和相关验收标准的适用性

专业监理工程师应审查施工单位报送的新材料、新工艺、新技术、新设备的质量认证材料和相关验收标准的适用性，必要时，应要求施工单位组织专题论证，审查合格后报总监理工程师签认。

新材料、新工艺、新技术、新设备的应用应符合国家相关规定。专业监理工程师审查时，可根据具体情况要求施工单位提供相应的检验、检测、试验、鉴定或评估报告及相应的验收标准。项目监理机构认为有必要进行专题论证时，施工单位应组织专题论证会。

（四）施工测量的控制

监理机构应主持测量基准点、基准线和水准点及其相关资料的移交，并督促承包人对其进行复核和照管。

监理机构应审批承包人编制的施工控制网施测方案，并对承包人施测过程进行监督，批复承包人的施工控制网资料。

监理机构应审批承包人编制的原始地形施测方案，可通过监督、复测、抽样复测或与承包人联合测量等方法，复核承包人的原始地形测量成果。

监理机构可通过现场监督、抽样复测等方法，复核承包人的施工放样成果。

（五）承包人检测条件的检查

专业监理工程师应检查承包人的检测条件或委托的检测机构是否符合施工合同的约定及有关规定。

主要检查内容包括：

（1）检测机构的资质等级和试验范围的证明文件。根据规定，为工程提供服务的实验室应具有政府主管部门颁发的资质证书及相应的试验范围，实验室的资质等级和试验范围必须满足工程需要。

（2）法定计量部门对试验设备出具的检测仪器、仪表计量检定证书以及设备率定证明文件。

（3）检测人员的资格证书。从事试验、检测工作的人员应按规定具备相应的上岗资格证书。

（4）检测仪器的数量及种类。检测仪器的数量及种类应符合合同要求，满足工程检测需要。

专业监理工程师应对以上制度逐一进行检查，符合要求后予以签认。

（六）对原材料和中间产品的检验

（1）原材料和中间产品的检验工作程序应符合下列规定：

1）承包人对原材料和中间产品按照规定的工作内容进行检验，合格后向监理机构提交原材料和中间产品进场报验单。

2）监理机构应现场查验原材料和中间产品，核查承包人报送的进场报验单；监理合同约定需要平行检测的项目，应按照规定进行。

3）经监理机构核验合格并在进场报验单签字确认后，原材料和中间产品方可用于工程施工。原材料和中间产品的进场报验单不符合要求的，承包人应进行复查，并重新上报；平行检测结果与承包人自检结果不一致的，按规定处理。

（2）原材料和中间产品的检验工作内容应符合下列规定：

1）对承包人或发包人采购的原材料和中间产品，承包人应按供货合同的要求查验质量证明文件，并进行合格性检测。若承包人认为发包人采购的原材料和中间产品质量不合格，应向监理机构提供能够证明不合格的检测资料。

2）对承包人生产的中间产品，承包人应按施工合同约定和有关规定进行合格性检测。

（3）监理机构发现承包人未按施工合同约定和有关规定对原材料、中间产品进行检测，应及时指示承包人补做检测；若承包人未按监理机构的指示补做检测，监理机构可委托其他有资质的检测机构进行检测，承包人应为此提供一切方便并承担相应费用。

（4）监理机构发现承包人在工程中使用不合格的原材料、中间产品时，应及时发出指示禁止承包人继续使用，监督承包人标识、处置并登记不合格原材料、中间产品。对已经使用了不合格原材料、中间产品的工程实体，监理机构应提请发包人组织相关参建单位及有关专家进行论证，提出处理意见。

（5）监理机构应按施工合同约定的时间和地点参加工程设备的交货验收，组织工程设备的到场交货检查和验收。

（七）设计交底

监理机构应参加、主持或与发包人联合主持召开设计交底会议，由设计单位进行设计文件的技术交底。设计交底应在工程施工前，设计交底的程序是：首先由设计单位介绍设计意图、结构特点、施工及工艺要求、技术措施和有关注意事项及关键问题；再由施工单位提出图纸中存在的问题和疑点，以及需要解决的技术难题；然后通过三方研究和商讨，拟定出解决的方法，并写出会议纪要，以作为对设计图纸的补充、修改以及施工的依据。其目的是使承包人和监理单位正确贯彻设计意图，加深对设计文件特点、难点、疑点的理解，掌握关键工程部位的质量要求，确保工程质量。

（八）施工图纸的核查与签发

监理机构应检查由承包人负责提供的施工图纸和技术文件是否满足开工要求。若承包人负责提供的设计文件和施工图纸涉及主体工程的，监理机构需报发包人批准。

施工图纸必须由总监理工程师签发，签发方式采用《施工图纸签发表》的格式。根据施工图纸所涉及的专业不同，总监理工程师可安排副总监理工程师或相应专业的监理工程师进行施工图纸核查，专业监理工程师在施工图纸核查的基础上，按照《施工图纸核查意见单》格式填写核查意见。

施工图纸的核查与签发应符合下列规定：

（1）工程施工所需的施工图纸，应经监理机构核查并签发后，承包人方可用于施工。承包人无图纸施工或按照未经监理机构签发的施工图纸施工，监理机构有权责令其停工、返工或拆除，有权拒绝计量和签发付款证书。

（2）监理机构应在收到发包人提供的施工图纸后及时核查并签发。在施工图纸核查过程中监理机构可征求承包人的意见，必要时提请发包人组织有关专家会审。监理机构不得修改施工图纸，对核查过程中发现的问题，应通过发包人返回设代机构处理。

（3）对承包人提供的施工图纸，监理机构应按施工合同约定进行核查，在规定的期限内签发。对核查过程中发现的问题，监理机构应通知承包人修改后重新报审。

（4）经核查的施工图纸应由总监理工程师签发，并加盖监理机构章。

核查施工图纸应包含以下内容：①施工图纸与招标图纸是否一致；②各类图纸之间、各专业图纸之间、平面图与剖面图之间、各剖面图之间有无矛盾，标注是否清楚、齐全，是否有误；③总平面图与施工图纸的位置、几何尺寸、标高等是否一致；④施工图纸与设计说明、技术要求是否一致；⑤其他设计文件及施工图纸的问题。

（九）检查施工设备

监理机构应监督承包人按照施工合同约定安排施工设备及时进场，并对进场的施工设备及其合格性证明材料进行核查。在施工过程中，监理机构应监督承包人对施工设备及时进行补充、维修和维护，以满足施工需要。

旧施工设备（包括租赁的旧设备）应进行试运行，监理机构确认其符合使用要求和有关规定后方可投入使用。

监理机构发现承包人使用的施工设备影响施工质量、进度和安全时，应及时要求承包人增加、撤换。

（十）现场工艺试验的审批及监督实施

监理机构应审批承包人提交的现场工艺试验方案，并监督其实施。现场工艺试验完成后，监理机构应确认承包人提交的现场工艺试验成果。监理机构应依据确认的现场工艺试验成果，审查承包人提交的施工措施计划中的施工工艺。对承包人提出的新工艺，监理机构应提请发包人组织设计单位及有关专家对工艺试验成果进行评审认定。

二、施工过程质量控制

（一）施工过程质量控制基本规定

施工过程质量控制应符合下列规定：

（1）监理机构可通过现场察看、查阅施工记录以及按照规范规定实施旁站监理、跟踪检测和平行检测等方式，对施工质量进行控制。

（2）监理机构应加强重要隐蔽单元工程和关键部位单元工程的质量控制，注重对易引起渗漏、冻融、冻蚀、冲刷、气蚀等部位的质量控制。

（3）监理机构应要求承包人按施工合同约定及有关规定对工程质量进行自检，合格后方可报监理机构复核。

（4）监理机构应定期或不定期对承包人的人员、原材料、中间产品、工程设备、施工设备、工艺方法、施工环境和工程质量等进行巡视、检查。

（5）单元工程（工序）的质量评定未经监理机构复核或复核不合格，承包人不得开始下一单元工程（工序）的施工。

（6）需进行地质编录的工程隐蔽部位，承包人应报请设代机构进行地质编录，并及时告知监理机构。

（7）监理机构发现由于承包人使用的原材料、中间产品、工程设备以及施工设备或其他原因可能导致工程质量不合格或造成质量问题时，应及时发出指示，要求承包人立即采取措施纠正，必要时，责令其停工整改。监理机构应对要求承包人纠正问题的处理结果进行复查，并形成复查记录，确认问题已经解决。

（8）监理机构发现施工环境可能影响工程质量时，应指示承包人采取消除影响的有效措施。必要时，按规定要求其暂停施工。

（9）监理机构应对施工过程中出现的质量问题及其处理措施或遗留问题进行详细记录，保存好相关资料。

（10）监理机构应参加工程设备的安装技术交底会议，监督承包人按照施工合同约定和工程设备供货单位提供的安装指导书进行工程设备的安装。

（11）监理机构应按施工合同约定和有关技术要求，审核承包人提交的工程设备启动程序，并监督承包人进行工程设备启动与调试工作。

（二）施工过程质量控制方法

1. 旁站监理

旁站监理是指监理机构按照监理合同约定和监理工作需要，在施工现场对工程重要部位和关键工序的施工作业实行连续性的全过程监督、检查和记录。

旁站监理是驻地监理人员的一种主要现场检查形式。监理机构应依据监理合同和监理工作需要，结合批准的施工措施计划，在监理实施细则中明确旁站监理的范围、内容和旁站监理人员职责，并通知承包人。除监理合同约定外，发包人要求或监理机构认为有必要并得到发包人同意增加的旁站监理工作，其费用应由发包人承担。施工单位根据监理规划和监理细则中的要求，在需要实施旁站监理的关键部位、关键工序进行施工前 24 小时，以书面的形式通知驻工地的项目监理机构（驻地监理），项目监理机构及时安排监理人员实施旁站监理。监理机构应严格实施旁站监理，旁站监理人员应及时填写旁站监理值班记录。

旁站监理人员的主要职责如下：①检查施工企业现场质检人员到岗，特殊工种人员持证上岗及施工机械、建筑材料准备情况；②在现场跟班监督关键部位、关键工序的施工方案以及工程建设强制性标准施工执行的情况；③检查现场建筑材料、建筑构配件、设备和商品混凝土的质量检验报告等，并可在现场监督施工单位进行检验或者委托具有资格的第三方进行复验；④做好旁站监理值班记录和监理日记，保存旁站监理原始材料。旁站监理值班记录见表 3－1。

表 3－1　　旁站监理值班记录

（监理〔　　〕旁站　　号）

合同名称：（施工合同全称）　　　　合同编号：（施工合同编号）

<table>
<tr><td>工程部位</td><td colspan="3">单位、分部、单元部位</td><td>日　期</td><td></td></tr>
<tr><td>时　　间</td><td>旁站时间节点</td><td>天　气</td><td>旁站时段天气情况</td><td>温　度</td><td>最高、最低温度</td></tr>
<tr><td rowspan="5">人员情况</td><td colspan="5">施工技术员：　　　　施工班组长：
质　检　员：</td></tr>
<tr><td colspan="5">现场人员数量及分类人员数量</td></tr>
<tr><td>管理人员</td><td>人</td><td colspan="2">技术人员</td><td>人</td></tr>
<tr><td>特种作业人员</td><td>人</td><td colspan="2">普通作业人员</td><td>人</td></tr>
<tr><td>其他辅助人员</td><td>人</td><td colspan="2">合计</td><td>人</td></tr>
<tr><td>主要施工设备及运转情况</td><td colspan="5">旁站项目投入的主要设备种类及数量</td></tr>
<tr><td>主要材料使用情况</td><td colspan="5">旁站项目投入的主要设备种类及数量</td></tr>
<tr><td>施工过程描述</td><td colspan="5">旁站项目的主要施工过程描述</td></tr>
<tr><td>监理现场检查、检测情况</td><td colspan="5">包括现场检查与平行抽检情况</td></tr>
<tr><td>承包人提出的问题</td><td colspan="5">主要记录影响施工实体质量方面的内容</td></tr>
<tr><td>监理人答复或指示</td><td colspan="5">要记录答复内容和流程</td></tr>
<tr><td colspan="6">当班监理员：（签名）　　　　施工技术员：（签名）施工单位现场管理人员</td></tr>
</table>

注　本表单独汇编成册。

旁站监理人员对需要实施旁站监理的关键部位、关键工序在施工现场跟班监督，及时发现和处理旁站监理过程中出现的质量问题，如实、准确地做好旁站监理记录。凡施工单位现场质检人员和旁站监理人员未在旁站监理记录上签字的，不得进行下一道工序施工。旁站监理人员发现施工单位有违反工程建设强制性标准行为的，有权责令施工单位立即整改；发现其施工活动已经或者可能危及工程质量的，应当及时向监理工程师或者总监里工程师报告，由总监理工程师下达局部暂停施工指令或者采取其他应急措施。旁站监理记录是专业监理工程师或者总监理工程师依法行使有关签字权的重要依据，对于需要旁站监理的关键部位、关键工序施工，凡没有实施旁站监理或者没有旁站监理记录的，监理工程师或者总监理工程师不得在相应文件上签字。工程竣工验收后，监理单位应当将旁站监理记录存档备查。

需要旁站监理的工程重要部位和关键工序一般包括下列内容，监理机构可视工程具体情况从中选择或增加：

（1）土石方填筑工程的土料、沙砾料、堆石料、反滤料和垫层料压实工序。

（2）普通混凝土工程、碾压混凝土工程、混凝土面板工程、防渗墙工程、钻孔灌注桩工程等的混凝土浇筑工序。

（3）沥青混凝土心墙工程的沥青混凝土铺筑工序。

（4）预应力混凝土工程的混凝土浇筑工序、预应力筋张拉工序。

（5）混凝土预制构件安装工程的吊装工序。

（6）混凝土坝坝体接缝灌浆工程的灌浆工序。

（7）安全监测仪器设备安装埋设工程监测仪器安装埋设工序，观测孔（井）工程的率定工序。

（8）地基处理、地下工程和孔道灌浆工程的灌浆工序。

（9）锚喷支护和预应力锚索加固工程的锚杆工序、锚索张拉锁定工序。

（10）堤防工程堤基清理工程的基面平整压实工序，填筑施工的所有碾压工序，防冲体护脚工程的防冲体抛投工序，沉排护脚工程的沉排铺设工序。

（11）金属结构安装工程的压力钢管安装、闸门门体安装等工程的焊接检验。

（12）启闭机安装工程试运行调试。

（13）水轮机和水泵安装工程的导水机构、轴承、传动部件安装。

监理机构在监理工作过程中可结合批准的施工措施计划和质量控制要求，依据监理合同和监理规划通过编制或修订监理实施细则，具体明确或调整需要旁站的工程部位和工序。

2. 巡视检查

巡视检查是指监理机构对所监理工程的施工进行的定期或不定期的监督与检查，一般由项目监理部决策层或职能部门人员填写。

监理机构应定期或不定期对承包人的人员、原材料、中间产品、工程设备、施工设备、工艺方法、施工环境和工程质量等进行巡视、检查。

监理机构应检查承包人的现场组织机构、主要管理人员、技术人员及特种作业人员是否符合要求，对无证上岗、不称职或违章、违规人员，可要求承包人暂停或禁止其在本工程中工作。

监理机构发现由于承包人使用的原材料、中间产品、工程设备以及施工设备或其他原因可能导致工程质量不合格或造成质量问题时，应及时发出指示，要求承包人立即采取措施纠正，必要时责令其停工整改。监理机构应对要求承包人纠正问题的处理结果进行复查，并形成复查记录，确认问题已经解决。

监理机构发现施工环境可能影响工程质量时，应指示承包人采取消除影响的有效措施。必要时，按规定要求其暂停施工。

监理机构应对施工过程中出现的质量问题及其处理措施或遗留问题进行详细记录，保存好相关资料。

在执行巡视检查后，应按要求填好监理巡视记录，见表 3－2。必要时可由监理工程师或总监理工程师签发巡视监理备忘录。

表 3-2 **监理巡视记录**

（监理〔 〕巡视 号）

合同名称：（施工合同全称） 合同编号：（施工合同编号）

巡视范围	
巡视情况	记录在巡视过程中发现与工程质量、安全、进度有关的问题
发现问题及处理意见	对上述发现问题的闭合过程
	巡视人：（签名） 日 期： 年 月 日

注 1. 本表可用于监理人员质量、安全、进度等的巡视记录。
2. 本表按月装订成册。

3. 平行检测

平行检测是由监理机构组织实施的与承包人测量、试验等质量检测结果的对比性检测，是监理机构在承包人对原材料、中间产品和工程质量自检的同时，监理机构按照监理合同约定独立进行抽样检测，以核验承包人的检测结果。抽样检验是工程质量的保证。

监理机构可采用现场测量手段进行平行检测。需要通过实验室进行检测的项目，监理机构应按照监理合同约定通知发包人委托或认可的具有相应资质的工程质量检测机构进行检测试验。平行检测费用由发包人承担。监理机构应按要求填写《工程质量平行检测记录》，见表 3-3。

表 3-3 **工程质量平行检测记录**

（监理〔 〕平行 号）

合同名称：（施工合同全称） 合同编号：（施工合同编号）

单位工程名称及编号												
承包人												
序号	检测项目	对应单元工程编号	取样部位		代表数量	组数	取样人	送样人	送样时间	检测机构	检测结果	检测报告编号
			桩号	高程								

注 委托单、平行检测送样台账、平行检测报告台账要相互对应。

根据《水利工程质量检测管理规定》和水利工程施工监理实际情况，对不同类别的检测，平行检测实施如下：

（1）监理机构复核施工控制网、地形、施工放样，以及工序和工程实体的位置、高程和几何尺寸时，可以独立进行抽样测量，也可以与承包人进行联合测量，核验承包人的测量成果。

（2）需要通过实验室试验检测的项目，如水泥物理力学性能检验、砂石骨料常规检验、混凝土强度检验、砂浆强度检验、混凝土掺加剂检验、土工常规检验、砂石反滤料

（垫层）常规检验、钢筋（含焊接与机械连接）力学性能检验、预应力钢绞线和锚夹具检验、沥青及混合料检验等，由发包人委托或认可的具有相应资质的工程质量检测机构进行检测，但试样的选取由监理机构确定。现场取样一般由工程质量检测机构实施，也可以由监理机构实施。

（3）工程需要进行的专项检测试验项目，监理机构不进行平行检测。

（4）单元工程（工序）施工质量检测可能对工程实体造成结构性破坏的，监理机构不做平行检测，但对承包人的工艺试验进行平行检测。施工过程中监理机构要监督承包人严格按照工艺试验确定的参数实施。

平行检测的项目和数量（比例）应在监理合同中约定。其中，混凝土试样应不少于承包人检测数量的3%（浙江省要求为10%～20%），重要部位每种标号的混凝土至少取样1组；土方试样应不少于承包人检测数量的5%，重要部位至少取样3组。施工过程中，监理机构可根据工程质量控制工作需要和工程质量状况等确定平行检测的频次分布。根据施工质量情况要增加平行检测项目、数量时，监理机构可向发包人提出建议，经发包人同意增加的平行检测费用由发包人承担。

现场测量检测的数量应满足下列质量控制要求：①单元工程质量评定要求和合同约定要求；②施工控制网、施工放样等复核要求。

根据工程的重要性和其他具体要求，应平行检测试验的其他项目和检测数量可在监理合同中要求。

由于受随机因素的影响，平行检测结果与承包人的自检结果存在偏差是必然的。平行检测试验结果与承包人的自检试验结果不一致时要区分正常误差和系统偏差。发现系统偏差时，监理机构应组织承包人及有关各方进行原因分析，提出处理意见。

若原材料平行检测试验结果不合格，承包人要双倍取样，如仍不合格，则该批次原材料定为不合格，不得使用；若不合格原材料已用于实体工程，监理机构需要求承包人进行工程实体检测，必要时可提请发包人组织设代机构等有关单位和人员对工程实体质量进行鉴定。

对依法必须进行监理的小型水利工程，平行检测要求可由发包人根据实际需要自行确定，在监理合同中明确。

4．跟踪检测

监理机构对承包人在质量检测中的取样和送样进行监督。跟踪检测费用由承包人承担。

为了保证承包人送检的试样的代表性和真实性，在承包人进行自检的同时，监理机构按照一定比例对试样的取样、标记、包装等实施监督并记录，并与承包人送样人员共同在送样记录上签字。发现承包人在取样方法、取样代表性、试样包装或送样过程中存在错误时，应及时要求予以改正。见证取样跟踪记录应填写《见证取样跟踪记录》，见表3-4。

跟踪检测的项目和数量（比例）应在监理合同中约定。其中，混凝土试样应不少于承包人检测数量的7%，土方试样应不少于承包人检测数量的10%。施工过程中，监理机构可根据工程质量控制工作需要和工程质量状况等确定跟踪检测的频次分布，但应对所有见证取样进行跟踪。根据工程的重要性和其他具体要求，需跟踪检测的其他项目和检测数量可在监理合同中约定。

表 3-4　　见证取样跟踪记录

（监理〔　　〕跟踪　　号）

合同名称：（施工合同全称）　　　　合同编号：（施工合同编号）

序号	检测项目	对应单元工程编号	取样部位		代表数量	组数	取样人	送样人	送样时间	检测机构	检测结果	检测报告编号	跟踪（见证）监理人员
单位工程名称及编号													
承包人													
			桩号	高程									

注　本表按月装订成册。

根据《水利水电工程施工质量检验与评定规程》（SL 176—2007）规定对涉及工程结构安全的试块、试件及有关材料，应实行见证取样。见证取样资料由施工单位制备，记录应真实齐全，参与见证取样人员应在相关文件上签字。见证取样的试样由项目法人确定有相应资质的质量检测单位进行检验。质量跟踪检测应填写《工程质量跟踪检测试样记录》，见表 3-5。

表 3-5　　工程质量跟踪检测试样记录

（监理〔　　〕跟踪　　号）

合同名称：（施工合同全称）　　　　合同编号：（施工合同编号）

序号	检测项目	对应单元工程编号	取样部位		代表数量	组数	取样人	送样人	送样时间	检测机构	检测结果	检测报告编号	跟踪监理人员
单位工程名称及编号													
承包人													
			桩号	高程									

注　本表按月装订成册。

5. 发布指令文件

发布指令文件也是监理的一种手段。所谓指令文件，如质量问题通知单、备忘录、情况纪要等，是用以指出施工中的各种问题，提请承包商注意。在监理过程中，双方来往都以文字为准。监理机构通过书面指令和文件对承包人进行质量控制，对施工中已发现或有苗头发生质量问题的情况及时以口头或《工程现场书面通知》的形式通知承包人加以注意或修整。监理人员要做好《监理日志》和必要的记录。所有这些指令和记录，要作为主要的技术资料存档备查，作为今后解决纠纷的重要依据。

一般规定，专业监理工程师要在每月25日前向驻地总监理工程师提交《工程质量月报表》。

6. 有关技术文件、报告、报表的审核

对质量文件、报告、报表的审核是监理机构进行全面控制的重要手段。监理机构应按施工顺序、施工进度和监理计划及时审核和签署有关质量文件、报表，以最快速度判明质量状况、发现质量问题，并将质量信息反馈给施工承包人。

7. 支付控制手段

支付控制手段是监理合同赋予监理机构的一种支付控制权。所谓支付控制权，是指对施工单位支付各项工程款时，必须有监理机构签署的支付证明书，发包人才向承包人支付工程款，否则发包人不得支付。工程款支付的条件之一就是工程质量要达到规定的要求和标准。如果承包人的工程质量达不到要求的标准，而又不能按监理机构的指示承担处理质量缺陷的责任，予以处理使之达到要求的标准，监理机构有权采取拒绝开具支付证书的手段，停止对承包人支付部分或全部工程款，由此造成的损失由施工单位负责。

（三）施工过程质量管理

1. 对承包人施工质量管理的监控

（1）对承包人的质量控制自检系统进行监督，使其能在质量管理中始终发挥良好作用。如在施工中发现其不能胜任的质量控制人员，可要求承包人予以撤换；当其组织不完善时，应促使其改进、完善。

（2）监督与协助承包人完善工序质量控制，使其能将影响工序质量的因素自始至终都纳入质量管理范围；督促承包人对重要的和复杂的施工项目或工序作为重点设立质量控制点，加强控制；及时检查与审核承包人提交的质量统计分析资料和质量控制图表；对于重要的工程部位或专业工程，监理机构还要再进行试验和复核。

2. 在施工过程中进行质量跟踪监控

（1）在施工过程中监理机构要进行质量跟踪监控，监督承包人的各项工程活动，随时密切注意承包人在施工准备阶段中对影响工程质量的各方面因素所做的安排，在施工过程中是否发生了不利于保证工程质量的变化，诸如施工材料质量、混合料的配合比、施工机械的运行与使用情况、计量设备的准确性、上岗人员的组成和变化，以及工艺与操作等情况是否始终符合要求。若发现承包人有违反合同规定的行为或质量不符合要求，监理机构有权要求承包方予以处理，直到使监理机构满意。必要时，监理机构还有权指令承包人暂时停工加以解决。

（2）严格工序间的交接检查。对于主要工序作业和隐蔽作业，通常要按有关规范要求，由监理机构在规定的时间内检查，确认其质量符合要求后，才能进行下道工序。

（3）建立施工质量跟踪档案。监理机构为了对施工承包人所进行的每一单位或分部工程的各个工序质量实施严密、细致和有效的监督、控制，国内外的工程建设中常把建立施工跟踪档案作为一项十分重要的工作予以实施。

所谓施工质量跟踪档案，实质上是施工或安装记录，在我国叫做施工记录。它是针对各分部、单元工程所建立的，在承包人进行工程对象施工或安装期间，实施质量控制活动的记录，还包括监理机构对这些质量控制活动的意见以及承包人对这些意见的答复，它详细地记录了工程施工阶段质量控制活动的全过程。因此，它不仅在工程施工期间对工程质量的控制有重要作用，而且在工程竣工和投入运行后，对于查询和了解工程建设的质量情况以及工程维修和管理也能提供大量有用的资料和信息。

施工质量跟踪档案是在工程施工或安装开始前，由监理机构帮助施工单位首先研究并列出各施工对象的质量跟踪档案清单。承包人应在各建筑、安装对象施工前两周建立相应的质量跟踪档案并公布有关资料。随着施工的进行，承包人应不断补充和填写关于材料、半成品生产或建筑物施工、安装的有关内容，记录新的情况。当每一阶段的建筑物施工或安装工作完成后，相应的施工质量跟踪档案也应随之完成，承包人应在相应的跟踪档案上签字、留档，并送交监理机构一份。

3. 施工过程中的检查验收

(1) 工序产品的检查、验收。对于各工序的产出品，应先由承包人按规定进行自检，自检合格后向监理机构提交《质量验收通知单》，监理机构收到通知单后，应在合同规定的时间内及时对其质量进行检查，确认其质量合格并签发质量验收单后，方可进行下道工序的施工。

(2) 重要的工程部位、工序和专业工程，或监理机构对承包人的施工质量状况未能确信者，以及重要的材料、半成品的使用等，还需由监理机构亲自进行试验或技术复核。例如在公路路面摊铺现场测定沥青的温度、在路基或填土压实的现场抽取试样检验等。

4. 下达停工指令控制施工质量

在出现下列情况时，监理机构有权行使质量控制权，下达停工令，及时进行质量控制：

(1) 施工中出现质量异常情况，经提出后，承包人未采取有效措施，或措施不力未能扭转这种情况。

(2) 隐蔽作业未经查验确认合格，而擅自封闭。

(3) 已发生质量事故，迟迟未按监理机构要求进行处理，或者是已发生质量缺陷或事故，如不停工则质量缺陷或事故将继续发展的情况下。

(4) 未经监理机构审查同意，而擅自变更设计进行施工。

(5) 未经技术资格审查的人员或不合格人员进入现场施工。

(6) 使用的原材料、构配件不合格或未经检查确认，或擅自采用未经审查认可的代用材料。

(7) 擅自使用未经监理机构审查认可的分包人进场施工。

5. 严格控制设计变更

在工程施工过程中，无论是发包人或者承包人及设计单位提出的工程变更或图纸修改，都应通过监理机构审查并组织有关方面研究，确认其必要性后，由监理机构发布变更指令方能生效予以实施。

应当指出的是，监理机构对于无论哪一方提出的现场设计变更要求，都应持十分谨慎的态度。除非是原设计不能保证质量要求，或确有错误，以及无法施工或非改不可之处。一般情况下即使变更要求可能在技术经济上是合理的，也应全面考虑，将变更以后所产生的效益（质量、工期、造价）与现场变更往往会引起施工单位的索赔等所产生的损失加以比较，权衡轻重后再做出决定。因为往往这种变更并不一定能达到预期的愿望和效果。

三、施工工序的质量控制

工程质量是在施工过程中形成的，不是检验出来的。工程项目的施工过程，是由一系列相互关联、相互制约的工序所构成，工序质量是基础，直接影响工程项目的整体质量。要控制工程项目施工过程的质量，首先必须加强工序质量控制。

(一) 工序质量控制的内容

进行工序质量控制时，应着重于以下四方面的工作。

1. 严格遵守工艺规程

施工工艺和操作规程，是进行施工操作的依据和法规，是确保工序质量的前提，任何人都必须遵守，不得违反。

2. 主动控制工序活动条件

工序活动条件包括的内容很多，主要指影响质量的五大因素：即施工操作者、材料、施工机械设备、施工方法和施工环境。只有将这些因素切实有效的控制起来，使它们处于被控状态，确保工序投入品的质量，才能保证每道工序的正常和稳定。

3. 及时检验工序活动效果

工序活动效果是评价工序质量是否符合标准的尺度。为此，必须加强质量检验工作，对质量状况进行综合统计与分析，及时掌握质量动态，发现质量问题，应及时处理。

4. 科学设置质量控制点

质量控制点是指为了保证作业过程质量而预先确定的重点控制对象、关键部位或薄弱环节。设置控制点以便在一定时期内、一定条件下进行强化管理，使工序处于良好的控制状态。

(二) 质量控制点的设置

质量控制点是施工质量控制的重点，设置质量控制点就是要根据工程项目的特点，抓住影响工序施工质量的主要因素。重要结构部位、影响质量的关键工序、操作、施工顺序、技术参数、材料、机械、施工环境等均可作为质量控制点来控制。

监理机构应督促承包人在施工前全面、合理地选择质量控制点。并对承包人设置质量控制点的情况及拟采取的控制措施进行审核。必要时，应对承包人的质量控制实施过程进行跟踪检查或旁站监督，以确保质量控制点的实施质量。

承包人在工程施工前应根据施工过程质量控制的要求、工程性质和特点以及自身的特点，列出质量控制点明细表，表中应详细地列出各质量控制点的名称或控制内容、检验标准及方法等，提交监理机构审查批准后，在此基础上实施质量预控。

质量控制点的设置，主要考虑以下几方面：

(1) 人的行为。某些工序或操作重点应控制人的行为，避免人的失误造成质量问题。如对高空作业、水下作业、爆破作业等危险作业。

(2) 材料的质量和性能。材料的质量和性能是直接影响工程质量的主要因素，尤其是某些工序，更应将材料的质量和性能作为控制的重点。如预应力锚筋的加工，就要求对锚筋的弹性模量、含硫量等有较严要求。

(3) 关键的操作。

(4) 施工的顺序。有些工序或操作，必须严格相互之间的先后顺序。

(5) 技术参数的遵循。有些技术参数与质量密切相关，亦必须严格控制。如外加剂的掺量、混凝土的水胶比等。

(6) 常见的质量通病。常见的质量通病如混凝土的起砂、蜂窝、麻面、裂缝等都与工序中质量控制不严格有关，应事先制定好对策，提出预防措施。

(7) 新工艺、新技术、新材料的应用。当新工艺、新技术、新材料虽已通过鉴定、试验，但是施工操作人员缺乏经验，又是初次施工时，也必须对其工序进行严格控制。

(8) 质量不稳定和质量问题较多的工序。通过质量数据统计，表明质量波动、不合格率较高的工序，也应作为质量控制点设置。

(9) 特殊的地基和特种结构。对于湿陷性黄土、膨胀土、红黏土等特殊地基的处理，以及大跨度结构、高耸结构等技术难度大的施工环节和重要部位，更应特别控制。

(10) 关键的工序。如钢筋混凝土工程的混凝土振捣，灌注桩的钻孔、灌注，隧洞开挖的钻孔布置、方向、深度、用药量和填塞等。

控制点的设置要准确有效，因此究竟选择哪些对象作为控制点，这需要由有经验的质量控制人员通过对工程性质和特点、自身特点以及施工过程的要求充分进行分析后进行选择。

(三) 质量控制中的见证点和停止点

从理论上讲，要求监理机构对施工全过程的所有施工工序和环节实施监督检查，以保证施工的质量。然而，在实际中难以做到这一点，为此，监理机构应在工程开工前，应督促承包人在施工前全面、合理设置质量控制点。根据质量控制点的重要程度及监督控制要求不同，将质量控制点区分为质量检验见证点和质量检验待检点。

1. 见证点

所谓“见证点”，是指承包人在施工过程中达到这一类质量检验点时，应事先书面通知监理机构到现场见证，观察和检查承包人的实施过程。

质量检验“见证点”的实施程序如下：

施工或安装承包人在到达这一类质量检验点（见证点）之前 24 小时，书面通知监理机构，说明何日何时到达该见证点，要求监理机构届时到场见证。监理机构应注明收到见证通知的日期并签字。如果在约定的见证时间监理机构未能到场见证，承包人有权进行该项施工或安装工作。如果在此之前，监理机构根据对现场的检查，并写明意见，则承包人在监理机构意见的旁边，应写明根据监理机构意见已经采取的改正行动，或者可能有的某些具体意见。

监理机构到场见证时，应仔细观察、检查该质量检验点的实施过程，并在见证表上详细记录，说明见证的建筑物名称、部位、工作内容、工时、质量等情况，并签字。该见证表还可用作承包人进度款支付申请的凭证之一。

2. 待检点

对于某些更为重要的质量检验点，必须要在监理机构到场监督、检查的情况下承包人才能进行下一步施工，这种质量检验点称为“待检点”。

例如在混凝土工程中，由基础面或混凝土施工缝处理，模板、钢筋、止水、伸缩缝和坝体排水管安装及混凝土浇筑等工序构成混凝土单元工程，其中每一道工序都应由监理机构进行检查认证，每一道工序检验合格才能进入下一道工序。根据承包人以往的施工情况，有的可能在模板架立上容易发生漏浆或模板走样事故，有的可能在混凝土浇筑方面经常出现问题。此时，就可以选择模板架立或混凝土浇筑作为“待检点”，承包人必须事先书面通知监理机构，并在监理机构到场进行检查监督的情况下，才能进行施工。

当然，从广义上讲，隐蔽工程覆盖前的验收和混凝土工程开仓前的检验，也可以认为是“待检点”。

“见证点”和“待检点”的设置，是监理机构对工程质量进行检验的一种行之有效的方法。这些检验点应根据承包人的施工技术力量、工程经验、具体的施工条件、环境、材料、机械等各种因素的情况来选定。各承包人的这些因素不同，“见证点”或“待检点”也就不同。有些检验点在施工初期当承包人对施工还不太熟悉、质量还不稳定时可以定为“待检点”。而当施工承包人已熟练地掌握施工过程的内在规律、工程质量较稳定时，又可以改为“见证点”。某些质量控制点，对于这个承包人可能是“待检点”，而对于另一个承包人可能是“见证点”。

例如，在建筑材料生产时，承包人应事先书面通知监理机构对采石场的采石、筛分进行见证。当生产过程的质量较为稳定时，监理机构可以到场，也可以不到场见证。承包人在监理人不到场的情况下可继续生产，然而需做好详细的施工记录，供监理机构随时检查。在混凝土生产过程中，监理机构不一定对每一次拌和都到场检验混凝土的温度、坍落度、配合比等指标，而可以由承包人自行取样，并做好详细的检验记录，供监理机构检查。然而，在混凝土标号改变或发现质量不稳定时，监理机构可以要求承包人事先书面通知监理机构到场检查，否则不得开拌。此时，这种质量检验点就成了“待检点”。

四、工程质量的检验

质量检验就是根据一定的质量标准，借助一定的检测手段来评估工程产品、材料或设备等性能特征或质量状况的工作。

（一）质量检验的作用

质量检验的主要作用如下：

（1）质量检验是承包人施工质量保证和监理机构质量控制的必不可少的手段。为了保证工程质量，在质量控制中，需要将工程产品或材料、半成品等的实际质量状况（质量特性等）与规定的标准进行比较，以便判断其质量状况是否符合要求的标准，实际质量情况就需要通过质量检验手段来检测。

（2）质量检验提供的有关技术数据和信息，是质量分析、质量控制与质量保证的基础。在施工过程中，承包人通过对检验数据，可以及时判断质量情况，采取措施，防止质量问题的延续与积累。监理机构则可借助检验数据，分析判断质量是否合格，如不合格，则采取措施加以补救。

（3）通过对进场材料、半成品、构配件及其他器材进行全面的质量检验工作，可以监督承包人使用质量合格的材料，避免因材料的质量问题而导致工程质量事故的发生。

（二）质量检验的方法

现场所用原材料、半成品、工序过程或工程产品质量进行检验的方法一般可分为三类，即目测法、量测法以及试验法。

1. 目测法

目测法即凭借感官进行检查。这类方法主要是根据质量要求，采用看、摸、敲、照等手法对检查对象进行检查。

2. 量测法

量测法就是利用量测工具或计量仪表，通过实际量测结果与规定的质量标准或规范的要求相对照，从而判断质量是否符合要求。量测的手法可归纳为靠、吊、量、套。

3. 试验法

试验法是指通过进行现场试验或实验室试验等理化试验手段，取得数据，分析判断质量情况。包括理论试验和无损测试或检验。

（1）理化试验。工程中常用的理化试验包括各种物理力学性能方面的检验和化学成分及含量的测定等两个方面。力学性能的检验如各种力学指标的测定，如抗拉强度、抗压强度、抗弯强度、抗折强度、冲击韧性、硬度、承载力等。各种物理性能方面的测定如密度、含水量、凝结时间、安定性、抗渗、耐磨、耐热等。各种化学方面的试验如化学成分及其含量的测定（例如钢筋中的磷、硫含量，混凝土粗骨料中的活性氧化硅成分测定等），以及耐酸、耐碱、抗腐蚀等。此外，必要时还可在现场通过诸如对桩或地基的现场静载试验或打试桩，确定其承载力；对混凝土现场取样，通过实验室的抗压强度试验，确定混凝土达到的强度等级；通过管道压水试验，判断其耐压及渗漏情况等。

（2）无损测试或检验。借助专门的仪器、仪表等手段探测结构物或材料、设备内部组织结构或损伤状态。它们一般可以在不损伤被探测物的情况下了解被探测物的质量情况。

（三）质量检验的分类

质量检验按检验的程度，即检验对象被检验的数量划分，可有以下几类：

（1）全数检验。全数检验也叫做普遍检验。它主要是用于关键工序部位或隐蔽工程，以及在技术规程、质量检验标准或设计文件中有明确规定应进行全数检验的对象。

（2）抽样检验。对于主要的建筑材料、半成品或工程产品等，由于数量大，通常采取抽样检验。

（3）免检。就是在某种情况下，可以免去质量检验过程。

（四）质量检验必须具备的条件

监理单位对施工单位进行有效的质量监督控制是以质量检验为基础的，为了保证质量检验的工作质量，监理单位必须具有足够的检验技术力量，并建立完善的检验管理制度。必要时，应委托具备相应检验资质的机构进行质量检验。

第三节 质量评定与验收

质量评定是指将质量检验结果与国家和行业技术标准以及合同约定的质量标准所进行的比较活动。

一、水利工程质量评定

（一）水利工程质量评定的依据

水利水电工程施工质量等级评定的主要依据如下：

（1）国家及相关行业技术标准。

（2）《单元工程评定标准》。

（3）经批准的设计文件、施工图纸、金属结构设计图样与技术条件、设计修改通知书、厂家提供的设备安装说明书及有关技术文件。

（4）工程承发包合同中约定的技术标准。

（5）工程施工期及试运行期的试验和观测分析成果。

（二）工程质量评定的一般规定

单元（工序）工程质量，在承包人自评合格后，应报监理机构核定质量等级并签证认可。

重要隐蔽单元工程及关键部位单元工程质量，经承包人自评合格、监理机构复核后，由发包人（或委托监理单位）、监理单位、设计单位、施工单位、工程运行管理（施工阶段已经有时）单位等单位组成联合小组，共同检查核定其质量等级并填写签证表，报工程质量监督机构核备。

分部工程质量，在承包人自评合格后，由监理机构复核，发包人认定。分部工程验收的质量结论由发包人报工程质量监督机构核备。大型枢纽工程主要建筑物的分部工程验收的质量结论由发包人报工程质量监督机构核定。

单位工程质量，在施工单位自评合格后，由监理机构复核，发包人认定。单位工程验收的质量结论由发包人报工程质量监督机构核定。工程项目质量，在单位工程质量评定合格后，由监理机构进行统计并评定工程项目质量等级，经项目法人认定后，报工程质量监督机构核定。

阶段验收前，工程质量监督机构应提交工程质量评价意见。

工程质量监督机构应按有关规定在工程竣工验收前提交工程质量监督报告，工程质量监督报告应有工程质量是否合格的明确结论。

质量评定监理工作程序图如图 3-2 所示。

（三）单元工程质量评定标准

1. 合格标准

单元（工序）工程施工质量合格标准应按照《单元工程评定标准》或合同约定的合格标准执行。当达不到合格标准时，应及时处理。处理后的质量等级应按下列规定重新确定：

（1）全部返工重做的，可重新评定质量等级。

（2）经加固补强并经设计和监理单位鉴定能达到设计要求时，其质量评为合格。

（3）处理后的工程部分质量指标仍达不到设计要求时，经设计复核，发包人及监理机构确认能满足安全和使用功能要求，可不再进行处理；或经加固补强后，改变了外形尺寸或造成工程永久性缺陷的，经发包人、监理机构及设计单位确认能基本满足设计要求，其

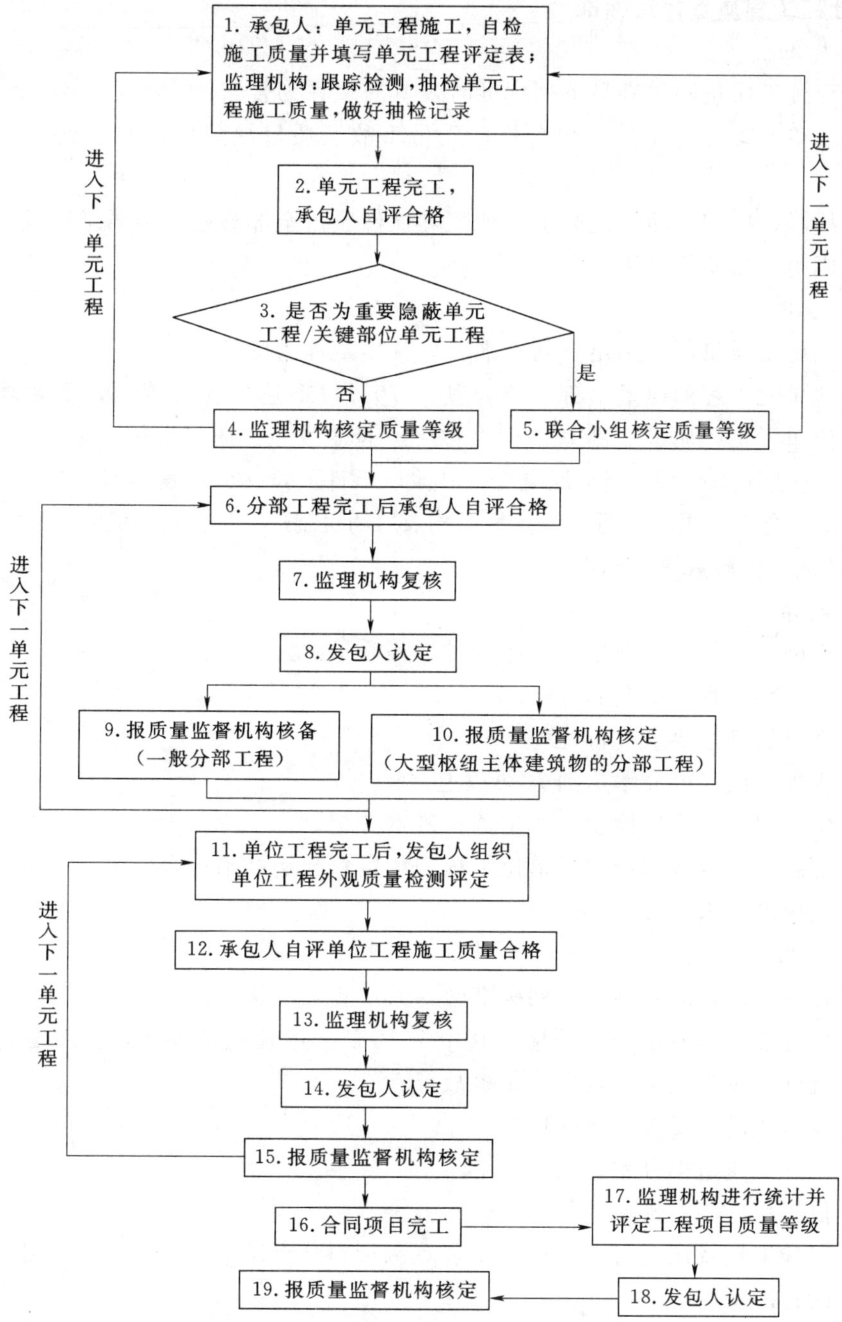

图 3-2　质量评定监理工作程序图

质量可定为合格，但应按规定进行质量缺陷备案。

2. 优良标准

单元工程施工质量优良标准应按照《单元工程评定标准》以及合同约定的优良标准执行。全部返工重做的单元工程，经检验达到优良标准时，可评为优良等级。

（四）分部工程质量评定标准

1. 合格标准

分部工程施工质量同时满足下列标准时，其质量评为合格：

（1）所含单元工程的质量全部合格，质量事故及质量缺陷已按要求处理，并经检验合格。

（2）原材料、中间产品及混凝土（砂浆）试件质量全部合格，金属结构及启闭机制造质量合格，机电产品质量合格。

2. 优良标准

分部工程施工质量同时满足下列标准时，其质量评为优良：

（1）所含单元工程的质量全部合格，其中70%以上达到优良等级，重要隐蔽单元工程和关键部位单元工程质量优良率达90%以上，且未发生过质量事故。

（2）中间产品质量全部合格，混凝土（砂浆）试件质量达到优良等级（当试件组数小于30时，试件质量合格），原材料质量、金属结构及启闭机制造质量合格，机电产品质量合格。

（五）单位工程质量评定标准

1. 合格标准

单位工程施工质量同时满足下列标准时，其质量评为合格：

（1）所含分部工程质量全部合格。

（2）质量事故已按要求进行处理。

（3）工程外观质量得分率达到70%以上。

（4）单位工程施工质量检验与评定资料基本齐全。

（5）工程施工期及试运行期，单位工程观测资料分析结果符合国家和行业技术标准以及合同约定的标准要求。

2. 优良标准

单位工程施工质量同时满足下列标准时，其质量评为优良：

（1）所含分部工程质量全部合格，其中70%以上达到优良等级，主要分部工程质量全部优良，且施工中未发生过较大质量事故。

（2）质量事故已按要求进行处理。

（3）工程外观质量得分率达到85%以上。

（4）单位工程施工质量检验与评定资料齐全。

（5）工程施工期及试运行期，单位工程观测资料分析结果符合国家和行业技术标准以及合同约定的标准要求。

（六）工程项目质量评定标准

1. 合格标准

工程项目施工质量同时满足下列标准时，其质量评为合格：

（1）单位工程质量全部合格。

（2）工程施工期及试运行期，各单位工程观测资料分析结果均符合国家和行业技术标准以及合同约定的标准要求。

2. 优良标准

工程项目施工质量同时满足下列标准时，其质量评为优良：

(1) 单位工程质量全部合格，其中70%以上单位工程质量达到优良等级，且主要单位工程质量全部优良。

(2) 工程施工期及试运行期，各单位工程观测资料分析结果均符合国家和行业技术标准以及合同约定的标准要求。

(七) 监理机构在工程质量评定中的职责

在工程质量评定工作中，监理机构的主要职责如下：

(1) 审查承包人填报的单元工程（工序）质量评定表的规范性、真实性和完整性，复核单元工程（工序）施工质量等级，核定质量等级并签证认可。

(2) 按有关规定组成联合小组，共同检查核定重要隐蔽单元工程及关键部位单元工程的质量等级并填写签证表。

(3) 复核分部工程的施工质量等级，报发包人认定。

(4) 参加发包人组织的单位工程外观质量评定组的检验评定工作；复核单位工程施工质量等级，报发包人认定。

(5) 单位工程质量评定合格后，统计并评定工程项目质量等级，报发包人认定。

二、水利工程质量验收

水利工程建设项目具备验收条件时，应当及时组织验收。未经验收或者验收不合格的，不得交付使用或者进行后续工程施工。

(一) 验收分类

水利工程建设项目验收，按验收主持单位性质不同分为法人验收和政府验收两类。

法人验收是指在项目建设过程中由项目法人组织进行的验收。法人验收是政府验收的基础。

政府验收是指由有关人民政府、水行政主管部门或者其他有关部门组织进行的验收，包括专项验收、阶段验收和竣工验收。

1. 法人验收

工程建设完成分部工程、单位工程、单项合同工程，或者中间机组启动前，应当组织法人验收。项目法人可以根据工程建设的需要增设法人验收的环节。

项目法人应当在开工报告批准后60个工作日内，制定法人验收工作计划，报法人验收监督管理机关和竣工验收主持单位备案。

施工单位在完成相应工程后，应当向项目法人提出验收申请。项目法人经检查认为建设项目具备相应的验收条件的，应当及时组织验收。

法人验收由项目法人主持。验收工作组由项目法人、设计、施工、监理等单位的代表组成，必要时可以邀请工程运行管理单位等参建单位以外的代表及专家参加。

项目法人可以委托监理单位主持分部工程验收，有关委托权限应当在监理合同或者委托书中明确。

分部工程验收的质量结论应当报该项目的质量监督机构核备；未经核备的，项目法人不得组织下一阶段的验收。

单位工程以及大型枢纽主要建筑物的分部工程验收的质量结论应当报该项目的质量监督机构核定；未经核定的，项目法人不得通过法人验收；核定不合格的，项目法人应当重新组织验收。质量监督机构应当自收到核定材料之日起20个工作日内完成核定。

项目法人应当自法人验收通过之日起30个工作日内，制作法人验收鉴定书，发送参加验收单位并报送法人验收监督管理机关备案。

法人验收鉴定书是政府验收的备查资料。

单位工程投入使用验收和单项合同工程完工验收通过后，项目法人应当与施工单位办理工程的有关交接手续。

工程保修期从通过单项合同工程完工验收之日算起，保修期限按合同约定执行。

2. 政府验收

政府验收分为阶段验收、竣工验收和专项验收。

（1）验收主持单位。阶段验收、竣工验收由竣工验收主持单位主持。竣工验收主持单位可以根据工作需要委托其他单位主持阶段验收。竣工验收主持单位应当在工程开工报告的批准文件中明确。

国家重点水利工程建设项目，竣工验收主持单位依照国家有关规定确定。在国家确定的重要江河、湖泊建设的流域控制性工程、流域重大骨干工程建设项目，竣工验收主持单位为水利部。其他水利工程建设项目，竣工验收主持单位按照以下原则确定：

1）水利部或者流域管理机构负责初步设计审批的中央项目，竣工验收主持单位为水利部或者流域管理机构。

2）水利部负责初步设计审批的地方项目，以中央投资为主的，竣工验收主持单位为水利部或者流域管理机构，以地方投资为主的，竣工验收主持单位为省级人民政府（或者其委托的单位）或者省级人民政府水行政主管部门（或者其委托的单位）。

3）地方负责初步设计审批的项目，竣工验收主持单位为省级人民政府水行政主管部门（或者其委托的单位）。

竣工验收主持单位为水利部或者流域管理机构的，可以根据工程实际情况，会同省级人民政府或者有关部门共同主持。

（2）专项验收。

工程竣工验收前，应当按照国家有关规定，进行环境保护、水土保持、移民安置以及工程档案等专项验收。经有关部门同意，专项验收可以与竣工验收一并进行。枢纽工程导（截）流、水库下闸蓄水等阶段验收前，涉及移民安置的，应当完成相应的移民安置专项验收。

项目法人应当自收到专项验收成果文件之日起10个工作日内，将专项验收成果文件报送竣工验收主持单位备案。专项验收成果文件是阶段验收或者竣工验收成果文件的组成部分。

（3）阶段验收。竣工验收主持单位根据工程建设的实际需要，可以增设阶段验收的环节。工程建设进入枢纽工程导（截）流、水库下闸蓄水、引（调）排水工程通水、首（末）台机组启动等关键阶段，应当组织进行阶段验收。

阶段验收的验收委员会由验收主持单位、该项目的质量监督机构和安全监督机构、运行管理单位的代表以及有关专家组成；必要时，应当邀请项目所在地的地方人民政府以及有关部门参加。工程参建单位是被验收单位，应当派代表参加阶段验收工作。

大型水利工程在进行阶段验收前，可以根据需要进行技术预验收。库下闸蓄水验收前，项目法人应当按照有关规定完成蓄水安全鉴定。

验收主持单位应当自阶段验收通过之日起 30 个工作日内，制作阶段验收鉴定书，发送参加验收的单位并报送竣工验收主持单位备案。阶段验收鉴定书是竣工验收的备查资料。

（4）竣工验收。竣工验收应当在工程建设项目全部完成并满足一定运行条件后 1 年内进行。不能按期进行竣工验收的，经竣工验收主持单位同意，可以适当延长期限，但最长不得超过 6 个月。逾期仍不能进行竣工验收的，项目法人应当向竣工验收主持单位作出专题报告。竣工财务决算应当由竣工验收主持单位组织审查和审计。竣工财务决算审计通过 15 日后，方可进行竣工验收。工程具备竣工验收条件的，项目法人应当提出竣工验收申请，经法人验收监督管理机关审查后报竣工验收主持单位。竣工验收主持单位应当自收到竣工验收申请之日起 20 个工作日内决定是否同意进行竣工验收。建设周期长或者因故无法继续实施的项目，对已完成的部分工程可以按单项工程或者分期进行竣工验收。

竣工验收原则上按照经批准的初步设计所确定的标准和内容进行。有总体初步设计又有单项工程初步设计的项目，原则上按照总体初步设计的标准和内容进行，也可以先进行单项工程竣工验收，最后按照总体初步设计进行总体竣工验收。有总体可行性研究又有单项工程初步设计但没有总体初步设计的项目，原则上按照单项工程初步设计的标准和内容进行竣工验收。

竣工验收分为竣工技术预验收和竣工验收两个阶段。

大型水利工程在竣工技术预验收前，项目法人应当按照有关规定对工程建设情况进行竣工验收技术鉴定。中型水利工程在竣工技术预验收前，竣工验收主持单位可以根据需要决定是否进行竣工验收技术鉴定。竣工技术预验收由竣工验收主持单位以及有关专家组成的技术预验收专家组负责。工程参建单位的代表应当参加技术预验收，汇报并解答有关问题。

竣工验收的验收委员会由竣工验收主持单位、有关水行政主管部门和流域管理机构、有关地方人民政府和部门、该项目的质量监督机构和安全监督机构、工程运行管理单位的代表以及有关专家组成。工程投资方代表可以参加竣工验收委员会。竣工验收主持单位可以根据竣工验收的需要，委托具有相应资质的工程质量检测机构对工程质量进行检测。项目法人全面负责竣工验收前的各项准备工作，设计、施工、监理等工程参建单位应当做好有关验收准备和配合工作，派代表出席竣工验收会议，负责解答验收委员会提出的问题，并作为被验收单位在竣工验收鉴定书上签字。竣工验收主持单位应当自竣工验收通过之日起 30 个工作日内，制作竣工验收鉴定书，并发送有关单位。竣工验收鉴定书是项目法人完成工程建设任务的凭据。

（二）验收依据

水利工程建设项目验收的依据如下：

（1）国家有关法律、法规、规章和技术标准。

（2）有关主管部门的规定。

（3）经批准的工程立项文件、初步设计文件、调整概算文件。

（4）经批准的设计文件及相应的工程变更文件。

（5）施工图纸及主要设备技术说明书等。

法人验收还应当以施工合同为验收依据。

（三）验收管理规定

验收主持单位应当成立验收委员会（验收工作组）进行验收，验收结论应当经 2/3 以上验收委员会（验收工作组）成员同意。

验收委员会（验收工作组）成员应当在验收鉴定书上签字。验收委员会（验收工作组）成员对验收结论持有异议的，应当将保留意见在验收鉴定书上明确记载并签字。

验收中发现的问题，其处理原则由验收委员会（验收工作组）协商确定。主任委员（组长）对争议问题有裁决权。但是，半数以上验收委员会（验收工作组）成员不同意裁决意见的，法人验收应当报请验收监督管理机关决定，政府验收应当报请竣工验收主持单位决定。

验收委员会（验收工作组）对工程验收不予通过的，应当明确不予通过的理由并提出整改意见。有关单位应当及时组织处理相关问题，完成整改，并按照程序重新申请验收。

项目法人以及其他参建单位应当提交真实、完整的验收资料，并对提交的资料负责。

水利部负责全国水利工程建设项目验收的监督管理工作。

水利部所属流域管理机构按照水利部授权，负责流域内水利工程建设项目验收的监督管理工作。

县级以上地方人民政府水行政主管部门按照规定权限负责本行政区域内水利工程建设项目验收的监督管理工作。

法人验收监督管理机关对项目的法人验收工作实施监督管理。

由水行政主管部门或者流域管理机构组建项目法人的，该水行政主管部门或者流域管理机构是本项目的法人验收监督管理机关；由地方人民政府组建项目法人的，该地方人民政府水行政主管部门是本项目的法人验收监督管理机关。

（四）监理机构在工程验收中的职责及工作内容

1. 监理机构工程验收职责

监理机构应按照有关规定组织或参加工程验收，其主要职责如下：

（1）参加或受发包人委托主持分部工程验收；参加发包人主持的单位工程验收、水电站（泵站）中间机组启动验收和合同工程完工验收。

（2）参加阶段验收、竣工验收，解答验收委员会提出的问题，并作为被验收单位在验收鉴定书上签字。

（3）按照工程验收有关规定提交工程建设监理工作报告，并准备相应的监理备查资料。

（4）监督承包人按照分部工程验收、单位工程验收、合同工程完工验收、阶段验收等验收鉴定书中提出的遗留问题处理意见完成处理工作。

2. 分部工程验收中的主要监理工作

分部工程验收中监理机构主要工作内容如下：

(1) 组织检查分部工程的完成情况、施工质量评定情况和施工质量缺陷处理情况，并审核承包人提交的分部工程验收资料。指示承包人对申请被验分部工程存在的问题进行处理，对资料中存在的问题进行补充、完善。

(2) 经检查分部工程符合有关验收规程规定的验收条件后，提请发包人或受发包人委托及时组织分部工程验收。

(3) 在验收前应准备相应的监理备查资料。

(4) 监督承包人按照分部工程验收鉴定书中提出的遗留问题处理意见完成处理工作。

3. 单位工程验收中的主要监理工作

单位工程验收中监理机构主要工作内容如下：

(1) 在承包人提出单位工程验收申请后，监理机构应组织检查单位工程的完成情况和施工质量评定情况、分部工程验收遗留问题处理情况及相关记录，并审核承包人提交的单位工程验收资料。监理机构应指示承包人对申请被验单位工程存在的问题进行处理，对资料中存在的问题进行补充、完善。

(2) 经检查单位工程符合有关验收规程规定的验收条件后，提请发包人及时组织单位工程验收。

(3) 参加发包人主持的单位工程验收，并在验收前提交工程建设监理工作报告，准备相应的监理备查资料。

(4) 监督承包人按照单位工程验收鉴定书中提出的遗留问题处理意见完成处理工作。

(5) 单位工程投入使用验收后工程若由承包人代管，协调合同双方按有关规定和合同约定办理相关手续。

4. 合同工程完工验收中的主要监理工作

合同工程完工验收中监理机构主要工作内容如下：

(1) 承包人提出合同工程完工验收申请后，监理机构应组织检查合同范围内的工程项目和工作的完成情况、合同范围内包含的分部工程和单位工程的验收情况、观测仪器和设备已测得初始值和施工期观测资料分析评价情况、施工质量缺陷处理情况、合同工程完工结算情况、场地清理情况、档案资料整理情况等。监理机构应指示承包人对申请被验合同工程存在的问题进行处理，对资料中存在的问题进行补充、完善。

(2) 经检查已完合同工程符合施工合同约定和有关验收规程规定的验收条件后，提请发包人及时组织合同工程完工验收。

(3) 参加发包人主持的合同工程完工验收，并在验收前提交工程建设监理工作报告，准备相应的监理备查资料。

(4) 合同工程完工验收通过后，参加承包人与发包人的工程交接和档案资料移交工作。

(5) 监督承包人按照合同工程完工验收鉴定书中提出的遗留问题处理意见完成处理工作。

(6) 审核承包人提交的合同工程完工申请，满足合同约定条件的，提请发包人签发合同工程完工证书。

5. 阶段验收中的主要监理工作

阶段验收中的监理机构主要工作内容如下：

(1) 工程建设进展到枢纽工程导(截)流、水库下闸蓄水、引(调)排水工程通水、水电站(泵站)首(末)台机组启动或部分工程投入使用之前,核查承包人的阶段验收准备工作,具备验收条件的,提请发包人安排阶段验收工作。

(2) 各项阶段验收之前,协助发包人检查阶段验收具备的条件,并提交阶段验收工程建设监理工作报告,准备相应的监理备查资料。

(3) 参加阶段验收,解答验收委员会提出的问题,并作为被验单位在阶段验收鉴定书上签字。

(4) 监督承包人按照阶段验收鉴定书中提出的遗留问题处理意见完成处理工作。

6. 竣工验收中的主要监理工作

监理机构应协助发包人组织竣工验收自查,核查历次验收遗留问题的处理情况。竣工验收中监理机构的主要工作内容如下:

(1) 在竣工技术预验收和竣工验收之前,提交竣工验收工程建设监理工作报告,并准备相应的监理备查资料。

(2) 派代表参加竣工技术预验收,向验收专家组报告工程建设监理情况,回答验收专家组提出的问题。

(3) 总监理工程师应参加工程竣工验收代表监理单位解答验收委员会提出的问题,并在竣工验收鉴定书上签字。

第四节 质量事故的分析与处理

一、工程质量事故及其分类

(一) 工程质量事故的内涵

凡水利水电工程在建设中或竣工后,由于设计、施工、材料、设备等原因造成工程质量不符合规程、规范和合同规定的质量标准,影响工程使用寿命或正常运用的统称为工程质量事故。由施工原因造成的为施工质量事故。

工程质量事故,往往造成停工、返工,甚至影响正常使用;有的质量事故会不断发展恶化,导致建筑物倒塌,并造成重大人身伤亡事故,给国家和人民造成不应有的损失。

(二) 水利工程质量事故的分类

水利工程质量事故分为特大质量事故、重大质量事故、较大质量事故、一般质量事故。

(1) 特大质量事故。是指对工程造成特大经济损失或长时间延误工期,经处理后仍对工程正常使用寿命有较大影响的事故。

(2) 重大质量事故。是指对工程造成重大经济损失或延误较长工期,经处理后仍对工程正常使用寿命有较大影响的事故。

(3) 较大质量事故。是指对工程造成较大经济损失或延误较短工期,经处理后不影响工程正常使用,但对工程使用寿命有较大影响的事故。

(4) 一般质量事故。是指对工程造成一定经济损失,经处理后不影响正常使用并不影响使用寿命的事故。

工程质量事故分类依据见表3-6。

表3-6　　水利工程质量事故分类标准

事故类别		特大	重大	较大	一般
损失情况		质量事故	质量事故	质量事故	质量事故
事故处理所需的物资、器材和设备、人工等直接损失费用/万元	大体积混凝土，金属制作和机电安装工程	>3000	>500，≤3000	>100，≤500	>20，≤100
	土石方工程，混凝土薄壁工程	>1000	>100，≤1000	>30，≤100	>10，≤30
事故处理所需合理工期/月		>6	>3，≤6	>1，≤3	≤1
事故处理后对工程功能和寿命影响		影响正常使用，需限制条件运行	不影响正常使用，但对工程寿命有较大影响	不影响正常使用，但对工程寿命有一定影响	不影响正常使用和工程寿命

注 1. 直接经济损失费用为必须条件，其余两项主要适用于大中型工程。
2. 小于一般质量事故的质量问题称为质量缺陷。

对工程建设过程中发生的小于一般质量事故的一些质量问题，可以不作处理或稍作处理即能达到规程、规范和合同要求的质量标准，检查处理费用不足一般事故标准者，定为质量缺陷。施工中对质量缺陷也要进行统计分析，记录备案，一般可记在单元工程质量检查表等级评定栏内。

二、工程质量事故原因分析

（一）工程质量事故原因要素

1. 引起事故的直接与间接原因

引发工程质量事故的原因，常可分为直接原因和间接原因两类。

直接原因主要有人的行为不规范和材料、机械的不符合规定状态。例如，设计不符合国家规范，施工人员违反作业规程等；又如水泥的一些指标不符合要求等。

间接原因是指质量事故发生场所外的环境因素，如施工管理混乱，质量检查、监督工作失责，规章制度缺乏等。事故的间接原因，可能会导致直接原因的发生。

2. 工程质量事故链及其分析

工程质量事故，特别是重大质量事故，原因往往是多方面的。如果把各种原因与结果连起来，就形成一条事故链。在质量事故的调查与分析中，都涉及人（操作者等）和物（建筑物、材料等），开始接触到的大多数是直接原因，如果不深入分析和进一步调查，就很难发现间接和更深层的原因，不能找出事故发生的本质原因，就难以避免同类事故的再次发生。因此，对一些重大的质量事故，应采用逻辑推理法，通过事故链的分析，追寻事故的本质原因。

（二）质量事故一般原因分析

造成工程质量事故的原因多种多样，但从整体上考虑，一般原因大致可以归纳为下列几方面。

1. 违反基本建设程序

基本建设程序是项目建设活动的先后顺序，是客观规律的反映，是几十年工程建设正反两方面经验的总结。

2. 工程地质勘察失误或地基处理失误

工程地质勘察失误或勘测精度不足，导致勘测报告不详细、不准确，甚至错误，不能准确反映地质的实际情况，因而导致严重质量事故。

3. 设计方案和设计计算失误

设计忽略了该考虑的影响因素，或者计算错误，是导致质量重大事故的祸根。如云南省某水电工程，在高边坡处理时，设计者没有充分考虑到地质条件的影响，对明显的节理裂隙重视不够，没有考虑工程措施，以致在基坑开挖时，高边坡大滑坡，造成重大质量事故。致使该工程推迟一年多发电、花费质量事故处理费用上亿元。

4. 建筑材料及制品不合格

不合格工程材料、半成品、构配件或建筑制品的使用，必然导致质量事故或留下质量隐患。如水泥安定性不合格、强度不足、水泥受潮或过期、水泥标号用错或混用。

5. 施工管理失控

施工管理失控，是造成大量质量事故的常见原因。其主要问题如下：

（1）不按图施工。表现在：无图施工；图纸不经审查就施工；不熟悉图纸，仓促施工；不了解设计意图，盲目施工；未经设计或监理同意，擅自修改设计等。

（2）不遵守施工规范规定。这方面的问题很多，较常见的有：违反材料使用的有关规定；不按规定校验计量器具；违反检查验收的规定等。

（3）施工方案和技术措施不当。主要表现在：施工方案考虑不周；技术措施不当；缺少可行的季节性施工措施；不认真贯彻执行施工组织设计等。

（4）施工技术管理制度不完善。表现在：没有建立完善的各级技术责任制；主要技术工作无明确的管理制度；技术交底不认真，又不作书面记录或交底不清等。

（5）施工人员的问题。表现在：施工技术人员数量不足、技术业务素质不高或使用不当；施工操作人员培训不够，素质不高，对持证上岗的岗位控制不严，违章操作等。

三、工程质量事故分析处理程序与方法

（一）工程质量事故分析处理程序

1. 下达工程施工暂停令

现场监理人员发现质量事故，首先应向总监理工程师汇报，并由总监理工程师对承包人下达工程施工暂停令，同时报告建设单位。通知承包人立即停止有质量事故的建设项目的施工，有时与质量事故无关的工程部位也不能继续施工，以免造成更不好的后果。在工程施工暂停令中，应明确指明暂停施工的建设项目名称以及原因，还要说明从何时起停工。施工暂停令一式三份，通知施工承包商和报建设单位及质量监督站。与此同时，监理机构应指令承包人提出质量事故报告。该报告主要说明建设项目的质量事故情况及质量事故的类型，质量事故的原因分析，质量事故处理设计，提出防止类似质量事故的发生和保证工程质量的措施。

2. 事故调查

承包人在提交质量事故报告前已对事故做了调查，监理工程师若对调查结果有异议，或是重大质量事故，监理工程师应组织调查。

主要调查事故的内容、范围、性质，同时还要调查为进行事故原因的分析和确定处理方法所必需的资料。调查一般分为基本调查和补充调查两类。

基本调查是指对建筑物现状和已有资料的调查，主要内容有：质量事故发生的时间和经过，事故发展变化的情况，设计图纸资料的复查与验算，施工情况调查与技术资料调查。

补充调查的主要内容有：补充勘测地基情况，或测定建筑物中所用材料的实际强度与有关性能，或鉴定结构，或构件的受力性能等。

3. 原因分析

在承包人提交的质量事故报告中，虽对质量事故的原因作了分析，但监理工程师若对该分析有异议或是重大质量事故，监理工程师应组织有关人员进行分析。

质量事故的原因分析主要是分清事故的原因、性质、类型及危害程度，并为事故处理和明确事故责任提供依据。因此，质量事故原因分析，是质量事故处理中最重要的工作之一。

4. 事故处理和检查验收

对事故进行调查并分析产生的原因后，才能确定事故是否需要处理和如何处理。事故处理一般由承包人作出设计，交总监理工程师审查，并经批准后才能实施。事故处理后总监理工程师要对处理结果进行检查验收。

5. 下达复工令

总监理工程师对事故处理检查验收合格并认为具备复工条件后，即可下达复工指令。

（二）质量事故处理的原则和方法

1. 质量事故处理的原则

质量事故发生后，应坚持“四不放过”的原则，即事故原因不查清不放过、责任人员未处理不放过、整改措施未落实不放过、有关人员未受到教育不放过。按事故严重程度，分别由承包人召集有关施工队长、班组长和施工人员，共同分析发生事故的原因。查明事故责任，研究防范措施，对责任者进行批评、教育或处罚，并以具体事例向有关人员进行宣传教育，防止事故重复发生。施工过程中发现质量事故，不分事故大小，施工人员应立即上报，并进行初步检查。如属一般事故，由班组写出事故报告，经专职质检员核实签字后，报送承包人的行政和技术负责人，以及监理工程师代表。如属重大或特大事故，承包人应立即向监理单位和质量监督部门提出书面报告，并通知设计单位，同时按规定向上级报告和及时填报重大事故报告。

由质量事故而造成的损失费用，坚持谁该承担事故责任，由谁负责的原则。质量事故的责任者有承包人、设计单位、监理单位和业主。施工质量事故若是承包人的责任，则事故分析和处理中发生的费用完全由承包人自己负责；施工质量事故责任者若非承包人，则质量事故分析和处理中发生的费用不能由承包人承担，而承包人可向发包人提出索赔。若是设计单位或监理单位的责任，应按照设计合同或监理委托合同的有关条款，对责任者按情况给予必要的处理。

2. 质量事故处理方法

对工程施工中出现的质量事故，根据其严重性和对工程影响的大小，可以有两类处理方法。

（1）修补。即通过修补的办法予以补救，这种方法适用于通过修补可以不影响工程的外观和正常运行的质量事故。这一类质量事故在工程施工中是大量的、经常发生的。

（2）返工。对于严重未达规范或标准，影响到工程使用和安全，且又无法通过修补的方式予以纠正的工程质量事故，必须采取返工的措施。

有的工程质量问题，虽是严重超出了国家的标准及规范规定，已具有质量事故的性质，但可针对工程的具体情况，通过分析论证，不需专门处理。

不需作处理的事故，常有以下几种情况：

（1）不影响结构的安全、生产、工艺和使用要求。如有的建筑物在施工中发生错位事故，若要纠正，困难较大，或将要造成重大经济损失。经分析论证，只要不影响工艺和使用要求，可以不作处理。

（2）有些轻微的质量缺陷，通过后续工序可以弥补的，可不作处理。如混凝土墙板出现了轻微的蜂窝、麻面，而该事故可通过后续工序抹灰、喷涂等进行弥补，则不需对墙板的缺陷作专门处理。

（3）对出现的事故，经复核验算，仍能满足设计要求者，可不作处理。如结构断面被削弱后，仍能满足设计的承载能力者。但这种做法实际上是在挖设计的潜力，因此需要特别慎重。

四、工程质量缺陷的处理

（一）质量缺陷概念

《水利水电工程施工质量评定规程》（SL 176—2007）规定质量缺陷是指对工程质量有影响，但小于一般质量事故的质量问题。

《水利工程质量事故处理暂行规定》规定，工程建设中发生的以下质量问题属于质量缺陷：

（1）发生在大体积混凝土、金结制作安装及机电设备安装工程中，处理所需物资、器材及设备、人工等直接损失费用不超过 20 万元。

（2）发生在土石方工程或混凝土薄壁工程中，处理所需物资、器材及设备、人工等直接损失费用不超过 10 万元。

（3）处理后不影响工程正常使用和寿命。

（二）质量缺陷备案制度

水利部《印发关于贯彻落实加强公益性水利工程建设管理若干意见的实施意见的通知》（水建管〔2001〕74 号文）规定建立质量缺陷备案及检查处理制度，内容如下：

（1）对因特殊原因，使得工程个别部位或局部达不到规范和设计要求（不影响使用），且未能及时进行处理的工程质量缺陷问题（质量评定仍为合格），必须以工程质量缺陷备案形式进行记录备案。

（2）质量缺陷备案的内容包括：质量缺陷产生的部位、原因，对质量缺陷是否处理和如何处理以及对建筑物使用的影响等。

（3）质量缺陷备案资料必须按竣工验收的标准制备，作为工程竣工验收备查资料存档。质量缺陷备案表由监理单位组织填写。

（4）工程项目竣工验收时，项目法人必须向验收委员会汇报并提交历次质量缺陷的备案资料。

施工质量缺陷备案表，见表3－7。

表3－7　　水利水电工程施工质量缺陷备案表格式

<table>
<tr><td>编号：

质量缺陷所在单位工程：
缺陷类别：
备案日期：　　　　　　　　年　　月　　日</td></tr>
<tr><td>1. 质量缺陷产生的部位（主要说明具体部位、缺陷描述并附示意图）：
2. 质量缺陷产生的主要原因：
3. 对工程的安全性、使用功能和运用影响分析：
4. 处理方案，或不处理原因分析：</td></tr>
<tr><td>5. 保留意见（保留意见应说明主要理由，或采用其他方案及主要理由）：
保留意见人（签名）
（或保留意见单位责任人，盖公章，签名）
6. 参建单位和主要人员
1）施工单位：（盖公章）
质检部门负责人：（签名）
技术负责人：（签名）
2）设计单位：（盖公章）
设计代表：（签名）
3）监理单位：（盖公章）
监理工程师：（签名）
总监理工程师：（签名）
4）项目法人：（盖公章）
现场代表：（签名）
技术负责人：（签名）</td></tr>
<tr><td>填表说明：
1. 本表由监理单位组织填写。
2. 本表应用钢笔或中性笔，用深蓝色或黑色墨水填写，字迹应规范、工整、清晰。</td></tr>
</table>

合同工程完工验收中监理机构应监督承包人对已完工程项目中所存在的施工质量缺陷进行修复。在承包人未能执行监理机构的指示或未能在合理时间内完成修复工作时，监理机构可建议发包人雇用他人完成施工质量缺陷修复工作，按合同约定确定责任及费用的分担。

复 习 思 考 题

1. 简述水利工程质量管理体系。

2. 什么是工程质量控制？

3. 简述施工质量控制的程序。

4. 施工过程质量控制方法的方法有哪些？

5. 简述水利工程质量评定的监理工作程序。

6. 简述水利工程质量事故的处理程序。

7. 背景材料：某施工单位承包了一水闸工程项目，合同条件采用《水利水电土建工程施工合同条件》。在合同实施过程中，由承包人采购使用的石子不合格影响混凝土工程质量，监理人立即发出通知，要求承包人停止使用不合格的石子，并要求提出补救措施。

问题：

（1）承包人接到监理人的警告通知后，认为混凝土试样的平均强度指标达到了合同要求，只是保证率比规范要求低，由于工期紧，更换料场费用高又对工期影响大，申请继续使用。监理人是否应予同意？

（2）在监理人发出书面警告后的第 30 天，施工单位仍未采取任何有效补救措施，仍使用不合格材料，监理人应采取哪些合同措施？

（3）最终，承包人提出了更换料场的方案，并对已完成的不合格的工程部位提出了处理方案并得到了监理人的同意。但同时承包人提出由此造成的工期延误和费用损失应由发包人补偿，其理由是：承包人原有使用的石子已按合用规定进行了检验并且得到了监理人同意。你认为承包人的观点是否正确？请说明理由。

（4）按照《水利工程施工监理规范》规定，监理应对混凝土进行平行检测。检测费用由哪方负担？

（5）为了保证工程质量，发包人决定在合同规定的检验基础上，增加混凝土取芯检验，并通过监理人指示承包人。你认为承包人是否有权拒绝进行检验？检验费由谁承担？

8. 监理人在施工过程中，利用法律和行政手段按照事前、事中和事后分阶段进行控制，事中控制的主要工作内容如下：①审查施工承包人提交的施工组织设计；②基准点、基准线的符合、验收等；③工程观测设备的检查；④严格工序交接检验；⑤评价工程质量状况及水平；⑥不合格工程、材料和工程设备的处理；⑦隐蔽工程和工程隐蔽部位的检查；⑧整理有关工程项目质量的技术文件，并编目、建档；⑨组织质量专题会，及时分析、处理质量问题等；⑩为工程进度款的支付签署质量认证意见。

问题：

（1）分别指出上述内容有错误的地方，为什么？

（2）监理进行工程质量控制的依据有哪些？

9. 某水库，挡水建筑物为均质土坝，上游设干砌石护坡，下游设草皮护坡和堆石排水体，坝顶设碎石路，工程实施过程中发生下述事件：

事件 1：土坝承包人将坝体碾压分包给具有良好碾压设备和经验的乙公司承担。为明确质量责任，单元工程的划分标准是：以 50m 坝长、30cm 铺料厚度为单元工程的计算单位，铺料为一个单元工程，碾压为另一个单元工程。

事件 2：土坝单位工程外观质量评定组由 4 人组成，其中高级工程师 2 名，工程师 1 名，助理工程师 1 名。

事件3：土坝单位工程完工验收结论为：本单位工程划分为20个分部工程，其中质量合格8个，质量优良12个，优良率为60%，主要分部工程（坝顶碎石路）质量优良，且施工中未发生重大质量事故；中间产品质量全部合格，其中混凝土拌和物质量达到优良；原材料质量、金属结构及启闭机制造质量合格；外观质量得分率为82%。所以，本单位工程质量评定为优良。

事件4；该工程项目单元工程质量评定表由监理人填写，土坝单位工程完工验收由承包人主持。

问题：

（1）简要分析事件1中存在的问题及理由。

（2）简要分析事件2中存在的问题及理由。

（3）土坝单位工程质量等级评定为优良。依据水利工程验收和质量评定的有关规定，简要分析事件3中验收结论存在的问题。

（4）根据水利工程验收和质量评定的有关规定，指出事件4中存在的不妥之处并提出正确做法。

10. 某水闸工程建于土基上。在翼墙混凝土施工过程中，出现了胀模事故，承包人采取了拆模、重新立模、浇筑混凝土等返工处理措施，返工处理耗费工期35天，费用15万元。在闸室分部工程施工完成后，根据《水利水电工程质量检验和评定规则规程》进行了分部工程质量评定。

问题：

（1）本工程的质量事故属于哪一类？确定水利工程质量事故等级主要考虑哪些因素？

（2）质量事故处理的原则是什么？

（3）闸室分部工程质量评定的主要内容应该包括哪些方面？

第四章　水利工程建设项目进度控制

施工阶段的进度控制是水利工程建设进度控制的重点。监理单位受项目法人的委托在施工阶段实施监理时，其进度控制的任务是在满足工程总进度计划要求的基础上，编制或者审核施工进度计划，将计划付诸实施，在实施过程中要经常检查实际进度是否符合计划进度要求。如有偏差，则分析产生偏差的原因，采取补救措施或者调整、修改原计划，以保证工程项目按期竣工交付使用。

第一节　水利工程施工进度控制常见问题及影响因素

一、施工进度控制常见问题

工程进度控制是一项复杂且系统的工作，由于工程项目建设周期长、涉及范围广、影响因素多，从而使得工程进度控制中常常会出现一些问题，大致上可归纳为以下几个方面：

（一）制约因素多，控制不到位

工程项目在实施过程中，影响进度的因素很多，诸如：自身的管理水平、施工现场环境、劳动力供求状况、设计变更的影响、资金问题、物资供应问题、风险问题以及其他建设相关方的影响等等。工程承包人对这些问题并没有什么积极有效的措施，往往是一个因素的影响，就会产生一种“共振效应”，带动其他因素的影响。在事前没有很好地进行分析，制定应急计划，等事情发生了才手忙脚乱，不知所措。

（二）没能处理好三大要素之间的关系

工程项目施工过程中的三大要素是质量、成本和进度。从理论的角度上讲，这三者之间存在着一定的矛盾冲突，如加快进度会造成成本增大、质量降低，这三者的关系处理不好，就很难确保预期目标的实现。而在一些工程中，承包人很少会对这三者之间的关系进行权衡，也不会刻意去寻找三者之间的平衡点，要么重质量，要么抓成本，要么赶进度，总之是没有把这三者综合考虑。一般都是某个环节出现问题后才去调整，从而导致顾此失彼的情况时有发生，这不但影响了工程进度，成本和质量也无法获得有效保障。

（三）进度计划灵活性不足

根据相关规定的要求，当工程正式开工后，承包人应当给建设单位和监理单位提供一份详细的工程施工进度总计划，并在获得建设单位及监理单位这两方认可后，方可按照制定好的进度计划进行施工建设。由于承包人为了获取建设单位和监理单位对工程进度计划的认可并顺利通过审批，他们一般在制定计划时都非常严格，常常计划过于刚性，灵活度不够，可调性不强。工期目标定的太死，当发生一些重大事件或者实施环境发生变化时，将会使实际工作变得非常被动，实际与计划脱离。丧失了计划的控制性作用，不能响应外界的变化。例如建设过程中发生资源变化、自然灾害、气候变化等情况，需要对进度计划进行适当调整时，总计划便会产生一定的限制作用，从而使得实际情况与总进度计划严重脱节，最终结果是无法完成预期的工程进度目标。

（四）缺乏必要的应对机制

基本上所有的工程项目在建设过程中，工程进度都会不同程度地受到各种因素的影响，某些影响因素还会彼此之间互相影响，从而造成影响范围和影响面扩大，这种情况在施工阶段出现的频率相对较高，轻则影响工程进度，重则会引发安全事故。然而，在实际工程中，承包商一般都没有制定突发事故的应对机制，一旦发生问题很难有效应对和解决，问题发生后各个项目的负责人互相推诿，不但问题无法获得解决，甚至还找不到直接责任人，这使得大量的时间被浪费，工程进度也无法获得保障。

（五）各单位之间组织协调不到位

几乎所有的工程项目都具有规模大、工期长、参与单位多等特点，想要顺利完工，就需要各个参建单位的密切配合。若各参建单位之间协调工作不到位，很容易影响到工程进度目标的实现，具体体现在以下几个方面上：①个别分包人如果不能按照进度计划施工，便会影响到其他单位的施工进度计划；②供应商若是无法准时供货，则会造成现场停工；③有些工程机械设备常常是多家单位共用，一旦协调不好，便会影响工程进度；④建设单位工程款支付的不及时，承包人资金短缺也容易影响工程进度。

二、影响工程进度的主要因素

由于水利工程建设项目具有庞大、复杂、周期长、相关单位多等特点，因而影响进度的因素也很多。归纳起来，这些因素包括以下几方面：

（1）人的干扰因素。人为因素是最大的干扰因素，如建设单位因项目功能改变而提出的设计变更；提供的场地拆迁不彻底、场地条件不及时或不能满足工程需要；不能及时向承包人或材料供应商付款等；越过监理职权进行干涉，造成指挥混乱等。勘测设计单位勘察资料不准确，特别是地质资料错误或遗漏而引起的不能预料的技术障碍；设计内容不完善，规范应用不恰当，设计有缺陷或错误；设计对施工的可行性未考虑或考虑不周；施工图纸供应不及时、不配套，或出现重大差错等。承建单位（包括总承包单位、各专业分承包单位、材料供应单位、设备制造安装单位）人力、技术力量投入不足；施工方案欠佳；出现施工质量问题需处理；所采用工程材料、产品质量差需要整改；工程材料不足，供应不及时；资金调用失控，出现资金短缺现象；计划不周，导致停工待料和相关作业脱节，工程无法正常进行。

（2）材料、机具、设备干扰因素。如材料、构配件、机具、设备供应环节的差错，品种、规格、数量、时间不能满足工程的需要等。特殊材料及新材料的不合理使用；施工设备不配套，选型不恰当，安装失误，有故障等。材料的不同对工艺技术、施工条件的要求也不同，对施工进度影响很大。

（3）自然环境因素。如复杂的工程地质条件；不明的水文条件；洪水、地震、台风等不可抗力；地下埋藏文物的保护、处理等。

（4）环境干扰因素。恶劣天气、地震、临时停水停电、交通中断、经济制裁、战争、骚乱、罢工、企业倒闭等。外单位临近施工的干扰；与工程有关的市政、规划、消防、电力、自来水、电信等部门没有及时协调的影响等；向有关部门提出各种申请审批手续的延误；安全、质量事故的调查、分析、处理及争端的调解、仲裁，以及在国外常见的法律及制度变化等。

（5）资金干扰因素。如有关方拖欠资金、资金不到位、资金短缺、汇率浮动和通货膨胀等。

第二节　施工进度计划

一、施工进度控制目标

（一）施工进度控制目标的分解

保证工程按期建成交付使用，是工程建设施工阶段进度控制的最终目标。为了有效地控制施工进度，首先要对施工进度总目标从不同角度进行层层分解，形成施工进度控制目标体系，从而作为实施进度控制的依据。

水利工程建设项目不但要有项目建成交付使用的确切日期这个总目标，还要有各单项工程交工动用的分目标以及按承包人、施工阶段和不同计划期划分的分目标。各目标之间相互联系，共同构成工程建设施工进度控制目标体系。其中，下级目标受上级目标的制约，下级目标保证上级目标，最终保证施工进度总目标的实现。

1. 按项目组成分解，确定各单项工程开工及完工日期

各单项工程的进度目标在水利工程建设总进度计划及工程建设年度计划中都有所体现。在施工阶段应进一步明确各单项工程的开工和完工日期，以确保施工总进度目标的实现。

2. 按承包人分解，明确分工条件和承包责任

在一个单项工程中有多个承包人参加施工时，应按承包人将单项工程的进度目标分解，确定各分包人的进度目标，列入分包合同，以便落实分包责任，并根据各专业工程交叉施工方案和前后衔接条件，明确不同承包人工作面交接的条件和时间。

3. 按施工阶段分解，划定进度控制分界点

根据水利工程的特点，应将其施工分成几个阶段，如土建工程可以分为基础、结构等阶段。每一阶段的起止时间都要有明确的标志。特别是不同单位承包的不同施工段之间，更要明确划定时间分界点，以此作为形象进度的控制标志，从而使单项工程动用目标具体化。

4. 按计划期分解，组织综合施工

将水利工程的施工进度控制目标按年、季、月（或旬）进行分解，并以实物工程量、货币工作量及形象进度表示，将更有利于监理单位明确对各承包人的进度要求。同时，还

可以据此监督其实施，检查其完成情况。计划期越短，进度目标越细，进度跟踪就越及时，发生进度偏差时也就更能有效地采取措施予以纠正。

（二）施工进度控制目标的确定

为了提高进度计划的预见性和进度控制的主动性，在确定施工进度控制目标时，必须全面细致地分析与水利工程进度相关的各种有利因素和不利因素。只有这样，才能制定出一个科学、合理的进度控制目标。确定施工进度控制目标，主要考虑以下几个方面的因素：

（1）对于大型水利工程建设项目，应根据尽早提供可动用单元的原则，集中力量分期分批建设，以便尽早投入使用，尽快发挥投资效益。这时，为保证每一动用单元能形成完整的生产能力，就要考虑这些动用单元交付使用时所必需的全部配套项目。因此，要处理好前期动用和后期建设的关系、主体工程与附属工程之间的关系，地下工程与地上工程之间的关系、场外工程与场内工程之间的关系等。

（2）合理安排土建与设备安装的交叉施工。要按照它们各自的特点，合理安排土建施工与设备基础、设备安装的先后顺序及搭接、交叉或平行作业，明确设备安装工程对土建工程的要求和土建工程为设备安装工程提供施工条件的内容及时间。

（3）结合本工程的特点，参考同类工程建设的经验来确定施工进度目标。避免只按主观愿望盲目确定进度目标，从而在实施过程中造成进度失控。

（4）做好资金供应能力、施工力量配备、物质（材料、构配件、设备）供应能力与施工进度需要的平衡工作，确保工程进度目标的要求而不使其落空。

（5）考虑外部协作条件的配合情况。包括施工过程中及项目竣工动用所需的水、电、通讯、道路及其他社会服务项目的满足程度和满足时间。它们必须与相关项目的进度目标相协调。

（6）考虑水利工程所在地区地形、地质、水文、气象等方面的限制条件。

总之，要想对水利工程的施工进度实施控制，就必须有明确、合理的进度目标，否则控制便失去了意义。

二、施工进度计划的编制

施工进度计划是表示各项工程的施工顺序、开始时间和结束时间以及相互衔接关系的计划。施工进度计划既是承包单位进行现场施工管理的核心指导文件，也是监理机构实施进度控制的依据。

（一）施工总进度计划的编制

施工总进度计划一般是建设工程项目的施工进度计划。施工总进度计划是用来确定水利工程中所包含的各单项工程或单位工程的施工顺序、施工时间及相互间衔接关系的计划。编制施工总进度计划的依据有：施工总方案；资源供应条件；各类定额资料；合同文件；工程建设总进度计划；工程动用时间目标；建设地区自然条件及相关技术经济资料等。

施工总进度计划的编制步骤和方法如下。

1．计算工程量

根据批准的工程项目一览表，按单位工程分别计算其主要实物工程量，工程量只需粗略地计算即可。

工程量的计算可按初步设计（或扩大初步设计）图纸和有关额定手册或资料进行。

2. 确定各单位工程的施工期限

各单位工程的施工期限应根据合同工期确定，同时还要考虑建筑类型、结构特征、施工方法、施工管理水平、施工机械化程度及施工现场条件等因素。如果在编制施工总进度计划时没有合同工期，则应保证计划工期不超过工期定额。

3. 确定各单位工程的开工、完工时间和相互搭接关系

确定各单位工程的开工、完工时间和相互搭接关系主要应考虑以下几点：

(1) 同一时期施工的项目不宜过多，以避免人力、物力过于分散。

(2) 尽量做到均衡施工，以使劳动力、施工机械和主要材料的供应在整个工期范围内达到均衡。

(3) 尽量提前建设可供工程施工使用的永久性工程，以节省临时工程费用。

(4) 急需的和关键的工程先施工，以保证水利工程如期交工。对于某些技术复杂、施工周期较长、施工困难较多的工程，亦应安排提前施工，以利于整个工程按期交付使用。

(5) 施工顺序必须与主要生产系统投入生产的先后次序相吻合。同时还要安排好配套工程的施工时间，以保证建成的工程能迅速投入生产或交付使用。

(6) 应注意季节对施工顺序的影响，使施工季节不导致工期拖延，不影响工程质量。

(7) 安排一部分附属工程或零星项目作为后备项目，用以调整主要项目的施工进度。

(8) 注意主要工种和主要施工机械能连续施工。

4. 编制初步施工总进度计划

施工总进度计划应安排全工地性的流水作业。全工地性的流水安排应以工程量大、工期长的单项工程或单位工程为主导，组织若干条流水线，并以此带动其他工程。

施工总进度计划既可以用横道图表示，也可以用网络图表示。由于采用网络计划技术控制工程进度更加有效，所以人们更多地采用网络图来表示施工总进度计划。特别是电子计算机的广泛应用，为网络计划技术的推广和普及创造了更加有利的条件。

5. 编制正式施工总进度计划

初步施工总进度计划编制完成后，要对其进行检查。主要是看总工期是否符合相关要求，资源是否均衡且其供应是否能得到保证。如果出现问题，则应进行调整。调整的主要方法是改变某些工程的起止时间或调整主导工程的工期。如果是网络计划，则可以利用电子计算机分别进行工期优化、费用优化及资源优化。当初步施工总进度计划经过调整符合相关要求后，即可以编制正式的施工总进度计划。

正式的施工总进度计划确定后，应据此编制劳动力、物资、大型施工机械等资源的需用量计划，以便组织供应，保证施工总进度计划的实现。

（二）单位工程施工进度计划的编制

单位工程施工进度计划的编制步骤如下。

1. 划分工作项目

工作项目是包括一定工作内容的施工过程，它是施工进度计划的基本组成单元。工作

项目内容的多少、划分的粗细程度，应该根据计划的需要来确定。对于大型建设工程，经常需要编制控制性施工进度计划，此时工作项目可以划分得粗一些，一般只明确到分部工程即可。如果编制实施性施工进度计划，工作项目就应划分得细一些。在一般情况下，单位工程施工进度计划中的工作项目应明确到单元工程或更具体，以满足指导施工作业、控制施工进度的要求。

由于单位工程中的工作项目较多，应在熟悉施工图纸的基础上，根据建筑结构特点及已确定的施工方案，按施工顺序逐项列出，以防止漏项或重项。凡与工程对象施工直接有关的内容均应列入计划，而不属于直接施工的辅助性项目和服务性项目则不必列入。

另外，有些单元工程在施工顺序上和时间安排上是相互穿插进行的，或者是由同一专业施工队完成的，为了简化进度计划的内容，应尽量将这些项目合并，以突出重点。

2. 确定施工顺序

确定施工顺序是为了按照施工的技术规律和合理的组织关系，解决各工作项目之间在时间上的先后次序和搭接问题，以达到保证质量、安全施工、充分利用空间、争取时间、实现合理安排工期的目的。

一般说来，施工顺序受施工工艺和施工组织两方面的制约。当施工方案确定之后，工作项目之间的工艺关系也就随之确定。如果违背这种关系，将不可能施工，或者导致工程质量事故和安全事故的出现，或者造成返工浪费。

工作项目之间的组织关系是由劳动力、施工机械、材料和构配件等资源的组织和安排需要而形成的。这种组织关系不是由工程本身决定的，而是一种人为的关系。组织方式不同，组织关系也就不同。不同的组织关系会产生不同的经济效果。应通过调整组织关系，并将工艺关系和组织关系有机地结合起来，形成工作项目之间的合理顺序关系。

不同的水利工程，其施工顺序不同。即使是同一类水利工程，其施工顺序也难以做到完全相同。因此，在确定施工顺序时，必须根据工程的特点、技术组织上的要求以及施工方案等进行研究，不能拘泥于某种固定的顺序。

3. 计算工程量

工程量的计算应根据施工图和工程量计算规则，针对所划分的每一个工作项目进行。当编制施工进度计划时已有预算文件，且工作项目的划分与施工进度计划一致时，可以直接套用施工预算的工程量，不必重新计算。若某些项目有出入，但出入不大，应结合工程的实际情况进行某些必要调整。

计算工程量时应注意以下问题：

(1) 工程量的计量单位应与现行定额手册中所规定的计量单位相一致，以便计算劳动力、材料和机械数量时直接套用定额，而不必进行换算。

(2) 要结合具体的施工方法和安全技术要求计算工程量。例如计算基础土方工程量时，应根据所采用的施工方法和边坡稳定要求（放边坡还是加支撑）进行计算。

(3) 应结合施工组织的要求，按已划分的施工段分层、分段进行计算。

4. 计算劳动量和机械台班数

当某工作项目是由若干个单元工程合并而成时，则应分别根据各单元工程的时间定额

（或产量定额）及工程量计算出综合时间定额（或综合产量定额）。

5. 确定工作项目的持续时间

根据工作项目所需要的劳动量或机械台班数，以及该工作项目每天安排的工人数或配备的机械台数，即可计算出各工作项目的持续时间。

6. 绘制施工进度计划图

绘制施工进度计划图，首先应选择施工进度计划的表达形式。目前，常用来表达建设工程施工进度计划的方法有横道图和网络图两种形式。

7. 施工进度计划的检查与调整

当施工进度计划初始方案编制好后，需要对其进行检查与调整，以便使进度计划更加合理。进度计划检查的主要内容包括：各工作项目的施工顺序、平行搭接和技术间歇是否合理；总工期是否满足合同规定；主要工种的工人是否能够满足连续、均衡施工的要求；主要机具、材料等的利用是否均衡和充分。在这一项中，首要的是前两方面的检查，如果不满足要求，必须进行调整。只有在前两个方面均达到要求的前提下，才能进行后两个方面的检查与调整。前者是解决可行与否的问题，而后者则是优化的问题。

三、施工进度计划的表示方法

（一）横道图

横道图是一种比较简单、直观的进度控制图表，如图 4－1 所示。图中双线表示计划进度，单线表示实际进度。施工进度表编制完成后，就可进而编制适应此进度要求的劳动力、材料、设备、图纸和财务收支等各种计划表。如图 4－1 所示工程施工进度表中，在第四周末检查时，A 工序已全部完成，B 工序超前了半周（按计划应完成 2/3 工程量，实际完成了 5/6 工程量）而 D 工序则拖延了半周，应找出实际进度落后的原因，并及时采取必要的补救措施或修改调整原计划。

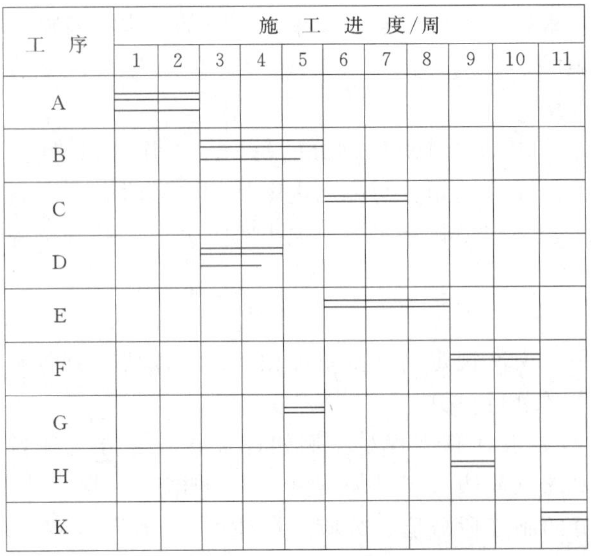

图 4－1　横道图

横道图法虽有简单、形象直观、易于掌握、使用方便等优点，但由于其以横道图计划为基础，因而带有不可克服的局限性。在横道图计划中，各项工作之间的逻辑关系表达不明确，关键工作和关键路线无法确定。一旦某些工作实际进度出现偏差时，难以预测其对后续工作和工程总工期的影响，也就难以确定相应的进度计划调整方法。因此，横道图法主要用于工程项目中某些工作实际进度与计划进度的局部比较。

（二）工程进度曲线

为了准确掌握工程进度状况，可利用工程施工进度曲线表示施工进度计划，从而有效地进行进度控制。

1. S 曲线表达法

在施工初期由于临时设施的布置、工作的安排等，施工后期由于装修、整理等原因，施工进度的速度一般较中期慢。每天的完成数量通常自初期至中期呈递增趋势，由中期至末期呈递减趋势。施工进度曲线一般约呈 S 形，如图 4－2 所示。其反曲点（拐点），发生在完成数量的高峰期。在 S 形施工进度曲线上，除去施工初期及末期的不可避免的影响所产生的凹型部分及凸形部分外，中间的施工强度应尽量呈直线才是合理的计划。

2. 香蕉曲线表达法

香蕉曲线是由两条 S 曲线组合而成的闭合曲线。由 S 曲线比较法可知，工程项目累计完成的任务量与计划时间的关系，可以用一条 S 曲线表示。对于一个工程项目的网络计划来说，如果以其中各项工作的最早开始时间安排进度而绘制 S 曲线，称为 ES 曲线；如果以其中各项工作的最迟开始时间安排进度而绘制 S 曲线，称为 LS 曲线。两条 S 曲线具有相同的起点和终点，因此，两条曲线是闭合的。在一般情况下，ES 曲线上的其余各点均落在 LS 曲线的相应点的左侧。由于该闭合曲线形似"香蕉"，故称为香蕉曲线，如图 4－3所示。

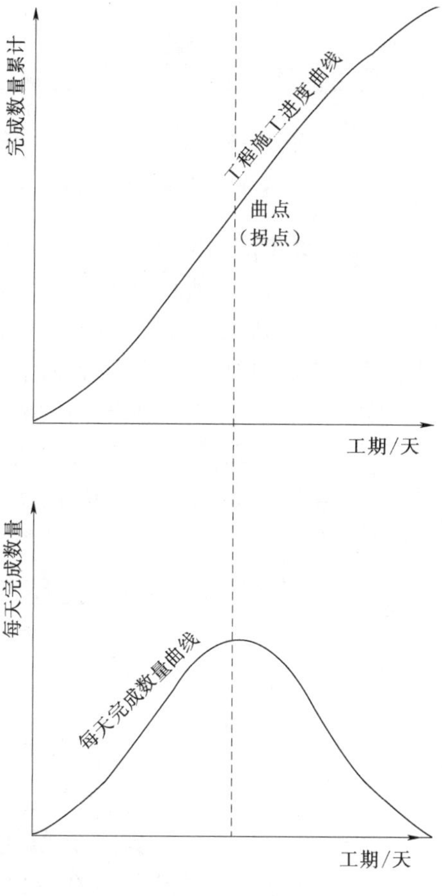

图 4－2　每天完成数量随进度改变的施工进度曲线

香蕉曲线比较法能直观地反映工程项目的实际进展情况，并可以获得比 S 曲线更多的信息。其主要作用有：

（1）合理安排工程项目进度计划。如果工程项目中的各项工作均按其最早开始时间安排进度，将导致项目的投资加大；而如果各项工作都按其最迟开始时间安排进度，则一旦受到进度影响因素的干扰，将导致工期拖延，使工程进度风险加大。因此，一个科学合理的进度计划优化曲线应处于香蕉曲线所包络的区域之内。

（2）定期比较工程项目的实际进度与计划进度。在工程项目的实施过程中，根据每次检查收集到的实际完成任务量，绘制出实际进度 S 曲线，便可以与计划进度进行比较。工程项目实施进度的理想状态是任一时刻工程实际进展点应落在香蕉曲线图的范围之内。如果工程实际进展点落在 ES 曲线的左侧，表明此刻实际进度比各项工作按其最早开始时间安排的计划进度超前；如果工程实际进展点落在 LS 曲线的右侧，则表明此刻实际进度比各项工作按其最迟开始时间安排的计划进度拖后。

（3）预测后期工程进展趋势。利用香蕉曲线可以对后期工程的进展情况进行预测。例如图 4－4 所示，该工程项目在检查日实际进度超前。检查日期之后的后期工程进度安排如图中虚线所示，预计该工程项目将提前完成。

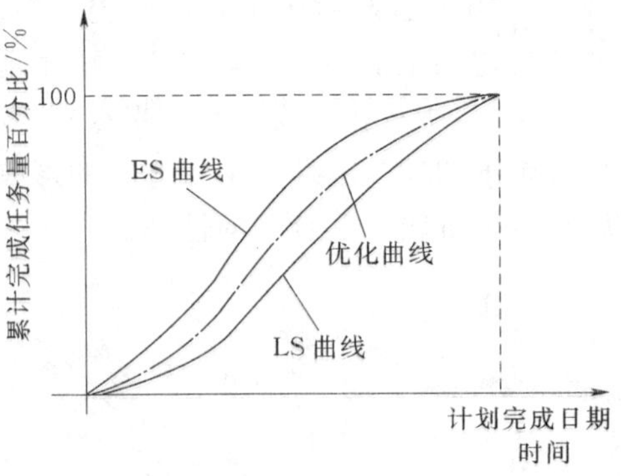

图 4-3　香蕉曲线图

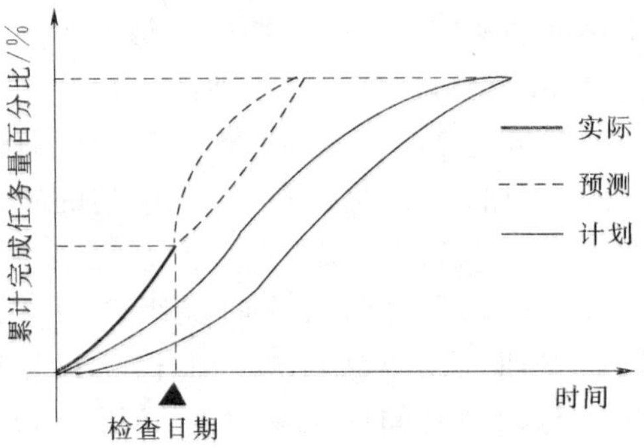

图 4-4　工程进展趋势预测图

（三）形象进度图

形象进度图是把工程进度计划以建筑物形象进度来表达的一种控制方法。这种方法直接将工程项目进度目标和控制工期标注在工程形象图的相应部位，非常直观，进度计划一目了然，它特别适用于施工阶段的进度控制。此法修改调整进度计划亦极为简便，只需修改日期、进程，而形象图依然保持不变。

图 4-5 所示国内某水库碾压混凝土坝工程 1993 年形象进度计划，该坝沿坝长范围共划分为 65 个坝段，在 1993 年 4—10 月施工期内，各坝段施工进度计划，均形象而直观地表示在图中。

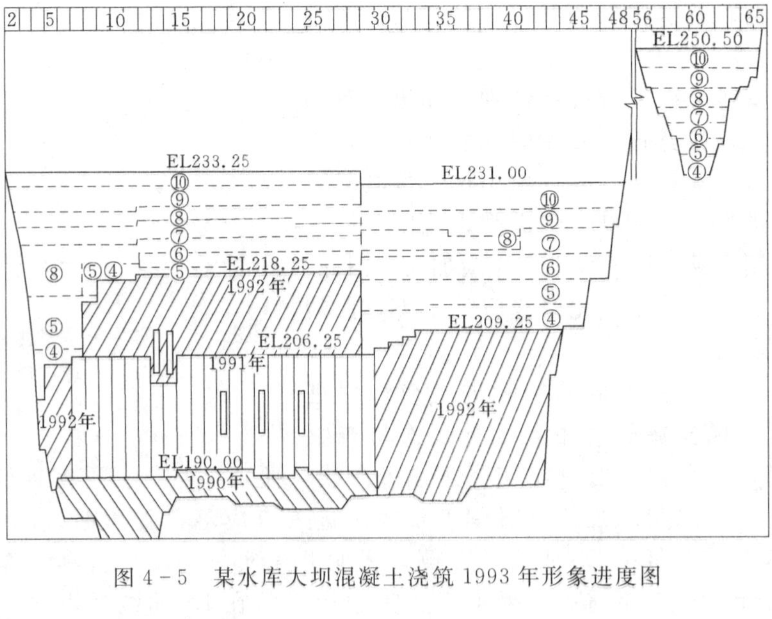

图 4-5　某水库大坝混凝土浇筑 1993 年形象进度图

（四）网络计划图

网络计划图，也称网络计划，是进行生产组织与管理的一种方法。网络计划图的基本原理是：应用网络图形来表示一项计划中各项工作的开展顺序及其相互之间的关系；通过网络图进行时间参数的计算，找出计划中的关键工作和关键路线，再通过不断改进网络计划，寻求最优方案，以最小的消耗取得最大的经济效果。这种方法广泛应用在工业、农业、国防和科研计划与管理中。在工程领域，网络计划图的应用尤为广泛，被称为“工程网络计划技术”。

相对横道图网络计划能够准确表示工作之间的逻辑关系，明确给出控制工期的关键工作并确定出非关键工作机动时间的大小。在计划实施中，可以准确判断出工作进度提前或拖延对工程工期及后续工作的影响。

网络计划的形式很多，如双代号网络图、单代号网络图、搭接网络图等，研究领域也很宽，如关键路线法、计划评审技术、决策关键路线法、随机网络计划等。如图 4－6 所示，为时标网络计划图，从图中可看出 A、E、H 为关键路线上的关键工作，对工期起控制作用，如果拖延将影响工期。G 工作有 2 天总时差，也就是有 2 天的机动时间。

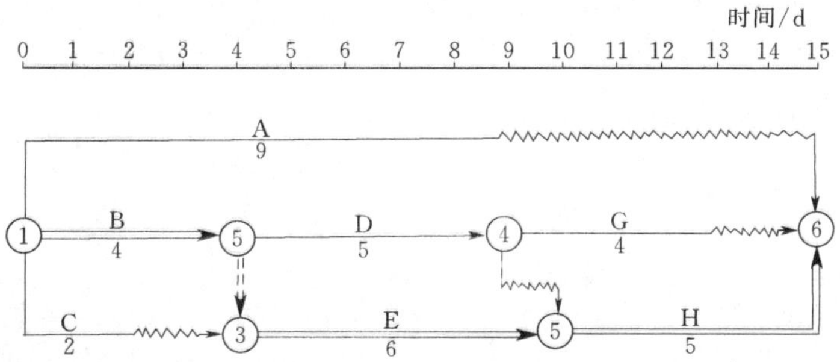

图 4－6　时标网络计划图

第三节　施工进度控制的方法

一、施工总进度计划的审批

监理机构应在合同工程开工前依据施工合同约定的工期总目标、阶段性目标和发包人的控制性总进度计划，制定施工进度计划的编制要求并书面通知承包人。承包人要按监理机构制定的进度计划标识要求编制。以保证进度计划的表达方式、格式和项目划分与发包人、监理机构的进度控制管理工作相协调，并提高承包人施工进度计划的可审核性和编制质量。

在承包人按合同约定提交了总进度计划后，监理机构应在合同约定时间内，组织力量对承包人提交的进度计划进行全面、深入的审核，并提出审批意见。对进度计划的审核，不能只局限于对进度计划本身的审核，还应重视进度计划与施工技术方案、施工总体布置、资源供应计划等有关方面的关系，应考虑不利自然条件可能对计划实施的影响。

（一）审批程序

（1）承包人应按施工合同约定的内容、期限和施工总进度计划的编制要求，编制施工总进度计划，并填写施工进度计划申报表，见表 4－1，报送监理机构。

（2）监理机构应在施工合同约定的期限内完成审查并批复或提出修改意见。

（3）根据监理机构的修改意见，承包人应修正施工总进度计划，重新报送监理机构。

（4）监理机构在审查中，可根据需要提请发包人组织设代机构、承包人、设备供应单位、征迁部门等有关方参加施工总进度计划协调会议，听取参建各方的意见，并对有关问题进行分析处理，形成结论性意见。

表 4－1　　施工进度计划申报表

（承包〔　　〕进度　　号）

合同名称：（施工合同全称）　　　　合同编号：（施工合同编号）

致（监理机构）： 我方今提交　　　　工程（名称及编码）的： 施工总进度计划 年施工进度计划 月施工进度计划 □专项施工进度计划（如：度汛计划、赶工计划等） □ □ 请贵方审查。 附件：1. 施工进度计划。 2. 图表、说明书共______页。 承　包　人：（现场机构名称及盖章） 项目经理：（签名） 日　　期：　　年　　月　　日
监理机构将另行签发审批意见。 监理机构：（名称及盖章） 签　收　人：（签名） 日　　期：　　年　　月　　日

注　本表一式____份，由承包人填写，监理机构签收后，承包人____份、监理机构____份、发包人____份、设代机构____份。

（二）审查内容

施工总进度计划审查应包括下列内容：

（1）是否符合监理机构提出的施工总进度计划编制要求。

（2）施工总进度计划与合同工期和阶段性目标的响应性与符合性。

（3）施工总进度计划中有无项目内容漏项或重复的情况。

（4）施工总进度计划中各项目之间逻辑关系的正确性与施工方案的可行性。

（5）施工总进度计划中关键路线安排的合理性。

（6）人员、施工设备等资源配置计划和施工强度的合理性。

(7) 原材料、中间产品和工程设备供应计划与施工总进度计划的协调性。

(8) 本合同工程施工与其他合同工程施工之间的协调性。

(9) 用图计划、用地计划等的合理性，以及与发包人提供条件的协调性。

(10) 其他应审查的内容。

二、分阶段、分项目施工进度计划控制

分阶段、分项目施工进度计划控制应符合下列规定：

(1) 监理机构应要求承包人依据施工合同约定和批准的施工总进度计划，分年度编制年度施工进度计划，报监理机构审批。

(2) 根据进度控制需要，监理机构可要求承包人编制季、月施工进度计划，以及单位工程或分部工程施工进度计划，报监理机构审批。

一般来说，监理机构在审批分阶段、分项目施工进度计划时，应注意以下几点：

(1) 首先应了解承包人上个计划期完成的工程量和形象面貌情况。

(2) 分析承包人所提供的施工进度计划（包括季、月）是否能满足合同工期和施工总进度计划的要求。

(3) 为完成计划所采取的措施是否得当，施工设备、人力能否满足要求，施工管理上有无问题。

(4) 核实承包人的材料供应计划与库存材料数量，分析是否满足施工进度计划的要求。

(5) 施工进度计划中所需的施工场地、通道是否能够保证。

(6) 施工图供应计划是否与进度计划协调。

(7) 工程设备供应计划是否与进度计划协调。

(8) 该承包人的施工进度计划与其他承包人的施工进度计划有无相互干扰。

(9) 为完成施工进度计划所采取的方案对施工质量、施工安全和环保有无影响。

(10) 计划内容、计划中采用的数据有无错漏之处。

三、施工进度的检查

在施工过程中，监理机构应检查承包人是否按照批准的施工进度计划组织施工，资源的投入是否满足施工需要。

（一）进度检查的内容

(1) 工程形象进度检查。检查工作现场的实际进度，与计划进度对比，按信息分配组织与类别，定期编写进度报告，逐级上报。

(2) 设计图纸及技术报告的编制工作进展情况。检查各设计单位出图的进度情况，确定或估计是否满足进度计划要求。

(3) 设备采购的进展情况。检查设备在采购、运输过程中的进展情况，确定或估计是否满足到货日期的要求。

(4) 材料的加工或供应情况。有些材料（如水泥）是直接供应的，主要检查其订货质量、运输和储存情况。有些材料需要在工厂进行加工，然后运到工地，例如钢构件和钢制

管段等，应检查其原材料订货、加工、运输等进展情况。

（二）进度检查的方式

通常，监理机构可采取如下措施了解现场施工进度情况。

1. 监督、检查和分析承包人的日进度报表和作业状况表

在合同实施过程中，监理机构应随时监督、检查和分析承包人的施工日志，其中包括日进度报表和作业状况表。报表的格式可由监理机构提供或由承包人提供经监理机构同意后实施。施工对象的不同，报表的内容有所区别，通常包括下列内容。

（1）日进度报表。日进度报表一般应包括以下内容：

1）项目名称。

2）施工工作项目名称。

3）建设单位名称。

4）施工单位名称。

5）监理单位名称。

6）当日水文、气象记录。

7）工作进展描述。

8）劳动力使用情况。

9）材料消耗情况。

10）设备使用情况。

11）发生的重要事件及其处理。

12）报表编号及日期。

13）签名。

表 4-2 给出一种日进度报表的参考形式。根据监理机构的要求，承包人可类似地提供周或月进度报告。

表 4-2　　　　日 进 度 报 表

工程名称（或合同号）__________　　日　　期__________

监理单位__________　　施工单位__________

气象描述__________　　水文记录__________

编　号	工作内容	班组长	工人数	机　械	主要材料及其用量	工作内容	备　注
⋮							

填表人__________　　填表时间__________

审核人__________　　审核时间__________

（2）作业状况表。作业状况表的形式见表 4-3。

如果承包人能真实而准确地填写这些进度报表，监理机构就能从中了解到工程进展的

实际状况。

为了保证承包人施工记录的真实性，监理机构一般提出要求，施工日志应始终保留在现场，供监理机构监督、检查。

表 4-3　　　　作 业 状 况 表

项目名称（或合同号）＿＿＿＿＿＿＿＿

监理单位＿＿＿＿＿＿＿＿＿＿＿＿＿＿　　施工单位＿＿＿＿＿＿＿＿

编号	工作内容	计划/（实际）	本期完成情况			到本期为止总的完成情况											
			数量	单位	%	数量	单位	10%	20%	30%	40%	50%	60%	70%	80%	90%	100%
								（用横道表示）									

填表人＿＿＿＿＿＿＿＿　　填表日期＿＿＿＿＿＿＿＿

审核人＿＿＿＿＿＿＿＿　　审核日期＿＿＿＿＿＿＿＿

2. 检查进度执行情况

派监理人员进驻施工现场，具体检查进度的实际执行情况，并做好监理日志。

为了了解工程进度的实际进展，避免承包人超报完工数量，监理人员有必要进行现场实地检查和监督。在施工现场，监理人员除了检查具体的施工活动外，还要注意工程变更对进度计划实施的影响，其中包括：

（1）合同工期的变化。任何合同工期的改变，如竣工日期的延长，都必须反映到实施计划中，并作为强制性的约束条件。

（2）后续工作的变动。有时承包人从自己的利益考虑，未经允许改变一些后续施工活动。一般地，只要这些变动对整个施工进度的关键控制点无影响，监理人员可不加干涉，但是，如果变动大的话，则可能影响到施工总进度。因此，现场监理人员要严格监督承包商按计划实施，避免类似情况的发生。

（3）材料供应日期的变更。现场监理人员必须随时了解材料物资的供应情况，了解现场是否出现由于材料供应不上而造成施工进度拖延的现象。

施工日志是监理机构建立的重要施工合同管理记录，应正式整理存档，其作用是：①掌握现场情况，作为进度分析的依据；②处理一系列合同问题中重要的同期记录；③监理机构内部逐级通报进度情况的基础依据，也是监理单位向发包人编报进度报告、协助发包人向贷款银行编报进度报告的依据；④审查承包人进度报告的依据。

3. 定期召开生产会议

监理机构组织现场施工负责人召开现场生产会议，是获得现场施工信息的另一种重要途径。同时，通过这种面对面的交谈，监理人员还可以从中了解到施工活动潜在的问题，以便及时采取相应的措施。

四、实际进度与计划进度的对比与分析

监理机构应跟踪检查施工进度，分析实际施工进度与施工进度计划的偏差，重点分析关键路线的进展情况和进度延误的影响因素，并采取相应的监理措施。

事实上，监理人员所获得的现场施工进度信息的具体表现形式是大量的未经整理的数据（无论是从报表还是从现场调查中获得）。因此，要想从中发现问题，还必须对这些数据进行必要的处理和汇总，并利用这些经处理的数据与原计划的数据进行比较，从而对施工现状及未来进度动向加以分析和预测。

（一）施工进度检查方法

常用的施工进度检查方法有标图检查法、前锋线检查法、割切检查法、列表计算法、横道图一工程进度曲线检查法等。

1. 标图检查法

此法适合于短期经常性、周期性检查，如一天一检查或一个台班一检查。方法是：将所查时段内所完成的工作项目用图或文字及时标注到网络图上，并随时加以分析，采取措施，从而将施工活动向前推进。

图 4-7 所示给出了某工程船闸首底板混凝土施工某年 10 月份的标图检查成果，采取的是一仓一检查。

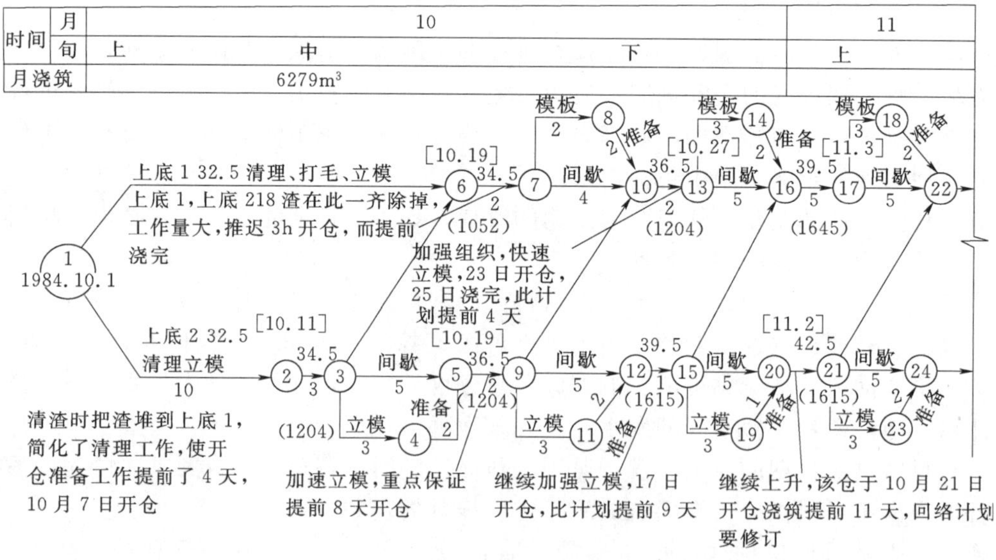

图 4-7　某项目 10 月份标图检查图（单位：m³）

标图检查法简单、方便。监理人员随身带着网络图，随时都能展开来标注，汇报或下达任务。某项工程完成后，其标图检查网络便是一份难得的第一手资料、可为下一项工程

提供经验和参考，同时，也可作为监理机构处理索赔的重要依据。

2. 前锋线检查法

前锋线检查法用于时标网络计划的一种进度控制方法。前锋线是在网络计划执行中的某一时刻正进行的各工作的实际进度前锋的连线。在时标网络图上标画前锋线的关键是标定工作的实际进度前锋位置，其标定方法有两种：

方法一：按已完成的工程实物量比例来标定。时标图上箭线长度与相应工作的历时对应，也与其工程实物量的多少成正比。检查计划时某工作的工程实物量完成了几分之几，其前锋点就从表示该工作的箭线起点自左至右标在箭线长度的几分之几的位置。

方法二：按尚需的工作历时来标定。有时工作的历时是难以按工程实物量来换算的，只能根据经验用其他办法估算出来。要标定检查计划时的实际进度前锋点位置，可采用原来的估算办法，估算出从该时刻起到该工作全部完成还需要的时间，从表示该工作的箭线末端反过来自右至左标出前锋位置。

如图 4-8 所示是一份时标网络计划用前锋线进行检查的一般实例。该图有 4 条前锋线，分别记录了某年 6 月 25 日、6 月 30 日、7 月 5 日和 7 月 10 日 4 次检查的结果。

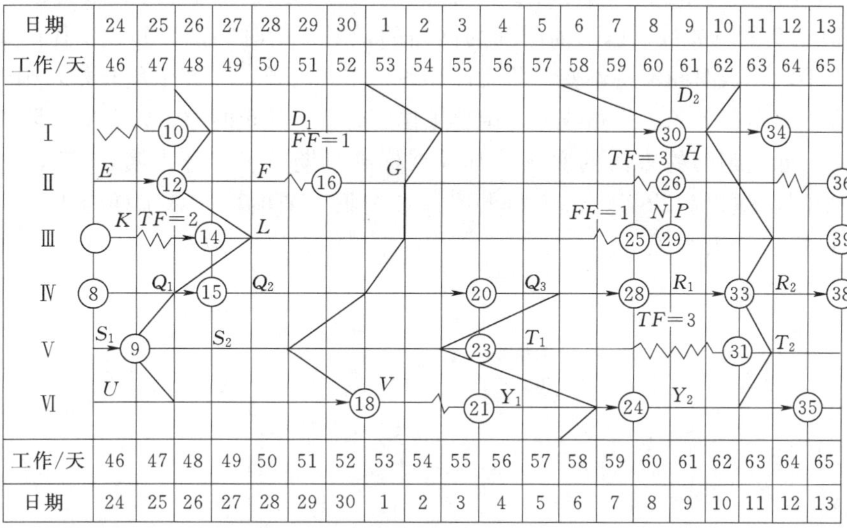

图 4-8　实际进度前锋线示例图

对时标网络计划，可用前锋线法按一定周期（日、周或旬、月、季、年）检查分析工程项目的实际进度，并预测未来的进度。

（1）分析目前进度。以表示检查计划时刻的日期线为基准，前锋线可以看成描述实际进度的波形线，前锋处于波峰上的路线相对于相邻路线超前，处于波谷上的路线相对于相邻路线落后；前锋在基准线前面的路线比原计划超前，在基准线后面的路线比原计划落后。绘出前锋线，工程项目在该检查计划时刻的实际进度便一目了然。

通常，检查结果是前锋线在标准线的两侧摆动，这说明各项工作有提前有推延。从均衡生产的要求出发，这种摆动的幅度愈小愈好。

（2）预测未来的进度。将现时刻的前锋线与前一次检查的前锋线进行对比分析，可以

在一定程度上对项目未来的进度变化趋势作出预测。预测可由进度比来判定，其式为

$$B=\frac{\Delta X}{\Delta T}$$

式中 ΔX——前后两条前锋线在某路线上截取的线段长；

ΔT——前后两条前锋线检查计划日期的时间间隔。

$B>1$，说明其路线的实际进展速度大于原计划；$B=1$，说明其路线的实际进展速度与原计划相当；$B<1$，说明其路线的实际进展速度小于原计划。

前锋线的检查成果直观明了，所以每次前锋线检查结果出示后，各级管理人员及工人们都能看懂，有利于加快施工进度。

3. 割切检查法

割切法是一种将网络计划中已完成部分割切去，然后对剩余网络部分进行分析的一种方法。其具体步骤如下：

（1）去掉已经完成的工作，对剩余工作组成的网络计划进行分析。

（2）把检查当前日期作为剩余网络计划的开始日期，将那些正在进行的剩余工作所需的历时估算出并标于网络图中，其余未进行的工作仍以原计划的历时为准。

（3）计算剩余网络参数，以当前时间为网络的最早开始时间，计算各工作的最早开始时间，各工作的最迟完成时间保持不变，然后计算各工作总时差，若产生负时差，则说明项目进度拖后。应在出现负时差的工作路线上，调整工作历时，消除负时差，以保证工期按期实现。

图 4-9 所示是割切检查法的实例。其检查标准日期是工程开工第 35 天，剩余进度网络计划如图中割切线以后的部分，依照上述检查步骤可知项目计算工期为 135 天，较计划工期 130 天将拖后 5 天竣工。

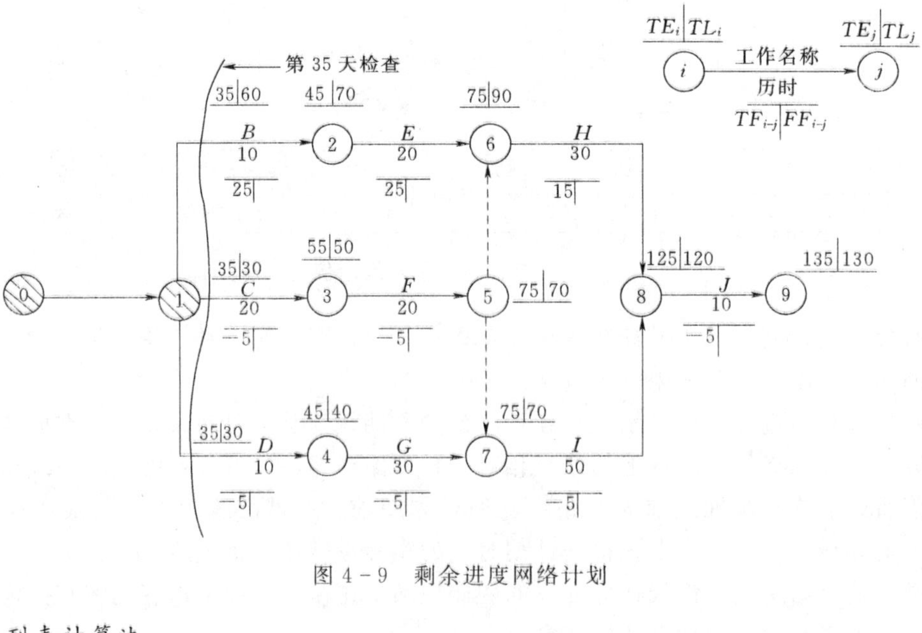

图 4-9 剩余进度网络计划

4. 列表计算法

将进度检查结果列表分析比较，也是一种常用的进度检查方法，形式见表 4-4。

表 4－4　　　　施工进度控制表－关键工作控制表

工作编号	工作的节点代号	关键工作名称	工作量	紧后工作	计划时间						实际完成					预计完成时间			工程形象及大事记	存在问题及措施	负责单位
					开始时间			结束时间			开始时间			完成工作量	消耗时间						
					年	月	日	年	月	日	年	月	日			年	月	日			

5. 横道图——工程进度曲线检查法

横道图检查施工进度具有简单、直观的特点，从中可以清楚地了解各项目工作的目标进度和实际进度；工程进度曲线具有进度的综合、概括等特点，故将横道图与工程进度曲线结合进行进度检查、分析，实践应用效果很好，如图 4－10 所示。

如图 4－10 所示，检查日期为第 5 周末，检查结果为 A 工作已完成；B 工作拖延进度半周，即按计划应已完成，但尚有 1/6 工作量未完成；C 工作提前进度 1 周，即比计划进度多完成 1/6 工程量。从总量上说，按计划应累计完成工程量 50%，实际累计完成工程量 40%，实际比计划少完成 10%的工程量。

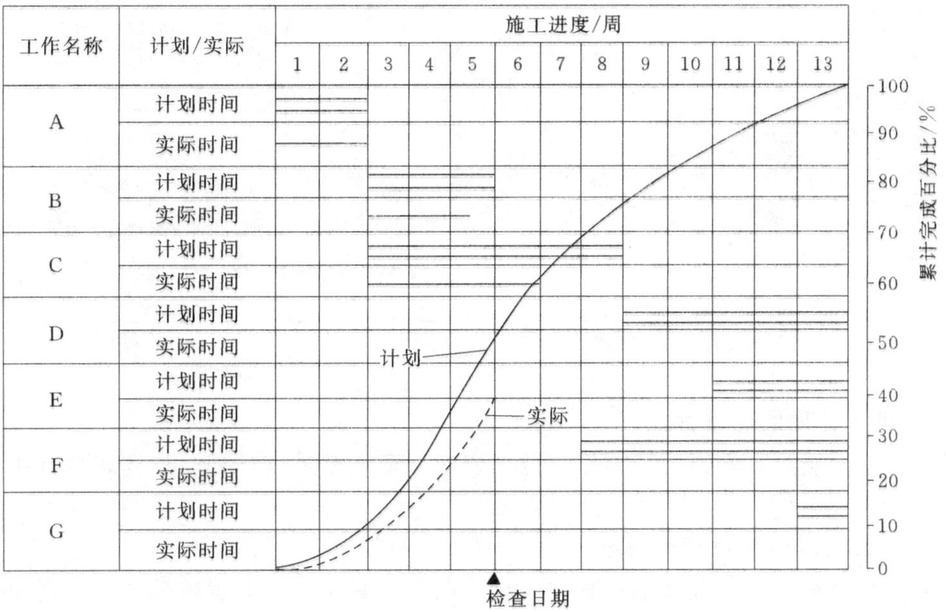

图 4－10　横道图——工程进度曲线检查法

（二）进度分析

进度的分析，主要是依据进度检查得到的施工进度、设计进度、设备采购进度、材料供应进度等资料，根据合同或计划中规定的目标，进行动向预测，估计各工作按阶段目标、里程碑节点控制时间以及按工期要求完成的可能性。

进度检查的结果不管是超前还是落后，都应该根据工作的进展速度、图纸、材料、设备等的供应进度，对下阶段的目标按期完成的可能性做出判断，若不能完成，应采取措施。

五、施工进度计划的调整与协调

监理机构在检查中发现实际施工进度与施工进度计划发生了实质性偏离时，应指示承包人分析进度偏差原因、修订施工进度计划，填写《施工进度计划调整申报表》，报监理机构审批，表格形式见表4-5。当变更影响施工进度时，监理机构应指示承包人编制变更后的施工进度计划，并按施工合同约定处理变更引起的工期调整事宜。施工进度计划的调整涉及总工期目标、阶段目标改变，或者资金使用有较大的变化时，监理机构应提出审查意见报发包人批准。

表4-5　　**施工进度计划调整申报表**

（承包〔　　〕进调　　号）

合同名称：（施工合同全称）　　合同编号：（施工合同编号）

致（监理机构）：
我方现提交＿＿＿＿＿＿＿＿工程项目施工进度调整计划，请审批。
附件：
施工进度调整计划（包括调整理由、形象进度、工程量、工作量、机械、资源投入计划等）

承　包　人：（现场机构名称及盖章）
项目经理：（签名）
日　　期：＿＿年＿＿月＿＿日

监理机构将另行签发审批意见。

监理机构：（名称及盖章）
签　收　人：（签名）
日　　期：＿＿年＿＿月＿＿日

注　本表一式＿＿份，由承包人填写，监理机构审批后，随同审批意见承包人＿＿份、监理机构＿＿份、发包人＿＿份。

（一）进度计划的调整方式

当实际进度偏差影响到后续工作或总工期而需要调整进度计划时，其调整方式主要有两种。

1. 改变某些工作间的逻辑关系

当工程项目实施中的进度偏差影响到总工期，且有关工作的逻辑关系允许改变时，可以改变关键路线和超过计划工期的非关键路线上的有关工作之间的逻辑关系，达到缩短工期的目的。例如，将顺序进行的工作改为平行作业、搭接作业及分段组织流水作业等，都可以有效地缩短工期。

2. 缩短某些工作的持续时间

不改变各项工作之间的逻辑关系，而通过采取增加资源投入、提高劳动效率等措施来缩短某些工作的持续时间，使工程进度加快，以保证按计划工期完成该项工程项目。这些被压缩持续时间的工作是位于关键路线和超过计划工期的非关键路线上的工作。同时，这些工作又是其持续时间可被压缩的工作。这种调整方法通常可以在网络图上直接进行。调整方法视限制条件及对其后续工作的影响程度的不同而有所区别，一般可分为以下三种情况：

(1) 网络计划中某项工作进度拖延的时间已超过其自由时差但未超过其总时差。如前所述，此时该工作的实际进度不会影响总工期，而只对其后续工作产生影响。因此，在进行调整前，需要确定其后续工作允许拖延的时间限制，并以此作为进度调整的限制条件。该限制条件的确定常常较为复杂，尤其是当后续工作多个平行的承包单位负责实施时更是如此。后续工作如不能按原计划进行，在时间上产生的任何变化都可能使合同不能正常履行，而导致蒙受损失的一方提出索赔。因此，寻求合理的调整方案，把进度拖延对后续工作的影响减少到最低程度，是监理工程师的一项主要工作。

(2) 网络计划中某项工作进度拖延的时间超过其总时差。如果网络计划中某项工作进度拖延的时间超过其总时差，则无论该工作是否为关键工作，其实际进度都将对后续工作和总工期产生影响。此时，进度计划的调整方法又可分为以下三种情况：

1) 如果工程总工期不允许拖延，工程项目必须按照计划工期完成，则只能采取缩短关键路线上后续工作持续时间的方法来达到跳帧计划的目的。

2) 如果工程总工期允许拖延，则此时只需以实际数据取代原计划数据，并重新绘制实际进度检查日期之后的简化网络计划即可。

3) 如果工程总工期允许拖延，但允许拖延时间有限，则当实际进度拖延的时间超过限制时，也需要对网络计划进行调整，以便满足要求。具体的调整方法是以总工期的限制时间作为规定工期，对检查日期之后尚未实施的网络计划进行工期优化，即通过缩短关键路线上后续工作持续时间的方法来使总工期满足规定工期要求。

以上三种情况均是以总工期为限制条件来调整进度计划。值得注意的是，当某项工作实际进度拖延的时间超过其总时差而需要对进度计划进行调整时，除需要考虑总工期的限制条件外，还应考虑网络计划中后续工作的限制条件，特别是对总进度计划的控制更应注意这一点。因为在这类网络计划中，后续工作也许就是一些独立的合同段。时间上的任何变化，都可能带来协调上的麻烦或者引起索赔。因此，当网络计划中某些后续工作对时间的拖延有限制时，同样需要以此为条件，按前述方法进行调整。

(3) 网络计划中某项工作进度超前。监理机构对建设工程实施进度控制任务就是在工程进度计划的执行过程中，采取必要的组织协调和控制措施，以保证建设工程按期完成。在建设工程计划阶段所确定的工期目标，往往是综合考虑了各方面因素而确定的合理工期。因此，时间上的任何变化，无论是进度拖延还是超前，都可能造成其他目标的失控。例如，在一个建设工程实施总季度计划中，由于某项工作的进度超前，致使资源的需求发生变化，而打乱了原计划对人、材、物等资源的合理安排，亦将影响资金计划的使用和安排，特别是当多个平行的承包单位进行施工时，由此引起后续工作时间安排的变化，势必给监理的协调工作带来许多麻烦。因此，如果建设工程实施过程中出现进度超前的情况，进度控制人员必须综合分析进度超前对后续工作产生的影响，并同承包单位协商，提出合理的进度调整方案，以确保工期总目标的顺利实现。

(二) 施工进度调整的控制

监理机构在审批承包人的修正进度计划时，可根据剩余网络的分析结果作以下考虑。

1. 在原计划范围内采取赶工措施

（1）在年度计划内调整。此种调整是最常见的。当月计划未完成，一般要求在下个月的施工计划中补上。如果由于某种原因（例如发生大的自然灾害，或材料、设备、资金未能按计划要求供应等）计划拖欠较多时，则要求在季度或年度的其他月份内调整。根据以往的经验，承包人报送的月（或季）施工进度计划，往往会出现两种情况，在审查时应注意：

1）不管过去月份完成情况如何，在每月的施工进度计划中照抄年度计划安排的相应月的数量。这种事例不少，是一种图省事的偷懒作法，不符合进度控制要求。监理机构在审批时应指出其存在的问题，并结合实际可能（即采取各种有效措施后能够达到的进度），下达下月（或下一季度）的施工进度计划。

2）不按年度施工进度计划的要求，而按当月（或季）达到的或预计比较易于达到的进度来安排下一月（或季）的施工进度计划。例如有的承包商认为，按年度计划调整月（季）计划时需要有较多的投入，施工难度较大，完成无把握，不如把目标定低一点实现比较容易。

（2）在合同工期内的跨年度调整。工程的年度施工进度计划是报上级主管部门审查批准的，大工程还须经国家批准，因此是属于国家计划的一部分，应有其严肃性，当年计划应力争在当年内完成。只有在出现意外情况（例如发生超标准洪水，造成很大损失，出现严重的不良地质情况，材料、设备、资金供应等无法保证），承包人通过各种努力仍难完成年度计划时，允许将部分工程施工进度后延。在这种情况下，调整当年剩余月份的施工进度计划时应注意：

1）合同书上规定的工程控制日期不能变，因为它是关键路线上的工期。例如河床截流、向下一工序的承包商移交工作面、某项工程完工等，若拖后很可能引起发电工期顺延，还可能引起下一工序承包商的索赔。

2）影响上述工程控制工期的关键路线上的施工进度应保证，尽可能只调整非关键路线上的施工进度。

当年的月（季）施工进度计划调整需跨年度时，应结合总进度计划调整考虑。

2. 超过合同工期的进度调整

当进度拖延造成的影响在合同规定的控制工期内调整计划已无法补救时，只有调整控制工期。这种情况只有在万不得已时才允许。调整时应注意：

（1）先调整投产日期外的其他控制日期。例如：截流日期拖延可考虑以加快基坑施工进度来弥补，厂房土建工期拖延可考虑以加快机电安装进度来弥补，开挖时间拖延可考虑以加快浇筑进度来弥补，以不影响第一台机组发电时间为原则。

（2）经过各方认真研究讨论，采取各种有效措施仍无法保证合同规定的总工期时，可考虑将工期后延，但应在充分论证的基础上报上级主管部门审批。进度调整应使竣工日期推迟最短。

3. 工期提前的调整

当控制投产日期的项目完成计划较好，且根据施工总进度安排，其后续施工项目和施工进度有可能缩短时，应考虑工程提前投产的可能性。例如某电站工程，枢纽厂房标计划完成较好，机组安装力量较强，工期有可能提前；枢纽大坝修改了基础防渗方案后，进度明显加快，有条件提前下闸蓄水；引水隧洞由于主客观原因，进度拖后较多，成了控制工程发电工期的拦路虎，这时就应想办法把引水隧洞进度赶上去。

一般情况下，只要能达到预期目标，调整应越少越好。在进行项目进度调整时，应充分考虑如下各方面因素的制约：

（1）后续施工项目合同工期的限制。

（2）进度调整后，后续施工项目会不会造成赶工或窝工而导致其工期和经济上遭受损失。

（3）材料物资供应需求上的制约。

（4）劳动力供应需求的制约。

（5）工程投资分配计划的制约。

（6）外界自然条件的制约。

（7）施工项目之间逻辑关系的制约。

（8）进度调整引起的支付费率调整。

（三）施工进度的协调

1. 承包人之间的进度协调

当一个建设工程分为几个标进行招标施工时，各标同在一个工地上施工，互相之间难免会发生干扰，出现这样或者那样的分歧和矛盾，需要有人从中进行协调。为了便于协调工作的进行，通常合作文件都有规定：承包人应为发包人及其聘用的第三方实施工程项目的施工、安装或者其他工作，提供必要的工作条件和生活条件。如施工工序的衔接，施工场地的使用，风、水、电的提供。由于承包人与承包人之间无合同关系，他们之间的协调工作应由监理机构进行。因此，合同文件中一般也规定，承包人应按照监理机构的指示改变作业顺序和作业时间。协调工作是非常复杂的，往往涉及经济问题。因此，在工程分标时就应尽量避免分标过小，导致标与标之间的干扰加大。如何组织各标之间的衔接，使工程施工能顺利交接并协调有序进行，是监理机构的一项重要任务。协调工作可大致分为以下几个方面。

（1）工程总进度协调。工程总进度协调的主要任务是把每个承包人的施工组织设计、单项工程施工措施和年、季、月施工进度计划纳入总进度计划协调中，以保证总目标的实现。

（2）施工干扰的协调：

1）几家承包人共用一条交通道路的协调。

2）几家承包人共用交叉使用一个场地的协调。

3）承包人之间交叉使用对方的施工设备和临时设施的协调。

4）某一承包人损坏了另一承包人的临时设施的协调。

5）两标紧邻部位的施工干扰的协调。

6）两标施工场地和工作面移交的协调。

2. 承包人与发包人之间的协调

合同文件在规定承包人应完成任务的同时，也规定了发包人应该提供的施工条件。如承包人进场时的水、电、路、通信、场地、施工过程中涉及的进一步应给出的场地、工程设备、图纸（由发包人委托设计单位完成）、资金等。有时发包人与承包人之间在上述方面由于某种原因发生冲突，监理机构应做好协调工作。

3. 图纸供应的协调

大多数情况下，合同规定工程的施工图纸由发包人提供（发包人通过设计承包合同委托设计单位提供），由监理机构签发，提交承包人实施。为了避免施工进度与图纸供应的不协调，合同一般规定，在承包人提交施工进度计划的同时，应提交施工用图计划，以得到监理的同意。在施工计划实施过程中，监理应协调好施工进度和设计单位的设计进度。当实际供图时间与承包商的施工进度计划发生矛盾时，原则上应尽量满足施工进度计划的要求；若设计工作确有困难，应对施工进度计划做适当调整。

第四节　施工进度控制的措施

监理委托合同中，明确规定了监理单位受业主委托进行施工承包合同管理的权限，并按监理委托合同的有关规定，要求将这一权限明确规定到发包人与施工承包人签订的施工承包合同中，作为监理机构进行施工合同管理的依据。监理机构在工程项目施工阶段的监理过程中，监理机构进度控制的流程如图 4-11 所示，进度控制的主要工作措施有以下几个方面。

一、发布开工令

监理机构应在专用合同条款规定的期限内，向承包人发出开工通知。承包人接到开工令的日期，就是工程正式开工的日期（开工日期也可在开工令中规定），是推算工程竣工期的依据。承包人应在接到开工通知后及时调遣人员和调配施工设备、材料进入工地，并从开工日起按签订协议书时商定的进度计划进行施工准备。监理机构发出开工通知，对发包人和承包人的工作都是有重要影响的。由于发包人的原因不能按合同规定时限下达开工令或者下达开工令后不能按合同规定给出相应等级数量的交通道路、营地、施工场地以及供水、供电、通信、通风等条件，合同中一般都规定了承包人工期索赔的权力。同样，如果下达开工令后，承包人由于组织、资金、设备等种种原因不能尽快开工，发包人可以认为承包人违约。

二、编制控制性总进度计划

合同约定的工期总目标、阶段性目标等，协助发包人编制控制性总进度计划。经发包人批准后的控制性总进度计划，是监理机构审核施工进度计划、材料设备供应计划、供图计划及其他资源供应计划和控制工程项目进度的基础文件。随着工程进展和施工条件的变化，监理机构应及时提请项目法人对控制性总进度计划进行必要的调整。由于水利工程特别是大、中型水利工程的施工技术、施工条件和环境条件复杂，施工期较长，对来自外部的自然、社会因素的影响比较敏感，监理机构应随工程施工进展，根据具体情况和进度检查结果，及时对控制性总进度计划进行优化、修改和调整。

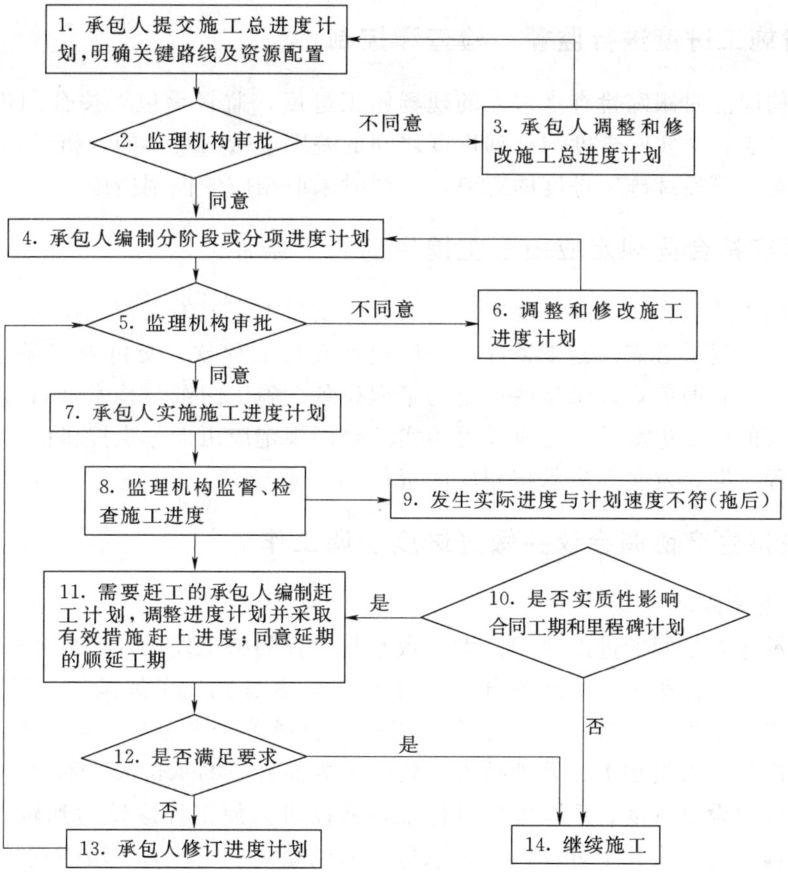

图 4-11　监理工程师施工总进度控制工作流程图

三、审批承包人的施工进度计划

承包人编报的工程进度计划经监理机构正式批准后，就作为“合同性施工进度计划”，成为合同的补充性文件，具有合同效力。对发包人和承包人都具约束作用，同时它也是以后处理可能出现的工程延期和索赔的依据之一。

监理机构在施工阶段进度控制的依据，就是合同文件规定的进度控制时间和在满足合同文件规定的条件下由承包人编制并经监理机构批准的工程进度计划。在施工过程中，按照监理机构的要求，承包人应对工程进度计划进行修订，承包人还应按时间规定报送年、季、月施工进度计划，经监理机构批准后实施。

施工进度计划应说明施工方法、施工场地、道路利用的时间和范围、发包人所提供的临时工程和辅助设施的利用计划并附机械设备需求计划、主要材料需求计划、劳动力计划、财务资金计划及附属设施计划等等。

监理机构应在工程项目开工前依据控制性总进度计划审批承包人提交的施工进度计划。在施工过程中，依据施工合同约定审批各单位工程进度计划，逐阶段审批年、季、月施工进度计划。

四、对施工进度进行监督、检查和控制

监理机构应随时跟踪检查承包人的现场施工进度，监督承包人按合同进度计划施工，并做好监理日志。对实际进度与计划进度之间的差别应做出具体的分析，从而根据当前施工进度的动态预测后续施工进度的态势，必要时采取相应的控制措施。

五、落实按合同规定应由业主提供的施工条件

通常在施工承包合同中除了规定承包人应为发包人完成的工程建设任务外，发包人也应为承包人施工提供必需的施工条件，一般包括支付工程款、交付施工场地与交通道路，提供水、电、风和通信，提供某些特定的工程设备、施工图纸与技术资料等。监理机构除了监督承包人的施工进度外，也应及时落实按合同规定应由发包人提供的施工条件，否则由此造成工程延期，发包人应承担相应的责任。

六、主持生产协调会议并做好进度协调工作

1. 生产进度协调

（1）各承包人之间的进度协调。大多数水利工程的施工发包都分成若干个分标。就发包人来说，若一个标很大，整个授予一个承包人，本身充满了风险。按照专业特点、场地、交通、工程量等多种因素，将整个工程项目分成若干个分标，各分标更易选到在工种、专业、设备、人员技术、管理技术、资金等方面合适的承包人，而且，投标报价可能会降低，工程建设的进度、质量等较有保证，从而可以使工程建设达到较好的经济效果。另外，将工程项目分成几个分标以后，承包人的风险减小了，为了增强竞争力，在投标报价中，承包人可能少摊入不可预见费，从而降低报价。

但是，一个工程分成几个分标后，几个承包人在一个工程上协作施工，经常会在施工场地、交通道路、作业交接等方面相互影响，不可避免地会出现这样或那样的分歧和矛盾，需要从中进行协调。生产协调是监理机构的一项经常性的复杂工作，因此，合同中专门规定了监理机构进行协调的权力：监理机构的批示，承包人应为业主雇用的其他承包人、发包人工作人员从事其工作提供一切合理的机会；承包人应根据监理机构的指示为上述人员从事工作提供道路、场地、设备、临时设施和其他服务。

在监理机构发布协调指令时，也往往涉及费用与工期的调整问题。由于承包人执行监理机构发布的协调指令造成承包人的损失，监理机构在与发包人、承包人协商后，应给予承包人相应的补偿。否则，由此可能引起施工索赔问题。

承包人与其分包人之间和联营体承包人之间的关系协调，一般应由承包人自己解决，不在监理机构协调范围之内。

（2）承包人与发包人之间的协调。当由发包人负责提供的材料、场地、通道、设施、资金等与承包人的施工进度计划不协调，或者承包人与发包人之间在执行合同中因某种原因发生冲突，甚至形成僵持局面时，监理机构作为承包合同之外独立的第三方，应公正合理地做好协调工作。

（3）图纸供应的协调。大多数情况下，合同规定工程的施工图纸由发包人提供（发包人

通过设计承包合同委托设计单位提供），由监理机构签发提交承包商实施。为了避免施工进度与图纸供应的不协调，合同一般规定，在承包人提交施工进度计划的同时，提交图纸供应计划，以得到监理机构的同意。在施工计划实施过程中，监理机构应协调好施工进度和设计单位的设计进度。当实际供图时间与承包人的施工进度计划发生矛盾时，原则上应尽量满足施工进度计划的要求；若设计工作确有困难时，应对施工进度计划作适当调整。

2. 机构生产协调会

生产会议是施工阶段组织协调工作的一种重要形式。监理机构通过生产会议进一步了解现场施工情况，协调生产。生产会议应由监理工程师主持，会后整理成纪要或备忘录，经监理机构与承包人代表签字，即对双方产生约束力。生产协调会议包括：第一次监理工地会议、常规生产会议（又称例会）及现场协调会。其中，在第一次监理土地会议上，监理机构要说明对承包人施工进度计划的审批情况：①进度计划将于何时批准，或哪些单元工程已获批准；②根据批准或将要批准的进度计划，承包商何时可以开始进行哪些工程施工（或设计）；③有哪些重要或复杂的单元工程承包商还应补充详细的进度计划。

七、工程设备和材料供应的进度控制

审查设备加工订货单位的资质和社会信誉，落实主要设备的订货情况，核查交货日期与安装时间的衔接，以提高设备按期供货的可靠度。同时，还应控制好其他材料物资按计划的供应，以保证施工按计划实施。

八、严格控制工程变更和及时处理索赔

工程变更是工程施工过程中工期延误的主要原因。工程变更打乱了工程进度计划，影响施工组织设计，往往还会导致索赔，如建设参与各方就工程变更和索赔不能达成一致意见，久拖不决，工期延误还将加剧。因此，应严格控制工程变更，加大合同管理力度，尽量避免产生工程变更。一旦出现工程变更，也应加快变更的处理速度，避免影响进度及索赔事件的发生，如出现索赔事件，监理机构应根据施工合同及时处理，防止索赔事件扩大化，影响工程进度。

九、停工与复工管理

（一）暂停施工的类别

1. 需发包人同意的暂停施工

在发生下列情况之一时，监理机构应提出暂停施工的建议，报发包人同意后签发暂停施工指示：

（1）工程继续施工将会对第三者或社会公共利益造成损害。

（2）为了保证工程质量、安全所必要。

（3）承包人发生合同约定的违约行为，且在合同约定时间内未按监理机构指示纠正其违约行为，或拒不执行监理机构的指示，从而将对工程质量、安全、进度和资金控制产生严重影响，需要停工整改。

发包人在收到监理机构提出的暂停施工建议后，应在施工合同约定时间内予以答复；若发包人逾期未答复，则视为其已同意，监理机构可据此下达暂停施工指示。暂停施工指示表格见表4-6。

表4-6　　暂停施工指示

监理〔2016〕停工05号

合同名称：(施工合同全称)　　　　合同编号：(施工合同编号)

致（承包人现场机构）： 由于下述原因，现通知你方于　　年　　月　　日　　时对　　　　工程项目暂停施工。 暂停施工范围说明： 暂停施工原因： 引用合同条款或法规依据： 暂停施工期间要求： 监理机构：(名称及盖章) 总监理工程师：(签名) 日期：______年______月______日
承包人：(现场机构名称及盖章) 签收人：(签名) 日期：______年______月______日

注　本表一式______份，由监理机构填写，承包人签收后，发包人______份、设代机构______份、监理机构______份、承包人______份。

2. 不需发包人同意的暂停施工

监理机构认为发生了应暂停施工的紧急事件时，应立即签发暂停施工指示，并及时向发包人报告。在发生下列情况之一时，监理机构可签发暂停施工指示，并抄送发包人：

(1) 发包人要求暂停施工。

(2) 承包人未经许可即进行主体工程施工时，改正这一行为需要局部停工。

(3) 承包人未按照批准的施工图纸进行施工时，改正这一行为需要局部停工。

(4) 承包人拒绝执行监理机构的指示，可能出现工程质量问题或造成安全事故隐患，改正这一行为需要局部停工。

(5) 承包人未按照批准的施工组织设计或施工措施计划施工，或承包人的人员不能胜任作业要求，可能会出现工程质量问题或存在安全事故隐患，改正这些行为需要局部停工。

(6) 发现承包人所使用的施工设备、原材料或中间产品不合格，或发现工程设备不合格，或发现影响后续施工的不合格的单元工程（工序），处理这些问题需要局部停工。

3. 发包人责任导致的暂停施工

若由于发包人的责任需暂停施工，监理机构未及时下达暂停施工指示时，在承包人提出暂停施工的申请后，监理机构应及时报告发包人并在施工合同约定的时间内答复承包人。

(二) 暂停施工及复工管理

监理机构应分析停工后可能产生影响的范围和程度，确定暂停施工的范围。监理机构在暂停施工指示中要求承包人对现场施工组织作出合理安排，以尽量减少停工影响和损失。指示承包人妥善照管工程，记录停工期间的相关事宜。督促有关方及时采取有效措施，排除影响因素，为尽早复工创造条件。

具备复工条件后，需发包人同意的暂停施工，监理机构应明确复工范围，报发包人批准后，及时签发复工通知，指示承包人执行；不需发包人同意的暂停施工，监理机构应明确复工范围，及时签发复工通知，指示承包人执行。复工通知见表 4－7。

在工程复工后，监理机构应及时按施工合同约定处理因工程暂停施工引起的有关事宜。

表 4－7　　**复　工　通　知**

监理〔2016〕复工<u>　05　</u>号

合同名称：（施工合同全称）　　合同编号：（施工合同编号）

致（承包人现场机构）： 鉴于暂停施工指示（监理〔　　〕停工______号），所述原因已经□全部/□部分消除，你方可于______年______月______日______时起对____________工程下列范围恢复施工。 复工范围：□监理〔　　〕停工____号指示的全部暂停施工项目； □监理〔　　〕停工____号指示的下列暂停施工项目： 监理机构：（名称及盖章） 总监理工程师：（签名） 日期：____年___月___日
承包人：（现场机构名称及盖章） 签收人：（签名） 日期：______年______月______日

注　本表一式____份，由监理机构填写，承包人签收后，发包人____份、设代机构____份、监理机构____份、承包人____份。

复习思考题

1. 影响工程建设进度的主要因素有哪些？
2. 实际进度和计划进度的比较有哪几种方法？
3. 工期延误的补救措施有哪些？
4. 施工进度计划审查的内容是什么？
5. 某水闸项目经监理机构批准的施工进度网络图如图 4－12 所示（单位：天），合同约定：工期提前奖励标准为 10000 元/天，逾期违约金标准为 10000 元/天。

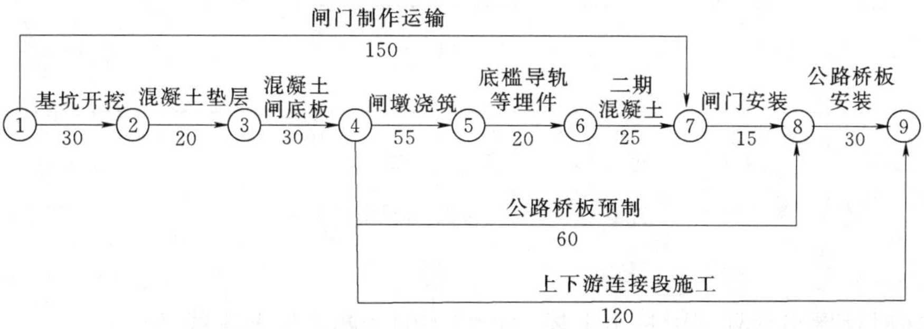

图 4－12　施工进度网络图

在施工中发生如下事件：

事件 1：基坑开挖后，发现地质情况与发包人提供的资料不符，需要进行处理，致使“基坑开挖”工作推迟 10 天完成。

事件 2：对闸墩浇筑质量进行检查时，发现存在质量问题，需进行返工处理，使得“闸墩浇筑”工作经过 60 天才完成任务。

事件 3：在进行闸门安装时，施工设备出现了故障后需修理，导致“闸门安装”工作的实际持续时间为 17 天。

事件 4：由于变更设计，使得“上下游连接段施工”推迟 22 天完成。

事件 5：为加快进度采取了赶工措施，将“底槛导轨等埋件”工作的时间压缩了 8 天。

问题：

(1) 指出施工进度计划的计划工期为多少天？指出关键路线？

(2) 事件 1～事件 4 的责任方以及对计划工期的影响？

(3) 计算该项目的实际工期为多少天？

(4) 综合上述事件，施工单位应获得多少天的工期补偿？可获得的工期提前的奖励或支付逾期违约金为多少？

6. 某工程双代号时标网络计划如图 4－13 所示。计划实施到第五月末时检查发现，A 工作已完成 1/2 工程量，B 工作已完成 1/6 工作量，E 工作已完成 2/5 工程量。

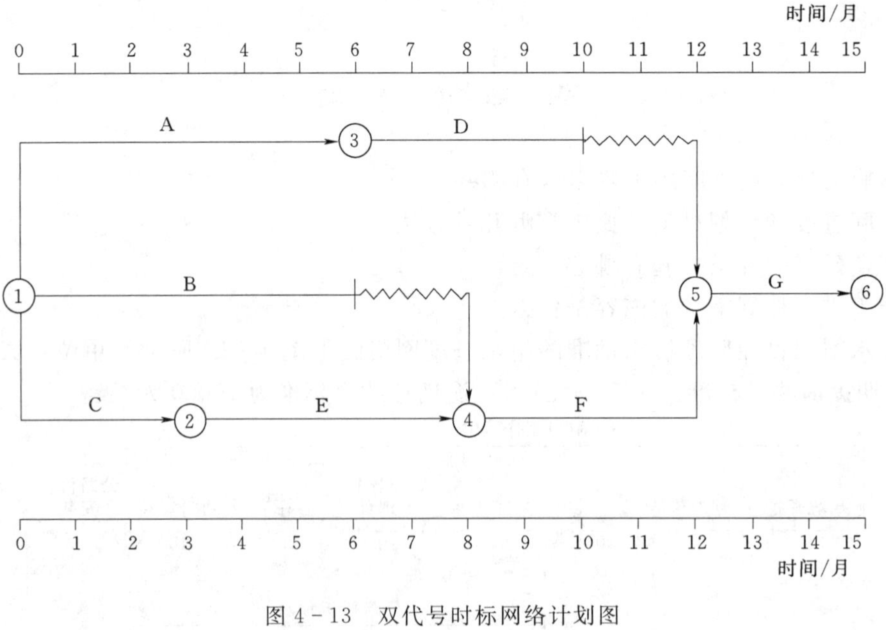

图 4－13　双代号时标网络计划图

问题：

(1) 在时标网络计划图上标出上述检查结果的实际进度前锋线。

(2) 根据当前进度情况，如不做任何调整，工期将比原计划推迟多长时间？

7. 已知某工程项目的时标网络计划如图 4－14 所示。

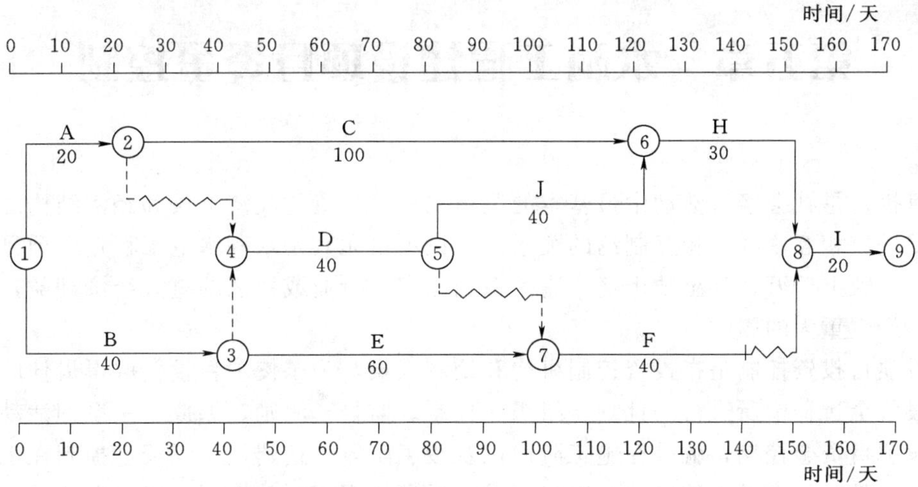

图 4－14　时标网络计划图

问题：

（1）工作 E 的总时差及自由时差各为多少天？

（2）指出该网络计划的关键路线。

（3）工程进行到 70 天下班时检查，发现工作 A、B 已完成，而工作 C、D、E 分别需要 40 天、30 天和 20 天才能完成，试绘制实际进度前锋线，分析工作 C、D、E 的实际进度与计划进度的偏差及影响。

第五章　水利工程建设项目资金控制

项目投资是社会经济活动中最基本的范畴之一，投资与经济增长和经济结构之间存在着相互促进、相互联系、相互制约的关系。建设项目尤其是水利水电工程建设项目投资数额巨大，动辄上千万，甚至数十亿，它关系到国家、行业或地区的重大经济利益，对国计民生也会产生重大的影响。

建设项目投资控制是指投资控制机构和控制人员，为了使项目投资取得最佳的经济效益，在投资全过程中所进行的计划、组织、控制、监督、激励、惩戒等一系列活动。水利工程建设项目资金控制，就是在施工阶段以及竣工阶段，把建设工程资金控制在工程合同价格以内，随时纠正发生的偏差，以保证项目投资管理目标的实现，以求在建设工程中能合理使用人力、物力、财力，取得较好的投资效益和社会效益。

监理单位的资金控制任务主要包括：依据施工合同有关条款、施工图、对工程项目造价目标进行风险分析，并制定防范性对策；审核承包人提交的资金流计划，并协助发包人编制合同工程付款计划；从造价、项目的功能要求、质量和工期方面审查工程变更的方案，并在工程变更实施前与发包人、承包人协商确定工程变更的价款；按施工合同约定的工程量计算规则和支付条款进行工程量计算和工程款支付；建立月完成工程量和工程量统计表，对实际完成工程量与计划完成工程量进行比较、分析，制定调整措施；收集、整理有关的施工和监理资料，为处理费用索赔提供证据；按施工合同的有关规定进行竣工结算，对竣工结算的价款总额与发包人和承包人进行协商。

第一节　水利工程施工资金控制常见问题及影响因素

一、水利工程施工资金控制常见问题

水利工程建设项目一般施工工期较长、工程变更较多，资金控制难度较大。在工程实践中常见的资金控制问题如下：

1. 项目实施阶段的资金控制缺乏周期性、长期性与战略性

目前，监理单位对工程项目资金控制缺乏事前控制及事中控制，缺乏对项目资金控制的周期性、长期性与战略性眼光，而只是在工程建设进展过程中对已完成工程量进行确认签发付款凭证，项目结束或进行到收尾阶段才对已产生的成本费用进行汇总和核算，其项目资金控制实难达到预期的目的。

2. 监理单位对资金控制的权力不够

施工阶段的监理工作大体可以归纳为“三控制三管理一协调”，“三控制”即工程质量控制、资金控制、进度控制；“三管理”即合同管理、信息管理、安全与文明施工

监理；"一协调"即协调好建设单位、承包单位和设计单位之间的关系。但在工程实践中，部分建设单位仅片面地讲求质量控制，这一方面是由于质量目标不仅是建设单位的要求，且是政府部门和社会公众的关注焦点，而另一个不可忽视的重要原因是建设单位把持着建设款项，既不放心也不情愿将建设资金的支配权交给监理单位，使监理单位的资金控制有名无权。

建设工程质量、资金、进度控制是一个系统工程，不能将资金目标与其他目标割裂开来。应当说我国在施工质量控制方面所达到的深度和细度都远远超过国际咨询工程师联合会（FIDIC）制订的《土木工程施工合同条件》所要求的工作深度和细度，但在资金控制、进度控制方面却显得苍白无力。没有资金控制权，质量和进度控制目标就很难做好或无从做起。

3. 监理单位对资金控制认识不足

实际投资与计划投资的偏差大小往往与监理单位没有直接的利害关系，致使监理单位削弱了对工程资金控制的意识，不重视配置从事造价专业能力强、工作经验丰富的监理人员，监理单位内部造价专业比例明显偏低，所监理项目上不派或少派造价专业监理人员。

4. 项目前期准备不足导致工程变更较多

影响项目投资的主要阶段是施工以前的投资决策与设计阶段。节约投资的可能性却主要在施工以前的阶段。越早进行控制，投资控制的效果越好，节约投资的可能性越大。一项水利工程建设项目应以规划设计为重点进行项目的投资控制，以极大的精力投入于工程的规划和设计工作，进行设计方案的比较和改进，才能有效地降低工程造价，实现工程的经济、社会效益。据资料统计，在项目决策及设计阶段，影响工程投资的可能性为30%～75%，而在施工阶段影响工程投资的可能性只有5%～25%。但实际建设过程中，有些项目前期准备不充分，急于上马，甚至出现边设计边施工的现象。由于前期准备不足，勘测、设计不到位，导致在施工过程中设计变更随意、方案变化多，这就导致资金控制难度大。

二、资金控制的影响因素

施工阶段项目投资总额主要由工程质量成本、材料成本、人工成本、机械使用成本、施工管理费、计划利润、税金、规定的取费及不可预见费等组成。其中，计划利润、税金、规定的取费及不可预见费属于固定费用，不可控制。因此，施工阶段影响资金控制的主要因素是：工程质量成本、材料成本、人工成本、机械使用成本和施工管理费、总工期、施工索赔等。

总工期是指工程开工到竣工交付使用的全部日历天数，它直接影响工程投资总额、投资回收期和建设项目效益的发挥。若在施工过程中，工期发生了变化，无论是工期延长还是加速施工，都会带来投资的变化。工程建设项目周期长，还可能因物价上涨，导致工程投资增大。

工程质量成本是指为保证建筑安装工程质量所付出的代价。长期以来，工程质量成本混淆于工程成本之中，而工程产品优质优价问题一直未得到合理解决，常常是发包人只提出工程的质量要求，而不为高质量付出代价，工程质量也就得不到保证而影响资金控制。

施工阶段的材料成本、人工成本是通过工程概预算确定的，属于可变动的直接成本，随已完成的工程量成正比例变化，若实际成本超过计划成本，将增加工程总投资。

施工机械使用成本是通过施工图预算确定的，属于工程投资中的直接成本，这种直接成本既包含固定成本，也包含可变动的混合成本。使用租赁施工机械的租金，属固定成本，使用自有施工机械的成本是混合成本。施工机械使用成本的增加，将增加工程总投资。

施工管理费是通过工程概预算确定的，是一种可变的混合成本。由于它包括的内容繁杂，金额较大，对投资的影响也较大，且具有综合性。

当承包人并非自身的原因而造成成本增加或工期延误时，承包人可根据合同条款的有关规定向发包人提出索赔要求。由于索赔直接影响到承包人的经济利益，承包人往往提出过高的索赔要求或提出一些投机性的索赔，如果处理不当，将使项目投资失控。

第二节　水利工程建设项目投资构成及计价方式

一、水利工程建设项目总投资构成

我国现行水利工程总投资构成如图5-1所示。

建设项目投资可分为静态投资和动态投资两部分。水利工程建设项目的静态投资部分由建筑与安装工程费、设备费、独立费和基本预备费组成；动态投资部分由价差预备费和建设期融资利息组成。

1. 建筑及安装工程费构成

建筑及安装工程费由直接工程费、间接费、企业利润和税金组成。

2. 设备费

设备费包括设备原价、运杂费、运输保险费和采购及保险费。

3. 独立费用

独立费用由建设管理费、生产准备费、科研勘测设计费、建设及施工场地征用费和其他费用（定额编制管理费、工程质量监督费、工程保险费、其他税费）等五项组成。

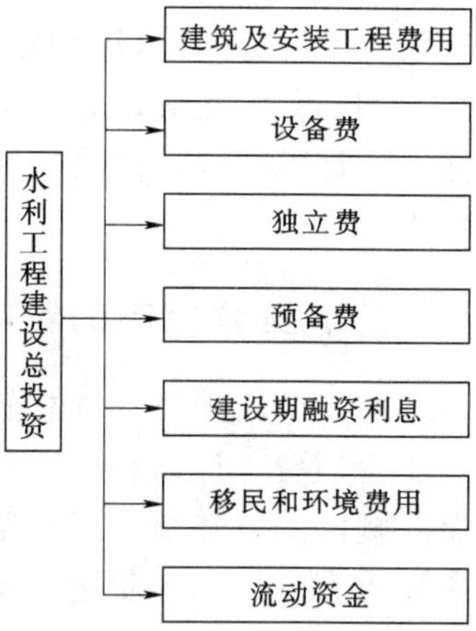

图5-1　水利工程总投资构成

4. 预备费及建设期融资利息

预备费包括基本预备费和价差预备费。

建设期贷款利息是根据国家财政金融政策规定，应计入工程总投资的融资利息。

二、工程计价方式

在水利水电工程建设领域，大多数项目采用单价计价方式进行工程价款的支付。在固定单价合同中，项目的计价一般采用单价计价、包干计价、计日工计价三种计价支付方式。

1. 单价计价项目的计价支付

单价计价项目是按工程量清单中的单价和实际完成的可准确计量的工程量来计价的项目。在计价支付控制中，监理机构应注意以下问题：

(1) 工程价值的确定。对于承包人已完成项目的价值，应根据工程量清单中的单价和监理机构计量的工程数量来确定。除监理机构根据合同条件发出的工程变更外，工程量清单中的单价是不能改动的。因此，工程款项的支付，不允许采用清单中单价以外的任何价格。

(2) 没有标价的项目不予支付任何工程款项。根据合同文件，承包人在投标时，对工程量清单中的每项都应提出报价。因此，对于工程量清单中没有单价或款额的项目，将被认为该项的费用已包含在其他单价或款额中，对工程量清单中没有标价的项目一律不予支付任何款项。

2. 包干计价

在水利水电工程施工固定单价合同中，有一些项目由于种种原因，不易计算工程量，不宜采用单价计价，而采用包干计价，如临建工程、房建工程、观测仪器埋设、机电安装工程等，采用按项目包干的方式计算费用。对于采用包干计价的项目，一般在合同中规定，在开工后规定的时间内，由承包人向监理机构递交一份包干项目分析表，在分析表中将包干项目分解成若干子项，列出每个子项的合理价格。该分析表经监理机构批准后可作为包干项目实施时支付的依据。

3. 计日工计价

计日工计价一般采用以下两种方式：

(1) 工程量清单中有定价的项目。工程量清单中，对采用计日工形式可能涉及不同工种的劳力、材料、设备的价格进行了规定，因此在进行计日工工作时，一些劳力、材料及设备的费用可以根据工程量清单中相同项目的单价计取有关费用。

(2) 工程量清单中没有定价的项目。尽管工程量清单中对一些劳力、材料、设备进行了定价，但进行计日工工作时，往往还有一些劳力、材料、设备在工程量清单中没有定价。对于工程量清单中没有定价的项目，应按实际发生的费用加上合同中规定的费用率支付有关的费用。

第三节　资金控制的方法、手段和措施

一、施工阶段资金控制流程

水利工程建设项目总资金控制流程，如图 5-2 所示。

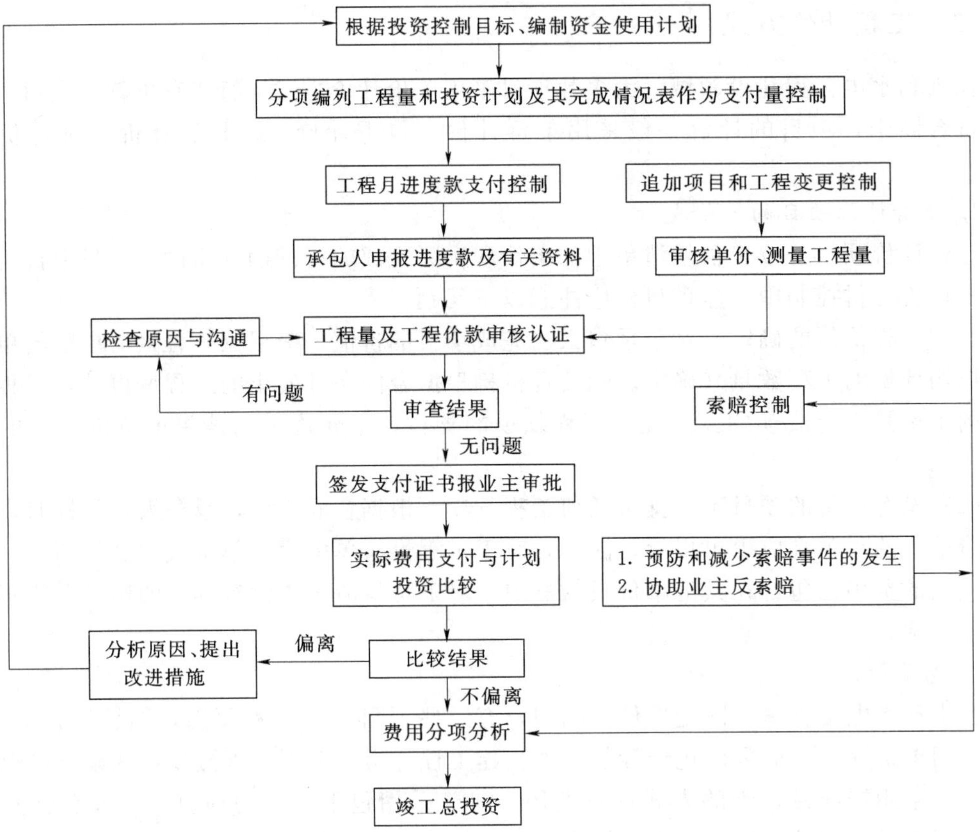

图 5－2　总资金控制流程

二、承包人资金流计划的审批

施工实施阶段的资金流计划是施工组织设计的重要内容之一，承包人在提交施工组织设计的同时应提供施工阶段的资金流计划申报表，由监理机构审批，发包人据此筹集足够的资金，满足中期各种付款的需要，表格形式见表 5－1。

表 5－1　　**资金流计划申报表**

（承包〔　　〕资金____号）

合同名称：　　　　　　　　　　　　　　　　　　　　　　　　　合同编号：

致（监理机构）： 我方今提交____________工程项目的资金流计划。请贵方审核。							
年	月	工程预付款和材料预付款/元	完成工作量付款/元	质量保留金扣留/元	预付款扣还/元	其他/元	应得付款
合计							

续表

附件：资金计划使用编制说明 承 包 人：（现场机构名称及盖章） 项目经理：（签名） 日　　期：　　　年　　月　　日
监理机构将另行签发审核意见。 监理机构：（名称及盖章） 签 收 人：（签名） 日　　期：　　　年　　月　　日

注　本表一式____份，由承包人填写，监理机构签收后，随同审核意见，承包人____份、监理机构____份、发包人____份。

承包人资金流计划与总进度计划是相对应的，在编制资金流计划时，承包人首先应该通过市场调查、历史信息编制人力、设备和材料需求甘特图计划以及各项目的预算价格，形成资金流计划。资金流计划一般是以资金负荷曲线（图 5－3）和资金需求累计曲线（图 5－4）表示的。资金需求累计曲线如图 5－4 所示。

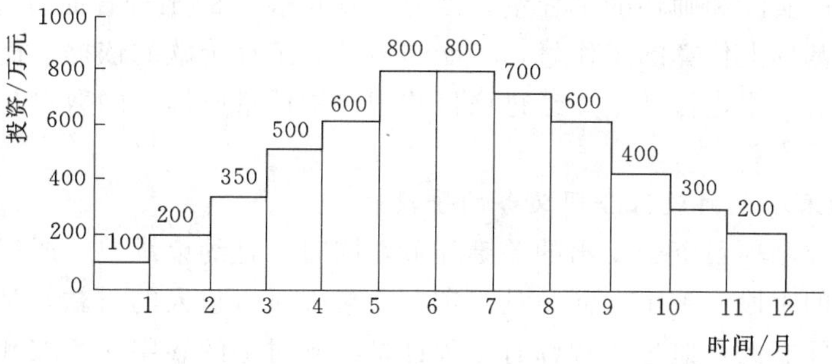

图 5－3　资金负荷曲线

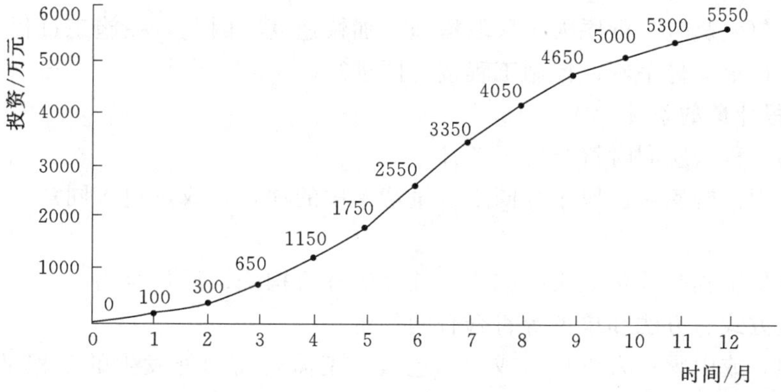

图 5－4　资金累计曲线（S形曲线）

承包人提交的资金流计划实际上是承包人预期支付现金流通量的预算申请。监理机构在审批承包人的资金流计划时，应主要考虑以下三个方面：

（1）资金流计划应具有连续和均衡的特点，并反映出施工过程合理的节奏，没有明显的潜在赶工因素，没有明显资金不足的风险。

（2）资金流计划要充分考虑资金的时间价值，即任何早投入的资金比晚投入的资金其价值量要大，尤其是规模大、建设工期长的水利工程建设项目。因此，除考虑施工的连续性和均衡性外，还应充分考虑各单位工程的开竣工时间。属于早期开工的项目，如果拖延开工时间，可能影响总工期的实现；属于后期开工的项目，如果盲目地提前开工，由于资金的时间价值，将会加大其建设费用。

（3）需了解发包人的资金筹措情况和支付能力，避免出现资金风险。

三、工程计量的控制工程计量

工程计量是指在施工过程中，监理机构根据设计文件及承包合同中关于工程量计算的规定，对承包人所完成工程量的测量和计算，简称计量。

（一）工程计量的重要性

1. 计量是控制项目资金支出的关键环节

施工合同条款中明确规定工程量表中开列的工程量是该工程的估算工程量，不能作为承包人应予完成的实际和确切的工程量。因为工程量表中的工程量是在编制招标文件时，在图纸和规范的基础上估算的工作量，不能作为结算工程价款的依据，而必须通过项目监理机构对已完成的工程进行计量。经过项目监理机构计量所确定的数量是向承包人支付任何款项的凭证。

2. 计量是约束承包商履行合同义务的手段

计量不仅是控制项目资金支出的关键环节，同时也是约束承包人履行合同义务、强化承包人合同意识的手段。施工合同条款规定，发包人对承包人的付款，是以监理工程师批准的付款证书为凭据的，监理工程师有工程计量与支付上的签字认可权和否决权。对于不合格的工作和工程，监理工程师可以拒绝计量。同时，监理工程师通过按时计量，可以及时掌握承包人工作的进展情况和工程进度。当监理工程师发现工程进度严重偏离计划目标时，可要求承包人及时分析原因、采取措施、加快速度。因此，在施工过程中，项目监理机构可以通过计量支付手段，控制工程按合同进行。

（二）工程计量的条件

可支付的工程量应同时符合以下条件：

（1）经监理机构签认：属于合同工程量清单中的项目，或发包人同意的变更项目以及计日工。

（2）所计量工程是承包人实际完成的并经监理机构确认质量合格。

（3）计量方式、方法和单位等符合合同约定。

未经批准，或因承包人责任，或因承包人施工需要而额外发生的工程量，不予计量。若施工合同未明确计量方法时，监理机构与合同双方商定后，再进行计量。由于混凝土工程试件检测周期长，为减小对承包人资金周转的影响，“经监理机构确认质量合格”是指在不免除承包人合同责任的前提下，当混凝土单元工程质量评定合格后，即可计量相应的混凝土工程量。

（三）工程计量的程序

（1）工程项目开工前，监理机构应监督承包人按有关规定或施工合同约定完成原始地形的测绘，并审核测绘成果。

（2）在接到承包人提交的工程计量报验单和有关计量资料后，监理机构应在合同约定时间内进行复核，确定结算工程量，据此计算工程价款。当工程计量数据有异议时，监理机构可要求与承包人共同复核或抽样复测；承包人未按监理机构要求参加复核，监理机构复核或修正的工程量视为结算工程量。工程计量报验单见表5-2。

表5-2　　工程计量报验单

（承包〔　　〕计报____号）

合同名称：（施工合同全称）　　　　合同编号：（施工合同编号）

致（监理机构）：

我方按施工合同约定，完成了下列项目的的施工，其工程质量已经检验合格，并依据合同进行了计量。现提交计量结果，请贵方审核。

承　包　人：（现场机构名称及盖章）
项目经理：（签名）
日　　期：　　年　　月　　日

一	合同分类分项项目（含变更项目）						
序　号	项目编码	项目编号	项目名称	单　位	申报工程量	监理核实工程量	备　注
1							
2							
3							
二	合同措施项目（含变更项目）						
序号	项目编号	项目名称	合价	本次申报	监理核实	备注	

附件：计量测量、计算等资料

核准意见：

监 理 机 构：（名称及盖章）
监理工程师：（签名）
日　　期：　　年　月　日

注　1. 本表一式____份，由承包人填写，监理机构审核后，监理机构、发包人____份，承包人____份，作为当月已完工程量汇总表的附件使用。
2. 本表中的项目编码是指《水利工程工程量清单计价规范》（GB 50501—2007）中的项目编码，项目编号是只合同工程量清单的项目编号。

（3）监理机构认为有必要时，可通知发包人和承包人共同联合计量。

（4）当承包人完成了工程量清单中每个子目的工程量后，监理机构应要求承包人派员共同对每个子目的历次计量报表进行汇总和总体量测，核实该子目的最终计量工程量；承包人未按监理机构要求派员参加的，监理机构最终核实的工程量视为该子目的最终计量工程量。

（四）工程计量的依据

计量必须以质量合格证书、工程量清单、技术规范的计量支付条款和设计图纸为依据。

（1）质量合格证书。对于承包商已完的工程，并不是全部进行计量，而只是质量达到合同标准的已完工程才予以计量。所以，工程计量必须与质量监理紧密配合并经过专业监理工程师检验，工程质量达到合同规定的标准后，由专业监理工程师签署报验申请表（质量合格证书），只有质量合格的工程才予以计量。所以说质量合格是计量的基础，计量又是质量的保障，通过计量支付，强化承包人的质量意识。

（2）工程量清单和技术规范。工程量清单和技术规范是确定计量方法的依据。因为工程量清单和技术规范的“计量支付”条款规定了清单中每一项工程的计量方法，同时还规定了按规定的计量方法确定的单价所包括的工作内容和范围。

（3）设计图纸。单价合同以实际完成的工程量进行结算，但被监理机构计量的工程数量并不一定是承包商实际施工的数量。计量的几何尺寸要以设计图纸为依据，监理机构对承包人超出设计图纸要求增加的工程量和由自身原因造成返工的工程量，不予计量。

（五）工程计量的方法

工程计量是发包人向承包人支付工程价款的主要依据。监理机构应按照合同技术规范中有关计量与支付的办法严格执行。

关于计量方法，投标人在投标时就应该认真考虑，对工程量清单中表列项目所包括的主要内容、范围以及计量、支付应该清楚，并把表列项目中为完成技术规范要求而可能发生的其他工作费用计入其报价中。

监理机构的计量工作，既要做到公正、诚信、科学，又要执行科学的计量方法，使计量工作尽量做到系统化、程序化、标准化和制度化。各个项目的计量方法，一般在技术规范、工程量清单前言做出规定，实际计量方法必须与合同文件所规定的计量方法相一致。常见的工程计量方法有以下几种：

（1）现场测量。现场测量就是根据现场实际完成的工程情况，按规定的方法进行丈量、测算，最终确定支付工程量。

（2）按设计图纸计量。按设计图纸计量是指根据施工图对完成的工程进行计算，确定支付工程量。

（3）仪表测量。是指通过使用仪表对完成的工程进行计量，如混凝土灌浆计计量等。

（4）按单据计算。是指根据工程实际发生的发票、收据等，对完成工程进行计量。

（5）按监理机构批准计算。是指在工程实施中，按监理机构批准确认的工程量直接作为支付工程量。

（六）工程量计算原则

（1）工程量计算应在监理机构签发的施工图纸（包括设计变更通知）所确定的建筑物轮廓线和施工合同文件约定应扣除或增加计量范围内。

（2）明挖土石方工程量应按照断面法计算工程量。

（3）混凝土、砌筑工程按照施工图纸建（构）筑物的轮廓线进行体积计算，并按规定扣除孔、洞体积。

（4）洞挖工程按建筑物轮廓线计算，施工规范容许超挖的工程量，在预算定额编制时已进入单价。

（5）各类灌浆工程按施工规范规定的范围计算。

（6）钢筋按照施工图计算材料用量，钢筋损耗和架立钢筋用料按照施工合同约定增减。

（七）工程计量的资料

每种工程计量方法都应有相应的工程计量资料，具体要求如下：

（1）图纸计量，应包括工程量计算简图及计算公式等。

（2）现场计量，应附现场签证资料。

（3）仪器仪表计量，应包括仪器仪表计量记录、监理机构的签证等。

（4）单据计量，应包括工程实际发生的进货或进场材料、设备的发票、收据等。

（5）按监理机构的批准计量，应包括监理机构的指示、现场签证等。

（6）计日工计量，应包括计日工工作通知、计日工工程量签证单等。

（7）总价计量，应包括总价项目分解、总价项目工程形象进度等。

四、工程款支付控制

合同内支付指监理单位在发包人明确授权的合同价格范围内，以及可以直接援引合同规定通过计量和支付手段进行的费用控制活动。合同内支付的内容包括：预付款的支付与扣还；工程进度付款；质量保证金的扣留与退还；竣工结算与竣工结清；工程变更支付；价格调整；索赔支付等。

（一）工程款的主要结算方式

（1）按月结算。按月结算即实行旬末或月中预支、月终结算、竣工后清算的办法。跨年度的工程，还需要进行年终结算。水利工程中的主体工程一般采用此种方法。

（2）分段结算。分段结算即当年开工、当年不能竣工的单项工程或单位工程按照工程的形象进度，划分不同阶段进行结算。分段结算可以按月预支工程款。水利工程中总价承包的单位工程或单项工程，以及当年不能竣工的一些临时工程均采用此种方式进行结算。

（3）竣工后一次结算。当一些零星工程的工期在 12 个月以内时，可采用每月月中预支价款，竣工后一次结算的方式。

（4）其他结算方式。

（二）预付款的支付与扣还

承包人中标后，施工准备需要大量的资金投入。由于工程项目一般投资巨大，承包人往往难以承受，发包人以无息贷款方式在中标后、工程正式开工前支付给承包人一部分预付款，帮助承包人尽快开始正常施工。

预付款必须专用于合同工程，用于承包人为合同工程施工购置材料、工程设备、施工设备、修建临时设施以及组织施工队伍进场等。

1. 工程预付款的支付与扣还

（1）工程预付款的支付。工程预付款是在工程建设早期的施工准备阶段，为了满足承包人采购与调迁施工材料和设备，以及建设施工临时设施的需要，由发包人在签约后预付的一项无息贷款。预付款的总金额、分期拨付次数、每次付款金额、付款时间等可根据工程的具体情况，参考承包人按施工总进度要求编制的资金流，由发包人估算确定。

一般工程预付款的总金额应不低于合同价格的10%，分两次支付给承包人。第一次预付款的金额应不低于工程预付款总金额的40%，在协议书签订后21天内，由承包人向发包人提交了经发包人认可的工程预付款保函，并经监理机构出具付款证书报送发包人批准后予以支付。第二次预付款需待承包人主要设备进入工地后，其估算价值已达到本次预付款金额时，由承包人提出书面申请，经监理机构核实后出具付款证书报送发包人，发包人收到监理机构出具的付款证书后的14天内支付给承包人。工程预付款总金额的额度和分次付款比例在专用合同条款中规定。

工程预付款保函在预付款被发包人扣回前一直有效。

(2) 工程预付款的扣还。工程预付款由发包人从月进度付款中扣回。开始扣款的时间通常为合同累计完成金额达到合同价格的20%时，全部扣清的时间通常为合同累计完成金额达到合同价格的80%～90%时，可视工程的具体情况在专用合同条款中规定。在每次进度付款时，累计扣回的金额按下列公式计算：

$$R = \frac{A}{(F_2 - F_1)S}(C - F_1 S)$$

式中　R——每次进度付款中累计扣回的金额；

A——工程预付款总金额；

S——合同价格；

C——合同累计完成金额；

F_1——开始扣款时合同累计完成金额达到合同价格的比例；

F_2——全部扣清时合同累计完成金额达到合同价格的比例。

上述合同累计完成金额均指价格调整前未扣质量保证金的金额。

2. 工程材料预付款的支付与扣还

工程材料预付款是用来帮助承包人购进专用合同条款中规定的工程主要材料的款项。工程主要材料到达工地并满足以下条件后，承包人可向监理机构提交材料预付款支付申请单。监理机构收到承包人的材料预付款申请后，应按合同约定核查承包人获得材料预付款的条件和金额，具备支付条件后，按照约定的额度随工程进度付款一起支付。

工程材料预付款的支付条件包括：

(1) 材料的质量和储存条件符合合同技术条款的要求。

(2) 材料已到达工地，并经承包人和监理人共同验点入库。

(3) 承包人已按监理人的要求提交材料的订货单、收据或价格证明文件。

工程材料预付款金额一般为经监理机构审核后的实际材料价的90%，具体比例在合同专用条款中规定。预付款从付款月后的6个月内在月进度付款中每月按该预付款金额的1/6平均扣还。

(三) 质量保证金的扣留与退还

质量保证金是发包人持有的一种保证，为了确保在施工阶段，或在缺陷责任期间（保修期），由于承包人未能履行合同义务，由发包人指定他人完成应由承包人承担的工作所发生的费用。

1. 质量保证金的扣留

监理机构应从第一个付款周期开始，在发包人的进度付款中，按专用合同条款的约定扣留质量保证金，直至扣留的质量保证金总额达到专用合同条款约定的金额或比例为止。质量保证金总额一般可为签约合同价的 2.5%～5%，从第一个付款周期在给承包人的工程进度付款中（不包括预付款和价格调整金额）扣留 5%～8%，直至达到规定的质量保证金总额。质量保证金的计算额度不包括预付款的支付、扣回以及价格调整的金额。

2. 质量保证金的退还

（1）在签发合同工程接受证书后 14 天内，由监理机构出具保留金付款证书，发包人将质量保证金总额的一半退还给承包人。若缺陷责任期内缺陷修复工作量不大，扣留的质量保证金额度已足以补偿缺陷修复费用时，发包人可在签发本合同工程接受证书后将质量保证金总额的一半退还给承包人。

（2）在合同约定的缺陷责任期满时，承包人向发包人申请到期应退还的质量保证金金额。发包人应在 14 天内会同承包人按照合同约定的内容核实承包人是否完成缺陷责任。如无异议，发包人应当在核实后将剩余保证金退还承包人。在合同约定的缺陷责任期满时，承包人没有完成缺陷责任的，发包人有权扣留与未履行责任剩余工作所需金额相应的质量保证金余额，并有权延长缺陷责任期，直至完成剩余工作为止。

（四）价格调整

在水利工程项目建设过程中，水泥、钢材、油料等原材料和工人工资是随国家或地方经济发展形势不断变化的，这种物价的上涨必然使工程费用出现一定幅度的增加，国家政策也有可能出现变化，导致承包人的费用的增减，这些都构成合同双方重要的工程风险。一般建设周期较长的工程项目施工合同都对价格调整作了明确的规定。

1. 物价波动引起的价格调整

（1）采用价格指数调整价格差额：

1）价格调整公式。因人工、材料和设备等价格波动影响合同价格时，根据投标函附录中的价格指数和权重表约定的数据，按以下公式计算差额并调整合同价格。

$$\Delta P = P_0[A + (B_1 \times F_{t1}/F_{01} + B_2 \times F_{t2}/F_{02} + B_3 \times F_{t3}/F_{03} + \cdots + B_n \times F_{tn}/F_{0n}) - 1]$$

式中　ΔP——需调整的价格差额；

P_0——合同约定的付款证书中承包人应得到的已完成工程量的金额。此项金额应不包括价格调整、不计质量保证金的扣留和支付、预付款的支付和扣回。变更及其他金额已按现行价格计价的，也不计在内；

A——定值权重（即不调部分的权重）；

$B_1, B_2, B_3, \cdots, B_n$——各可调因子的变值权重（即可调部分的权重），为各可调因子在投标函投标总报价中所占的比例；

$F_{t1}, F_{t2}, F_{t3}, \cdots, F_{tn}$——各可调因子的现行价格指数，合同约定的付款证书相关周期最后一天的前 42 天的各可调因子的价格指数；

$F_{01}, F_{02}, F_{03}, \cdots, F_{0n}$——各可调因子的基本价格指数，指基准日期的各可调因子的价格指数。

以上价格调整公式中的各可调因子、定值和变值权重，以及基本价格指数及其来源在投标函附录价格指数和权重表中约定。价格指数应首先采用有关部门提供的价格指数，缺乏上述价格指数时，可采用有关部门提供的价格代替。

2）暂时确定调整差额。在计算调整差额时得不到现行价格指数的，可暂用上一次价格指数计算，并在以后的付款中再按实际价格指数进行调整。

3）权重的调整。变更导致原定合同中的权重不合理时，由监理机构与承包人和发包人协商后进行调整。

4）承包人工期延误后的价格调整。由于承包人原因未在约定的工期内竣工的，则对原约定竣工日期后继续施工的工程，在使用价格调整公式时，应采用原约定竣工日期与实际竣工日期的两个价格指数中较低的一个作为现行价格指数。

（2）采用造价信息调整价格差额。施工期内，因人工、材料、设备和机械台班价格波动影响合同价格时，人工、机械使用费按照国家或省、自治区、直辖市建设行政管理部门、行业建设管理部门或其授权的工程造价管理机构发布的人工成本信息、机械台班单价或机械使用费系数进行调整；需要进行价格调整的材料，其单价和采购数应由监理机构复核，监理机构确认需调整的材料单价及数量，作为调整工程合同价格差额的依据。

2．法律变化引起的价格调整

在基准日后，因法律变化导致承包人在合同履行中所需要的工程费用发生除合同约定以外的增减时，监理机构应根据法律、国家或省、自治区、直辖市有关部门的规定，按合同商定或确定需调整的合同价款。

（五）工程变更款支付控制

1．工程变更的概念

工程变更是指因设计条件、施工现场条件、设计方案、施工方案发生变化，或项目法人与监理机构认为必要时，为实现合同目的对设计文件或施工状态所做出的改变与修改。工程变更包括设计变更和施工变更。水利工程建设项目具有工期长、规模大、涉及面广，以及地质条件复杂、不可预见因素多等特点，这就决定了在工程建设过程中出现一定的工程变更是不可避免的。为了使工程施工更符合实际，使工程项目建设更加完善，根据实际情况进行工程变更也是必要的，但工程的变更，实质是对合同的修改，对合同实施影响很大。因此，合同双方善于解决工程变更问题，是施工合同管理工作中的一个重要课题。

《水利水电工程施工招标和合同文件示范文本》规定，监理机构可根据工程的需要指示承包人进行以下各种类型的变更：

（1）取消合同中任何一项工作，但被取消的工作不能转由发包人或其他人实施。

（2）改变合同中任何一项工作的质量或其他特性。

（3）改变合同工程的基线、标高、位置或尺寸。

（4）改变合同中任何一项工作的施工时间或改变已批准的施工工艺或顺序。

（5）为完成工程需要追加的额外工作。

因此，承包人首先必须执行监理机构发出的工程变更指令，然后只能通过在商定工程变更引起的工期调整和价格调整时，维护自身的权益或获取收益。

《水电工程施工招标和合同文件示范文本》对因承包人原因引起的变更也做出了规定，若承包人根据工程施工的需要，要求监理机构对合同的任一项目和任一项工作做出变更，则应由承包人提交一份详细的变更申请报告报送监理机构审批。未经监理机构批准，承包人不得擅自变更。承包人要求的变更属于合理化建议的性质时，若建议被采纳，需待监理机构发出变更批示后方可实施，若由于采用承包人提出的合理化建议降低了合同价格，则发包人应酌情给予奖励。承包人违约或其他由于承包人原因引起的变更，其增加的费用和工期延误责任由承包人承担。

2. 工程变更的处理程序

（1）变更提出。在合同履行过程中，可能发生合同约定的变更情形的，监理机构可向承包人发出变更意向书。变更意向书应说明变更的具体内容和发包人对变更的时间要求，并附必要的图纸和相关资料。变更意向书应要求承包人提交包括拟实施变更工作的计划、措施和竣工时间等内容的实施方案。若承包人收到监理机构按合同约定发出的图纸和文件，经检查认为其中存在合同约定的变更情形的，可向监理机构提出书面变更建议。变更建议应阐明要求变更的依据，并附必要的图纸和说明。监理机构收到承包人书面建议后，应与发包人共同研究，确认存在变更的，应在收到承包人书面建议后的 14 天内作出变更指示。经研究后不同意作为变更的，应由监理机构书面答复承包人。若承包人收到监理机构的变更意向书后认为难以实施此项变更，应立即通知监理机构，说明原因并附详细依据。监理机构与承包人和发包人协商后确定撤销、改变或不改变原变更意向书。

（2）变更估价。承包人应在收到变更指示或变更意向书后的 14 天内，向监理机构提交变更报价书，报价内容应根据约定的估价原则，详细开列变更工作的价格组成及其依据，并附必要的施工方法说明和有关图纸。变更工作影响工期的，承包人应提出调整工期的具体细节。监理机构认为有必要时，可要求承包人提交要求提前或延长工期的施工进度计划及相应施工措施等详细资料。监理机构收到承包人变更报价书后的 14 天内，根据约定的估价原则，商定或确定变更价格。

（3）变更指示。变更指示只能由监理机构发出。变更指示应说明变更的目的、范围、变更内容以及变更的工程量及其进度和技术要求，并附有关图纸和文件。承包人收到变更指示后，应按变更指示进行变更工作。

3. 工程变更款的估价原则

已标价工程量清单中有适用于变更工作的子目的，采用该子目的单价。已标价工程量清单中无适用于变更工作的子目，但有类似子目的，可在合理范围内参照类似子目的单价，由监理机构按合同约定商定或确定变更工作的单价。已标价工程量清单中无适用或类似子目的单价，可按照成本加利润的原则，由监理机构按合同约定商定或确定变更工作的单价。

（六）暂列金额

暂列金额是指在签订协议书时尚未确定或不可预见变更的施工及其所需材料、工程设备、服务等的金额，包括以计日工方式支付的金额，而在工程量清单中列出的由发包人支付的项目。暂列金额，尽管包含在投标总价中，但并不属于承包人所有和支配，由监理机构按照指定的用途动用，在实际施工中可能全部动用，也可能部分动用，也可能全部不用。

1. 暂列金额的使用

当发生需要使用暂列金额的情况或事情时，承包人应提交暂列金额使用报告，报监理机构审批，没有监理机构的事先批准，承包人不能进行暂列金额项目的任何工作，对承包人未经监理机构批准所进行暂列金额项目的任何工作，拒绝支付工程款项。

2. 暂列金额的支付

经监理机构批准并按监理机构的意见承包人完成的暂列金额项目的费用，一般按实际发生的费用加合同规定费率支付。承包人应提交有关项目的报价单、账目和各种凭证供支付金额的确定。

（七）计日工

计日工使用于一些未包括在施工合同中的特殊的、零星的、漏项的或紧急的工作内容。发包人认为有必要时，由监理机构通知承包人以计日工方式实施变更的零星工作。

采用计日工计价的任何一项变更工作，应从暂列金额中支付，承包人应在该项变更的实施过程中，每天提交以下报表和有关凭证报送监理机构审批：

（1）工作名称、内容和数量。

（2）投入该工作所有人员的姓名、工种、级别和耗用工时。

（3）投入该工作的材料类别和数量。

（4）投入该工作的施工设备型号、台数和耗用台时。

（5）监理机构要求提交的其他资料和凭证。

计日工由承包人汇总后列入工程进度付款申请单，由监理机构审核后列入工程进度付款证书。以计日工方式计量的项目，其金额按照施工合同约定的计日工项目及其单价计算。若施工合同无约定，由双方协商确定。

（八）工程进度付款

工程进度款的支付也称中间结算，在水利工程施工合同中，一般规定按月支付。每月结算是在上月结算的基础上进行的，这种支付方式公平合理，风险性小，便于控制。

1. 工程进度款支付程序

工程计量完成后，承包人应在规定的时间内向监理机构提交付款申请，监理机构应及时审查，并在施工合同约定时间内完成审核。因承包人申请资料不全或不符合要求，造成付款证书签证延误，由承包人承担责任。监理机构审核通过签发付款证书，经发包人审批后发包人支付，工程进度款未经监理机构签字确认，发包人不应支付任何工程款项。

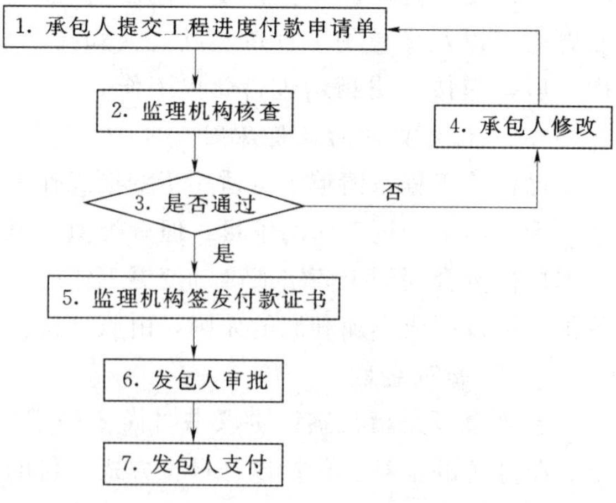

图 5-5　工程款支付监理工作程序图

2. 月进度付款申请单

承包人应在每月按合同约定的时间、格式向监理机构提交进度付款申请单，工程进度付款申请单应符合下列规定：

（1）付款申请单填写符合相关要求，支持性证明文件齐全，主要包括质量合格证明文件和有关计量资料。

（2）申请付款项目、计量与计价符合施工合同约定。

（3）已完工程的计量、计价资料真实、准确、完整。

工程进度付款申请单应包括以下内容：①截至上次付款周期末已实施工程的价款；②本次付款周期已实施工程的价款；③应增加或扣减的变更金额；④应增加或扣减的索赔金额；⑤应支付和扣减的预付款；⑥应扣减的质量保证金；⑦价格调整金额；⑧根据合同约定应增加或扣减的其他金额。

3．进度付款证书和支付时间

（1）监理机构在收到承包人进度付款申请单以及相应的支持性证明文件后的14天内完成核查，提出发包人到期应支付给承包人的金额以及相应的支持性材料，经发包人审查同意后，由监理机构向承包人出具经发包人签认的进度付款证书。监理机构有权扣发承包人未能按照合同要求履行任何工作或义务的相应金额。工程进度付款证书见表5-3。

（2）发包人应在监理机构收到进度付款申请单后的28天内，将进度应付款支付给承包人。发包人不按期支付的，应从逾期第一天起按中国人民银行规定的同期贷款利率计算的逾期付款金额支付给承包人。

（3）监理机构出具进度付款证书，不应视为监理机构已同意、批准或接受了承包人完成的该部分工作。

（4）进度付款涉及政府投资资金的，应在遵守国库集中支付等有关规定的前提下，编制本工程项目资金流，筹置备用金，以及时满足本合同进度支付的要求。

表5-3　　**工程进度付款证书**

（监理〔　　〕进度付　　号）

合同名称：（施工合同全称）　　　　合同编号：（施工合同编号）

致：（发包人） 经审核承包人的工程进度付款申请单（承包〔　　〕进度付　　号），本月应支付给承包人的工程价款金额共计为（大写）__________（小写________元）。 根据施工合同约定，请贵方在收到此证书后的___天之内完成审批，将上述工程价款支付给承包人。 附件：1．工程进度付款审核汇总表。 2．其他 监理机构：（名称及盖章） 总监理工程师：（签名） 日期：　年　月　日
发包人审批意见 发包人：（名称及盖章） 负责人：（签名） 日期：　年　月　日

注　本证书一式___份，由监理机构填写，发包人审批后，发包人___份、监理机构___份，承包人___份。办理结算时使用。

4．工程进度付款的修正

工程进度付款属于施工合同的中间支付。监理机构出具工程进度付款证书，不视为监理机构已同意、批准或接受了该部分工作。在对以往历次已签发的工程进度付款证书进行汇总和复核中发现错、漏或重复的，监理机构有权予以修正，承包人也有权提出修正申请。经双方复核同意的修正，应在本次进度付款中支付或扣除。监理机构在月报及工程价款月支付证书中应填写“工程进度付款审核汇总表”，见表5-4。

表5-4　　工程进度付款审核汇总表

（监理〔　　〕月总　　号）

合同名称：（施工合同全称）　　　　合同编号：（施工合同编号）

<table>
<tr><th colspan="2">项　目</th><th>截止到上期末累计完成额/元</th><th>本期承包人申请金额/元</th><th>本期监理机构审核金额/元</th><th>截止到本期末累计完成额/元</th><th>备　注</th></tr>
<tr><td rowspan="13">应支付金额</td><td>合同分类分项项目</td><td></td><td></td><td></td><td></td><td></td></tr>
<tr><td>合同措施项目</td><td></td><td></td><td></td><td></td><td></td></tr>
<tr><td>变更项目</td><td></td><td></td><td></td><td></td><td></td></tr>
<tr><td>计日工项目</td><td></td><td></td><td></td><td></td><td></td></tr>
<tr><td>索赔项目</td><td></td><td></td><td></td><td></td><td></td></tr>
<tr><td>小计</td><td></td><td></td><td></td><td></td><td></td></tr>
<tr><td>工程预付款</td><td></td><td></td><td></td><td></td><td></td></tr>
<tr><td>材料预付款</td><td></td><td></td><td></td><td></td><td></td></tr>
<tr><td>小计</td><td></td><td></td><td></td><td></td><td></td></tr>
<tr><td>价格调整</td><td></td><td></td><td></td><td></td><td></td></tr>
<tr><td>延期付款利息</td><td></td><td></td><td></td><td></td><td></td></tr>
<tr><td>小计</td><td></td><td></td><td></td><td></td><td></td></tr>
<tr><td>其他</td><td></td><td></td><td></td><td></td><td></td></tr>
<tr><td colspan="2">应支付金额合计</td><td></td><td></td><td></td><td></td><td></td></tr>
<tr><td rowspan="6">扣除金额</td><td>工程预付款</td><td></td><td></td><td></td><td></td><td></td></tr>
<tr><td>材料预付款</td><td></td><td></td><td></td><td></td><td></td></tr>
<tr><td>小计</td><td></td><td></td><td></td><td></td><td></td></tr>
<tr><td>质量保证金</td><td></td><td></td><td></td><td></td><td></td></tr>
<tr><td>违约赔偿</td><td></td><td></td><td></td><td></td><td></td></tr>
<tr><td>其他</td><td></td><td></td><td></td><td></td><td></td></tr>
<tr><td colspan="2">扣除金额合计</td><td></td><td></td><td></td><td></td><td></td></tr>
<tr><td colspan="2">本期工程进度付款总金额</td><td></td><td></td><td></td><td></td><td></td></tr>
<tr><td colspan="7">本期工程进度付款总金额：　　仟　　佰　　拾　　万　　仟　　佰　　拾　　元</td></tr>
<tr><td colspan="7">监　理　机　构：（名称及盖章）
总监理工程师：（签名）
日　　　　期：　　年　　月　　日</td></tr>
</table>

注　本表一式____份，由监理机构填写，发包人____份，承包人____份，监理机构____份，作为月报及工程价款月支付证书的附件。

（九）完工付款

完工付款是对发包人以前支付过的所有款额以及发包人有权得到款额的确认，指出发包人还应支付给承包人或承包人还应支付给发包人的余额，具有结算性质。

1. 完工付款申请单

工程接收证书颁发后，承包人应在28天内，按专用合同条款约定的份数向监理机构提交完工付款申请单，并提供相关证明材料。监理机构对竣工付款申请单有异议的，有权要求承包人进行修正和提供补充资料。经监理机构和承包人协商后，由承包人向监理机构提交修正后的竣工付款申请单。

除专用合同条款另有约定外，完工付款申请单应包括下列内容：

（1）完工结算合同总价。

（2）发包人已支付承包人的工程价款。

（3）发包人应支付承包人的完工付款金额。

（4）发包人应扣留的质量保证金。

（5）发包人应扣留的其他金额。

2. 完工付款证书及支付时间

（1）监理机构在收到承包人提交的完工付款申请单后的14天内完成核查，提出发包人到期应支付给承包人的价款送发包人审核并抄送承包人。发包人应在收到后14天内审核完毕，由监理机构向承包人出具经发包人签认的完工付款证书。监理机构未在约定时间内核查，又未提出具体意见的，视为承包人提交的完工付款申请单已经监理机构核查同意；发包人未在约定时间内审核又未提出具体意见的，监理机构提出发包人到期应支付给承包人的价款视为已经发包人同意。完工付款证书见表5-5。

表5-5　　**完工付款/最终结清证书**

（监理〔　　〕付结＿＿号）

合同名称：（施工合同全称）　　　　合同编号：（施工合同编号）

致：（发包人） 经审核承包人的□完工付款申请/□最终结清申请/□临时付款申请（承包〔　　〕付结　　号），应支付给承包人的金额共计为（大写）＿＿＿＿＿＿＿＿（小写＿＿＿＿＿＿＿＿）。 请贵方在收到□完工付款证书/□最终结清证书/□临时付款证书后按合同约定完成审批，并将上述工程金额支付给承包人。 附件：1. 完工付款/最终付款申请单。 2. 审核资料。 3. …… 监理机构：（名称及盖章） 总监理工程师：（签名） 日　　期：　　年　　月　　日
发包人审定意见： 发包人：（名称及盖章） 负责人：（签名） 日　期：　　年　　月　　日

注　本证书一式＿＿份，由监理机构填写，监理机构＿＿份，发包人＿＿份，承包人＿＿份。

(2) 发包人应在监理机构出具完工付款证书后的14天内，将应支付款支付给承包人。发包人不按期支付的，按合同约定向承包人支付逾期付款违约金。

(3) 承包人对发包人签认的完工付款证书有异议的，发包人可出具完工付款申请单中承包人已同意部分的临时付款证书。存在争议的部分，按合同争议办理。

(十) 最终结清

在保修责任期终止后，并且监理机构颁发了保修责任终止证书，可进行工程的最终结算。

1. 最终结清申请单

缺陷责任期终止证书签发后，承包人可按专用合同条款约定的份数和期限向监理机构提交最终结清申请单，并提供相关证明材料。最终结清单应包含下列内容：

(1) 按合同约定承包人完成的全部合同金额。

(2) 尚未结清的名目和金额。

(3) 发包人应支付的最终结清金额。

若发包人和承包人双方未能就最终结清的名目和金额取得一致意见，监理机构应对双方同意的部分出具临时付款证书，只有在发包人和承包人双方有争议的部分得到解决后，方可签发最终结清证书。

2. 最终结清证书和支付时间

(1) 监理机构收到承包人提交的最终结清申请单后的14天内，提出发包人应支付给承包人的价款送发包人审核并抄送承包人。发包人应在收到后14天内审核完毕，由监理机构向承包人出具经发包人签认的最终结清证书。监理机构未在约定时间内核查，又未提出具体意见的，视为承包人提交的最终结清申请已经监理机构核查同意；发包人未在约定时间内审核又未提出具体意见的，监理机构提出应支付给承包人的价款视为已经发包人同意。

(2) 发包人应在监理机构出具最终结清证书后的14天内，将应支付款支付给承包人。发包人不按期支付的，按合同约定，将逾期付款违约金支付给承包人。

(3) 承包人对发包人签认的最终结清证书有异议的，按合同争议办理。

(十一) 施工合同解除后的支付

1. 承包人原因引起的合同解除

因承包人违约造成施工合同解除的支付。合同解除后，监理机构应按照合同约定完成下列工作：

(1) 商定或确定承包人实际完成工作的价款，以及承包人已提供的原材料、中间产品、工程设备、施工设备和临时工程等的价款。

(2) 查清各项付款和已扣款金额。

(3) 核算发包人按合向约定应向承包人索赔的由于解除合同给发包人造成的损失。

2. 发包人原因引起的合同解除

因发包人违约造成施工合同解除的支付。监理机构应按合同约定核查承包人提交的下列款项及有关资料和凭证：

(1) 合同解除日之前所完成工作的价款。

（2）承包人为合同工程施工订购并已付款的原材料、中间产品、工程设备和其他物品的金额。

（3）承包人为完成工程所发生的、而发包人未支付的金额。

（4）承包人撤离施工场地以及遣散承包人人员的金额。

（5）由于解除施工合同应赔偿的承包人损失。

（6）按合同约定在解除合同之前应支付给承包人的其他金额。

3. 不可抗力引起的合同解除

因不可抗力致使施工合同解除的支付。监理机构应根据施工合同约定核查下列款项及有关资料和凭证：

（1）已实施的永久工程合同金额，以及已运至施工场地的材料价款和工程设备的损害金额。

（2）停工期间承包人按照监理机构要求照管工程和清理、修复工程的金额。

（3）各项已付款和已扣款金额。

发包人与承包人就上述解除合同款项达成一致后，出具最终结清证书，结清全部合同款项；未能达成一致时，按照合同争议处理。

复 习 思 考 题

1. 什么是资金控制？
2. 施工阶段资金控制的措施有哪些？
3. 施工阶段工程计量的依据是什么？
4. 简述工程计量的程序。
5. 什么是工程预付款？支付条件是什么？
6. 什么是材料预付款？支付条件是什么？
7. 质量保证金的目的是什么？应如何返还？
8. 工程变更的估价原则是什么？
9. 可支付的工程量应符合哪些条件？
10. 简述工程进度款的支付程序。
11. 简述完工付款和最终结清的区别。
12. 某工程某月实际完成的按原合同价格计算的工程进度款为100万元，调值公式中的固定系数为0.3，该月各参加调值的因素除水泥价格指数上升了15%外，都未发生变化，水泥费用占合同调值部分的40%。按调值公式计算该月实际应结算的工程进度款。
13. 某工程项目合同价2000万元，工程预付款为合同价的10%，工程开工前由发包人一次付清。并规定当累计完成工程款金额达到合同价格的20%开始扣工程预付款，当累计完成工程金额达到合同价格的90%时扣完。工程进度款按月支付。工程开工第一个月完成工程金额350万元，第二个月完成工程金额500万元，第三个月完成工程金额600万元，第四个月完成工程金额400万元，则这四个月应扣工程预付款分别为多少？

14. 某水渠工程造价为 4150 万元，工程中的预制构件由甲方提供，开工时间为当年的 4 月 1 日，竣工时间为当年的 9 月 30 日。

(1) 承担该工程监理任务的是 A 监理公司。监理委托合同约定监理期限为 190 天，监理报酬为 60 万。但实际上，由于非监理方原因导致监理时间延长 25 天。经协商，项目法人同意支付由于时间延长而发生的额外工作报酬。

(2) 为了做好搞项目的资金控制工作，监理人明确了以下资金控制措施：

1) 编制资金使用计划，确定资金控制目标。

2) 进行工程计量。

3) 审核工程付款申请，签发付款证书。

4) 审核施工单位编制的施工组织设计，对主要施工方案进行技术经济分析。

5) 对施工单位报送的工程质量评定资料进行审核和现场检查，并予以签证。

6) 审核施工单位现场项目管理机构的技术管理体系和质量保证体系。

(3) 承担该工程施工任务的是 B 公司，项目法人与 B 公司在施工合同中约定：

1) 开工前，项目法人应向 B 公司支付合同价的 25%的预付款，预付款从第 3 个月开始等额扣还，4 个月内扣完。

2) 项目法人根据 B 公司完成的经监理人签证后的工程量按月支付工程款，质量保证金总额为合同价的 5%，按每月产值的 10%扣除，直至扣完为止。

3) 监理人签发的月付款证书最低金额为 300 万元，该工程各月完成产值见表 5-6。

表 5-6　　各月完成产值

完成产值/(万元/月)	4	5	6	7	8	9
B公司	480	685	560	430	620	580
构建厂			275	340	180	

问题：

(1) 监理应该得到的额外工作报酬为多少？

(2) 监理人明确的资金控制措施哪些是不妥的？为什么？

(3) 项目法人支付给 B 公司的工程预付款是多少？监理人在各月底分别给 B 公司实际签发的付款证书金额是多少？

15. 某水利工程施工合同使用《水利水电土建工程施工合同条件》。合同规定：

(1) 合同价 1000 万元。

(2) 工程预付款为合同价的 10%，合同签订后一次支付承包人；工程预付款采用《水利水电土建工程施工合同条件》32.1 款规定的公式 $R=\frac{A}{(F_2-F_1)S}(C-F_1S)$ 扣还，并规定开始扣预付款的时间为累计完成工程款金额达到合同价格的 10%，当完成 90%的合同价时扣完。

(3) 永久工程材料预付款按发票值的 90%与当月进度款一并支付，从付款的下一月开始扣，6 个月内扣完，每月扣还 1/6。

(4) 保留金扣留比率为 10%，总数达合同价 5%后不再扣留。

(5) 考虑到工期较短，不考虑物价波动引起的价格调整。

(6) 除完工结算外，月支付的最低限额为 100 万元。

合同工期为 8 个月，工程保修期一年。在合同实施过程中各月完成工程量清单中的项目价款、工程变更价款、进场原材料发票面值见表 5-7。

表 5-7　　各月完成工程量清单

月　份	1	2	3	4	5	6	7	8
完成工程款/万元	40	50	140	300	340	80	30	20
工程变更项目价款/万元			40					
进场材料发票面值/万元		80						

合同实施中未发生索赔、法规变更等事件。

问题：

(1) 按照合同规定，承包人具备什么条件，监理方可出具工程预付款证书？

(2) 承包人具备什么条件，监理人可同意支付永久工程材料预付款？

(3) 计算 1—8 月承包人每月分别应得到的工程付款。

(4) 承包人应在什么时候提交完工付款申请单？应在什么时间提交最终付款申请单？

(5) 扣留的保留金如何退还？

16. 某工程完工时承包人提出结算价格为 1882 万元，发包人认可的是 1416 万元，双方结算的差异在于：

本工程招标图纸较粗略，招标文件中没有给出工程量，由承包人计算工程量，承包人计算的数字都很低。例如：图纸中无钢筋配筋图，承包人报价时预算是 402t，而后来的施工图中是 720t，由于工程变更又增加了 290t。本合同采用的是固定总价合同，你认为应按多少吨钢筋结算？

第六章　水利工程建设项目施工安全及文明施工监理

第一节　水利工程建设安全生产管理概述

一、水利工程建设安全生产管理的特点

水利水电工程系统性和综合性强，受环境影响和对环境影响都很大，且工作条件复杂，与气象条件的变化有密切联系。因此，与一般建筑工程施工相比较，水利水电工程施工存在更多、更大的安全隐患，主要体现在以下几个方面：

（1）工程规模和工期差异较大，分部工程繁多，参与建设的施工单位多。施工组织设计，特别是安全施工组织设计编制和实施困难。

（2）施工现场多在河道、滩涂和偏远山区，受洪水等自然灾害影响较大，交通不便，安全措施所需的设备和材料往往不能及时到位。同时现场工地分散，各工地之间的距离较远，系统性安全管理难度大。

（3）涉及施工对象纷繁复杂，单项管理形式多变。如土石方爆破工程，会涉及机械和爆破安全问题；季节施工、围堰施工等会涉及防洪和防潮水安全问题；基础、基坑开挖项目，会涉及基坑边坡的安全支撑等问题；大型机械设施的使用，会涉及架设和安装安全、使用和管理安全以及电力安全等问题；引水隧洞、导流隧洞施工，还会涉及开挖、衬砌和封堵等安全问题。

（4）施工现场多在露天"敞开式"的空旷场地上，劳动保护和职业健康面临的问题较大。由于无法进行有效的封闭隔离，对施工对象、工地设备、材料、人员以及工程周边的安全管理也增加了很大的难度。

（5）投资主体多，管理难度大。施工队伍流动性大且工种多变，员工生产技能的提高受到影响。加之招用的工人普遍文化层次和素质较低，现场安全适应和应变能力相对较差，易引发事故。

（6）安全事故损失多、社会影响大。水利工程的安全生产，不仅关系到人民群众的生命和财产安全，而且关系到国家经济的发展，社会的稳定和谐。一旦发生安全事故，就会直接导致单位以及个人的利益受损，严重的还会面对法律的制裁。例如2014年6月5日7时许，广西壮族自治区贺州市八步区大田水电站隧道内，由于通风不畅，造成施工人员发生窒息，3人死亡；2012年6月7日，雅江县两河口在建水电站交通工程402号公路隧道施工过程中，由于地质条件不利和现场管理不善，导致岩石垮塌事故，造成3人死亡，2人受伤；2010年6月1日21时，广东清远市连南县大麦山镇塘凼丰水坑水电站施工爆

破员在电站窿洞放炮时违规使用照明电源接引爆线，炸死3人；2008年4月12日，江西省水电工程局华能瑞金电厂主厂房工程完工后，在拆除塔吊作业过程中，由于现场作业技术负责人违章指挥，作业人员违反指导书操作程序，提前拆除爬升架与下支座的连接螺栓，塔机起重臂和平衡臂失衡，导致下支座以上部分坠落。发生人身事故，死亡2人。

（7）安全管理与建设项目控制密切相关，相辅相成。在安全控制工作的实施中，可能很多人会有一个误区，那就是把建设工程安全管理工作当成一个孤立的工作，认为安全管理工作就是安全管理工作，把它放在其他工作的一个附带面，而事实上建设工程安全管理工作不是一项孤立的工作，它与质量、进度、资金控制的各个环节是相辅相成的。首先，安全管理是质量控制的基础。一项工程的施工质量越好，其产生的安全效应就越高。同样，只有在良好的安全措施保证之下，施工人员才能较好地发挥技术水平。可以说质量是“本”，安全是“标”，两者密不可分。只有标本兼治，才能使工程项目达到设计标准要求。其次，安全管理是进度控制的前提。工期过紧是埋下安全隐患的原因之一。由于建设项目的最大特点是工期较长，业主总是希望其投入资金能尽快产生效益，对工期提出不合理的要求。由于目前建筑市场为买方市场，承包方为承揽到工程，只能答应其不合理要求。长时间的加班加点，造成的结果往往是人员和设备的疲劳及施工安全条件无法保证，安全事故也多发生在非工作日上下班及加班时间内。

二、建设工程安全生产管理制度

《中华人民共和国安全生产法》作为安全生产领域的基本法律，全面规定了安全生产的原则、制度、具体要求及责任。作为新中国成立以来第一部全面规定安全生产各项制度的法律，它的出台不仅表明党中央、国务院对安全问题的高度重视，反映了人民群众对安全生产的意愿和要求，也是安全生产管理全面纳入法制化的标志，是安全生产各项法律责任完善与健全的标志。《中华人民共和国安全生产法》的实施，对于全面加强我国安全生产法制建设，强化安全生产监督管理，规范生产经营单位的安全生产，遏制重大、特大事故，促进经济发展和保持社会稳定，具有重大而深远的意义。

2004年2月1日起实施了《建设工程安全生产管理条例》。为了加强水利工程建设安全生产监督管理，明确安全生产责任，防止和减少安全生产事故，保障人民群众生命和财产安全，并结合水利工程的特点，水利部于2005年7月22日颁发了《水利工程建设安全生产管理规定》。

《中华人民共和国安全生产法》第三条规定，安全生产管理必须坚持“安全第一、预防为主”的方针。党的十六届五中全会通过的《中共中央关于制定国民经济和社会发展第十一个五年规划的建议》，明确要求坚持安全发展，并提出了坚持“安全第一、预防为主、综合治理”的安全生产方针。这一方针反映了我们党对安全生产规律的新认识，对于指导新时期的安全生产工作具有重大而深远的意义。

安全第一，就是在生产过程中把安全放在第一重要的位置上，切实保护劳动者的生命安全和身体健康。坚持安全第一，是贯彻落实以人为本的科学发展观、构建社会主义和谐社会的必然要求。

预防为主，就是把安全生产工作的关口前移，超前防范，建立预教、预测、预想、预报、预警、预防的递进式、立体化事故隐患预防体系，改善安全状况，预防安全事故。在新时期，预防为主就是通过建设安全文化、健全安全法制、提高安全科技水平、落实安全责任、加大安全投入，构筑坚固的安全防线。

综合治理，是指适应我国安全生产形势的要求，自觉遵循安全生产规律，正视安全生产工作的长期性、艰巨性和复杂性，抓住安全生产工作中的主要矛盾和关键环节，综合运用经济、法律、行政等手段，人管、法治、技防多管齐下，并充分发挥社会、职工、舆论的监督作用，有效解决安全生产领域的问题。

“安全第一、预防为主、综合治理”的安全生产方针是一个有机统一的整体。安全第一是预防为主、综合治理的统帅和灵魂，没有安全第一的思想，预防为主就失去了思想支撑，综合治理就失去了整治依据。预防为主是实现安全第一的根本途径。只有把安全生产的重点放在建立事故隐患预防体系上，超前防范，才能有效减少事故损失，实现安全第一。综合治理是落实安全第一、预防为主的手段和方法。只有不断健全和完善综合治理工作机制，才能有效贯彻安全生产方针，真正把安全第一、预防为主落到实处，不断开创安全生产工作的新局面。

三、建设项目施工安全监理责任

2003 年 11 月 24 日，国务院颁布了《建设工程安全生产管理条例》，并于 2004 年 2 月 1 日起实行，正式提出了监理单位在工程建设中应承担的安全监理责任以及相关法则。明确了监理单位对建设工程安全生产承担三大职责：审核核查职责、安全检查职责和督促整改职责。建设工程安全监理是建设工程监理的重要组成部分，也是建设工程安全生产管理的重要保障。建设工程安全监理的实施是提高施工现场管理水平的有效方法，也是建设管理体制改革中加强安全管理、控制重大伤亡事故的一种有效手段。

监理单位和监理人员应当按照法律、法规和工程建设强制性标准实施监理，并对工程建设安全生产承担监理责任。

（1）监理单位受建设单位的委托，作为公正的第三方承担监理责任，不仅要对建设单位负责，同时，也应当承担国家法律、法规和建设工程监理规范所要求的责任。也就是说，监理单位应当贯彻落实安全生产方针政策，督促施工单位按照施工安全生产法律、法规和标准组织施工，消除施工中的冒险性、盲目性和随意性，落实各项安全技术措施，有效地杜绝各类安全隐患，杜绝、控制和减少各类伤亡事故，实现安全生产。

（2）审查施工组织设计中的安全技术措施或者专项施工方案是否符合工程建设强制性标准是监理单位对施工安全的责任之一，施工组织设计是规划和指导即将建设的工程施工准备到竣工验收全过程的综合性技术经济文件。它既要体现建设工程的设计要求和使用需求，又应当符合建设工程施工的客观规律，对整个施工的全过程起着非常重要的作用。施工组织设计中必须包含安全技术措施和施工现场临时用电方案，对基坑支护与降水工程、土方开挖工程、模板工程、起重吊装工程、脚手架工程、拆除、爆破工程达到一定规模的危险性较大的分部单元工程应当编制专项施工方案，工程监理单位对这些技术措施和专项施工方案进行审查，审查的重点在于是否符合工程建设强制性标准，对于达不到强制性标准的，应当要求施工单位进行补充完善。

(3) 监理机构应按照相关规定核查承包人的安全生产管理机构，以及安全生产管理人员的安全资格证书和特种作业人员的特种作业操作资格证书，并检查安全生产教育培训情况。

(4) 施工过程中监理机构的施工安全监理应包括下列内容：

1) 督促承包人对作业人员进行安全交底，监督承包人按照批准的施工方案组织施工，检查承包人安全技术措施的落实情况，及时制止违规施工作业。

2) 定期和不定期巡视检查施工过程中危险性较大的施工作业情况。

3) 定期和不定期巡视检查承包人的用电安全、消防措施、危险品管理和场内交通管理等情况。

4) 核查施工现场施工起重机械、整体提升脚手架和模板等自升式架设设施和安全设施的验收等手续。

5) 检查承包人的度汛方案中对洪水、暴雨、台风等自然灾害的防护措施和应急措施。

6) 检查施工现场各种安全标志和安全防护措施是否符合工程建设标准强制性条文(水利工程部分)及相关规定的要求。

7) 督促承包人进行安全自查工作，并对承包人自查情况进行检查。

8) 参加发包人和有关部门组织的安全生产专项检查。

9) 检查灾害应急救助物资和器材的配备情况。

10) 检查承包人安全防护用品的配备情况。

(5) 监理机构发现施工安全隐患时，应要求承包人立即整改；必要时，可指示承包人暂停施工，并及时向发包人报告。

(6) 当发生安全事故时，监理机构应指示承包人采取有效措施防止损失扩大，并按有关规定立即上报，配合安全事故调查组的调查工作，监督承包人按调查处理意见处理安全事故。

(7) 监理机构应监督承包人将列入合同安全施工措施的费用按照合同约定专款专用。

四、建设工程施工安全监理的依据

水利施工安全监理的依据包括有关安全生产、劳动保护、环境保护、消防等的法律、法规和标准规范、建设工程批准文件和设计文件、建设工程委托监理合同和有关的建设工程合同等。

1. 有关安全生产、劳动保护等的法律法规和标准规范

有关安全生产、劳动保护等的法律法规和标准规范包括《中华人民共和国建筑法》《中华人民共和国安全生产法》《建设工程安全生产管理条例》《中华人民共和国劳动法》《中华人民共和国劳动保护法》《中华人民共和国消防法》等法律法规，《水利工程质量管理规定》《水利工程建设安全生产管理规定》《水利工程建设监理规定》等部门规章，以及地方法规等，也包括《水利工程施工监理规范》以及有关的工程安全技术标准、规范、规程。

2. 建设工程批准文件

建设工程批准文件包括批准的可行性研究报告、建设项目选址意见书、建设用地规划许可证、施工许可证以及初步设计文件、施工图设计文件。

3. 委托监理合同和有关的建设工程合同

监理机构应当根据工程施工监理委托合同和建设单位与施工承包单位、材料、设备供应单位签订的有关合同实施安全监理。

五、水利工程建设安全生产管理责任

（一）项目法人的安全生产管理责任

（1）项目法人在对施工投标单位进行资格审查时，应当对投标单位的主要负责人、项目负责人以及专职安全生产管理人员是否经水行政主管部门安全生产考核合格进行审查。

（2）项目法人应当向施工单位提供施工现场及施工可能影响的毗邻区域内供水、排水、供电、供气、供热、通信、广播电视等地下管线资料，气象和水文观测资料，拟建工程可能影响的相邻建筑物和构筑物、地下工程的有关资料，并保证有关资料的真实、准确、完整，满足有关技术规范的要求。对可能影响施工报价的资料，应当在招标时提供。

（3）项目法人不得调减或挪用批准概算中所确定的水利工程建设有关安全作业环境及安全施工措施等所需费用。工程承包合同中应当明确安全作业环境及安全施工措施所需费用。

（4）项目法人应当组织编制保证安全生产的措施方案，并自开工报告批准之日起15日内报有管辖权的水行政主管部门、流域管理机构或者其委托的水利工程建设安全生产监督机构（以下简称安全生产监督机构）备案。建设过程中安全生产的情况发生变化时，应当及时对保证安全生产的措施方案进行调整，并报原备案机关。

保证安全生产的措施方案应当根据有关法律法规、强制性标准和技术规范的要求并结合工程的具体情况编制，应当包括以下内容：

1）项目概况。

2）编制依据。

3）安全生产管理机构及相关负责人。

4）安全生产的有关规章制度制定情况。

5）安全生产管理人员及特种作业人员持证上岗情况等。

6）生产安全事故的应急救援预案。

7）工程度汛方案、措施。

8）其他有关事项。

（5）项目法人在工程开工前，应当就落实保证安全生产的措施进行全面系统的布置，明确施工单位的安全生产责任。

（6）项目法人应当在拆除工程或者爆破工程施工15日前，将下列资料报送水行政主管部门、流域管理机构或者其委托的安全生产监督机构备案：

1）施工单位资质等级证明。

2）拟拆除或拟爆破的工程及可能危及毗邻建筑物的说明。

3）施工组织方案。

4）堆放、清除废弃物的措施。

5）生产安全事故的应急救援预案。

（二）勘察（测）、设计及其他有关单位的安全生产管理责任

（1）勘察（测）单位应当按照法律、法规和工程建设强制性标准进行勘察（测），提供的勘察（测）文件必须真实、准确，满足水利工程建设安全生产的需要。勘察（测）单位在勘察（测）作业时，应当严格执行操作规程，采取措施保证各类管线、设施和周边建筑物、构筑物的安全。勘察（测）单位和有关勘察（测）人员应当对其勘察（测）成果负责。

（2）设计单位应当按照法律、法规和工程建设强制性标准进行设计，并考虑项目周边环境对施工安全的影响，防止因设计不合理导致生产安全事故的发生。设计单位应当考虑施工安全操作和防护的需要，对涉及施工安全的重点部位和环节在设计文件中注明，并对防范生产安全事故提出指导意见。采用新结构、新材料、新工艺以及特殊结构的水利工程，设计单位应当在设计中提出保障施工作业人员安全和预防生产安全事故的措施建议。设计单位和有关设计人员应当对其设计成果负责。设计单位应当参与与设计有关的生产安全事故分析，并承担相应的责任。

（3）为水利工程提供机械设备和配件的单位，应当按照安全施工的要求提供机械设备和配件，配备齐全有效的保险、限位等安全设施和装置，提供有关安全操作的说明，保证其提供的机械设备和配件等产品的质量和安全性能达到国家有关技术标准。

（三）施工单位的安全生产管理责任

（1）施工单位从事水利工程的新建、扩建、改建、加固和拆除等活动，应当具备国家规定的注册资本、专业技术人员、技术装备和安全生产等条件，依法取得相应等级的资质证书，并在其资质等级许可的范围内承揽工程。

施工单位应当依法取得安全生产许可证后，方可从事水利工程施工活动。

（2）施工单位主要负责人依法对本单位的安全生产工作全面负责。施工单位应当建立健全安全生产责任制度和安全生产教育培训制度，制定安全生产规章制度和操作规程，保证本单位建立和完善安全生产条件所需资金的投入，对所承担的水利工程进行定期和专项安全检查，并做好安全检查记录。施工单位的项目负责人应当由取得相应执业资格的人员担任，对水利工程建设项目的安全施工负责，落实安全生产责任制度、安全生产规章制度和操作规程，确保安全生产费用的有效使用，并根据工程的特点组织制定安全施工措施，消除安全事故隐患，及时、如实报告生产安全事故。

（3）施工单位在工程报价中应当包含工程施工的安全作业环境及安全施工措施所需费用。对列入建设工程概算的上述费用，应当用于施工安全防护用具及设施的采购和更新、安全施工措施的落实、安全生产条件的改善，不得挪作他用。

（4）施工单位应当设立安全生产管理机构，按照国家有关规定配备专职安全生产管理人员。施工现场必须有专职安全生产管理人员。专职安全生产管理人员负责对安全生产进行现场监督检查。发现生产安全事故隐患，应当及时向项目负责人和安全生产管理机构报告；对违章指挥、违章操作的，应当立即制止。

（5）施工单位在建设有度汛要求的水利工程时，应当根据项目法人编制的工程度汛方案、措施制定相应的度汛方案，报项目法人批准；涉及防汛调度或者影响其他工程、设施度汛安全的，由项目法人报有管辖权的防汛指挥机构批准。

（6）垂直运输机械作业人员、安装拆卸工、爆破作业人员、起重信号工、登高架设作业人员等特种作业人员，必须按照国家有关规定经过专门的安全作业培训，并取得特种作业操作资格证书后，方可上岗作业。

（7）施工单位应当在施工组织设计中编制安全技术措施和施工现场临时用电方案，对下列达到一定规模的危险性较大的工程应当编制专项施工方案，并附具安全验算结果，经施工单位技术负责人签字以及总监理工程师核签后实施，由专职安全生产管理人员进行现场监督：

1）基坑支护与降水工程。

2）土方和石方开挖工程。

3）模板工程。

4）起重吊装工程。

5）脚手架工程。

6）拆除、爆破工程。

7）围堰工程。

8）其他危险性较大的工程。

工程中涉及高边坡、深基坑、地下暗挖工程、高大模板工程的专项施工方案，施工单位还应当组织专家进行论证、审查。

（8）施工单位在使用施工起重机械和整体提升脚手架、模板等自升式架设设施前，应当组织有关单位进行验收，也可以委托具有相应资质的检验检测机构进行验收；使用承租的机械设备和施工机具及配件的，由施工总承包单位、分包单位、出租单位和安装单位共同进行验收。验收合格的方可使用。

（9）施工单位的主要负责人、项目负责人、专职安全生产管理人员应当经水行政主管部门安全生产考核合格后方可任职。施工单位应当对管理人员和作业人员每年至少进行一次安全生产教育培训，其教育培训情况记入个人工作档案。安全生产教育培训考核不合格的人员，不得上岗。施工单位在采用新技术、新工艺、新设备、新材料时，应当对作业人员进行相应的安全生产教育培训。

第二节　施工安全监理工作内容

施工过程体现在一系列的现场施工作业和管理活动中，作业和管理活动的效果将直接影响到施工过程的安全，监理工程师对施工过程的安全监理应着重体现在对作业和管理活动的控制上。为确保建设工程施工安全，监理工程师要对施工过程进行全过程、全方位的控制，对整个施工过程要按事前、事中及事后进行控制，重点要突出事前和事中控制，这与安全生产方针所凸显的“预防”相符合。同时要采取组织措施、技术措施、经济措施、合同措施等，加强对施工安全的控制，确保安全控制横向到边、纵向到底，贯穿、覆盖于整个工程项目。

一、建立健全安全监理管理体系

1. 建立健全安全监理组织机构

监理单位应建立安全监理管理体系，制定安全监理规章制度，检查指导项目监理机构的安全监理工作。项目监理机构应依据监理委托合同和被监理的水利工程项目的特点设置相应的专职或兼职的安全监理人员，实行总监理工程师负责制。

在确立安全控制责任制度时，可以由各专业监理工程师负责本专业施工范围内的安全控制工作，包括日常检查、专项检查，对所发现的问题，专业监理工程师应及时提醒总监理工程师注意。总监理工程师则负责全面的组织、协调及内部安全工作检查。对各专业所发生的安全事故，在监理机构内部，各专业监理工程师应负直接监理责任，总监理工程师负管理责任。对一些大型项目，总监理工程师应做好监理人员分工安排；而对某些可能同时涉及多个专业的检查项目，总监理工程师应明确其中的分工协作方法和相应的责任划分。

2. 编制安全监理方案

监理机构编制的监理规划应包括安全监理方案，明确安全监理的范围、内容、制度和措施，以及人员配备计划和职责。监理机构对中型及以上项目、危险性较大的分部工程或单元工程应编制安全监理实施细则，明确安全监理的方法、措施和控制要点，以及对承包人安全技术措施的检查方案。

安全监理方案或安全监理规划的编制应由总监理工程师主持，专职（兼职）安全监理人员和专业监理工程师参加，安全监理方案由监理单位技术负责人审批后实施。

安全监理方案应根据工程的变化予以补充、修改和完善，并按规定程序报批。

3. 安全监理实施细则

项目监理机构应按照安全监理方案的要求编制安全监理实施细则，达到一定规模的危险性较大的工程施工前，必须编写安全监理实施细则。

安全监理实施细则应针对承包单位编制的专项施工方案和现场实际情况，依据安全监理方案提出的工作目标和管理要求，明确监理人员的分工和职责、安全监理工作的方法和手段、安全监理检查重点、检查频率和检查记录的要求。安全监理实施细则应具有可操作性，应根据工程的变化及时进行补充、修改和完善，并按规定程序报批。

安全监理实施细则的编制应由专职（兼职）安全监理人员主持编写，专业监理工程师参加，由总监理工程师审批后实施。

4. 安全监理培训

监理单位应制定监理人员培训计划，按计划对监理人员进行安全监理业务培训并保留培训记录。总监理工程师应及时组织项目监理人员学习有关安全生产的法律、法规、标准、规范和规程等。

二、施工准备阶段的安全监理

1. 核查承包人的安全生产管理机构

承包人应按规定建立安全生产管理机构，监理机构应按照相关规定核查承包人的安全生产管理机构。

（1）承包人应具备国家规定的安全生产资质证书，并在其等级许可范围内承揽项目。

（2）承包人应成立以企业法人为首的安全生产管理机构，依法对本单位的安全生产工作全面负责。

（3）承包人的项目负责人应当取得安全生产相应资质，在施工现场应建立以项目经理为首的安全生产管理体系，对项目的安全施工负责。

（4）承包人应配备专职安全生产管理人员，负责对施工现场的安全施工进行监督检查。

（5）工程实行总承包的，应由总承包人对施工现场的安全生产负总责，总承包人和分包人应对分包工程的施工安全承担连带责任，分包人应当服从总承包人的安全生产管理。

2. 检查承包人的安全生产管理制度

监理机构应核查承包人的安全生产管理制度以及安全生产管理人员的安全资格证书和特种作业人员的特种作业操作资格证书，并检查安全生产教育培训情况。

（1）安全生产责任制。安全生产责任制是企业安全生产管理制度中的核心，是上至企业负责人下至每个生产工人对安全生产所应负的职责。

（2）安全生产技术交底制度。施工前由项目的技术人员将有关安全施工的技术要求向施工作业班组、作业人员做出详细说明，并由双方签字落实。

（3）安全生产教育培训制度。施工承包单位应当对管理人员、作业人员，每年至少进行一次安全教育培训，并把教育培训的情况记入个人工作档案。

（4）持证上岗制度。水利水电施工企业主要负责人、项目负责人、专职安全生产管理人员应具有安全生产考核合格证书，各级管理人员和特种作业人员（垂直运输机械作业人员、安装拆卸工、爆破作业人员、起重信号工、登高架设作业人员等）应具有特种作业操作资格证书。

（5）其他安全生产管理制度。施工现场文明管理制度、施工现场安全防火、防爆制度、施工现场机械设备安全管理制度、施工现场安全用电管理制度、班组安全生产管理制度、特种作业人员安全管理制度、施工现场门卫管理制度等。

3. 审查安全施工方案

监理机构应审查承包人编制的施工组织设计中的安全技术措施、施工现场临时用电方案，以及灾害应急预案、危险性较大的分部工程或单元工程专项施工方案是否符合工程建设标准强制性条文（水利工程部分）及相关规定的要求。

监理机构在审查承包人依据批准的施工组织编报的施工措施计划时，应审查其安全技术措施和临时用电安全措施是否符合工程建设标准强制性条文（水利工程部分）及相关规定的要求。

对于以下危险性较大的分部工程或单元工程应编制专项施工方案：

（1）按照《水利工程建设安全生产管理规定》提交的专项施工方案包括达到一定规模的基坑支护与降水工程、土方和石方开挖工程、模板工程、起重吊装工程、脚手架工程、拆除爆破工程、围堰工程和其他危险性较大的工程专项施工方案。监理机构审批设计高边坡、深基坑、地下暗挖工程、高大模板工程的专项施工方案前，需要求承包人组织专家进行论证、审查。

(2) 合同中要求提交的其他专项施工方案。对高边坡、深基坑、地下暗挖工程和高大模板工程的专项施工方案，监理机构审查时要核实承包人是否组织专家进行了论证和审查。

4. 做好现场安全管理的宣传工作

想要做好工地现场安全的管理工作，首先要有一个良好的工作条件和氛围。在这方面，现场的监理人员要通过主动、积极的工作来创造和争取。其次监理机构应该向承包人宣传《中华人民共和国安全生产法》《建设工程安全生产管理条例》等国家法规，包括很多地方政府制定的安全生产法规，宣传施工安全的有关规定和重要性，说明施工安全与单位以及个人的关系，引起工程项目建设参与者的高度重视。

在进行现场施工安全管理工作时，要注意形成书面文件。如召开安全生产专题会议形成的会议纪要、工程业务联系单、监理工作联系单、建设单位与总承包单位的安全生产协议书、总承包单位和分包单位的安全生产协议书等。

三、施工过程中的安全监理

施工过程中监理机构的施工安全监理主要包括下列内容：

(1) 督促承包人对作业人员进行安全交底，监督承包人按照批准的施工方案组织施工，检查承包人安全技术措施的落实情况，及时制止违规施工作业。

(2) 定期和不定期巡视检查施工过程中危险性较大的施工作业情况。

(3) 定期和不定期巡视检查承包人的用电安全、消防措施、危险品管理和场内交通管理等情况。

(4) 核查施工现场施工起重机械、整体提升脚手架和模板等自升式架设设施和安全设施的验收等手续。

(5) 检查承包人的度汛方案中对洪水、暴雨、台风等自然灾害的防护措施和应急措施。

(6) 检查施工现场各种安全标志和安全防护措施是否符合工程建设标准强制性条文（水利工程部分）及相关规定的要求。

(7) 督促承包人进行安全自查工作，并对承包人自查情况进行检查。

(8) 参加发包人和有关部门组织的安全生产专项检查。

(9) 检查灾害应急救助物资和器材的配备情况。

(10) 检查承包人安全防护用品的配备情况。承包人安全防护用品应根据有关规定配备，一般包括：安全帽、安全带、绝缘手套、防尘口罩、耐腐蚀防护服等。

监理人员现场安全检查应做好安全检查记录，表格形式见表 6-1。

四、施工安全隐患的控制

在实施监理过程中，发现存在生产安全事故隐患的，应当要求承包人整改；对情况严重的，应当要求承包人暂时停止施工，并及时向水行政主管部门、流域管理机构或者其委托的安全生产监督机构以及建设单位报告。

表 6-1　　安全检查记录

（监理〔　　〕安检　　号）

合同名称：　　　　　　　　　　　　　　　　　　　　　　　　合同编号：

<table>
<tr><td>日　期</td><td></td><td>检查人</td><td colspan="3"></td></tr>
<tr><td>时　间</td><td></td><td>天　气</td><td></td><td>温　度</td><td></td></tr>
<tr><td>检查部位</td><td colspan="5"></td></tr>
<tr><td>人员、设备、施工作业及环境和条件等</td><td colspan="5"></td></tr>
<tr><td>危险品及危险源安全情况</td><td colspan="5"></td></tr>
<tr><td>发现的安全隐患及消除隐患的监理指示</td><td colspan="5"></td></tr>
<tr><td>承包人的安全措施及隐患消除情况（安全隐患未消除的，检查人必须上报）</td><td colspan="5"></td></tr>
<tr><td colspan="6">检查人：（签名）
日　期：　　年　　月　　日</td></tr>
</table>

注　1. 本表可用于监理人员安全检查的记录。
　　2. 本表单独汇编成册。

上述规定在具体操作时存在诸多不确定性。因为如果施工现场真的出现安全事故，就涉及这样的问题：监理单位是否发现过事故隐患？对该事故隐患是否提出过整改要求？如果在没有发出过整改通知的情况下出现安全事故，对于监理单位在事故发生前是否发现过事故隐患的判断是很困难的，因为这涉及事故责任。此时，判断的准则很可能变成监理单位是否应该发现这些事故隐患，这就涉及监理单位安全控制的标准问题。《建设工程安全生产管理条例》第 14 条要求监理单位按照法律、法规和工程建设强制性标准进行监理，凡是条例及强制性标准规定的事项，都应随时处在监理单位的控制范围之内。所以，监理人员必须熟悉条例及工程建设强制性标准关于安全施工的所有相关规定，并按照这些规定进行经常性的安全检查，对所发现的安全隐患及时发出书面整改通知。

在施工单位拒不整改或不停止施工时，监理单位应及时向有关部门报告。为此，监理机构应与各级质量安全监督站建立良好的工作关系和通畅的联系机制。

五、监理单位未履行安全监理的处罚

建设监理单位和监理人员应当按照法律、法规和工程建设强制性标准实施监理，并对水利工程建设安全生产承担监理责任。

监理单位有下列行为之一的，依照《建设工程安全生产管理条例》进行处罚：

（1）未对施工组织设计中的安全技术措施或者专项施工方案进行审查的。

（2）发现安全事故隐患未及时要求施工单位整改或者暂时停止施工的。

（3）施工单位拒不整改或者不停止施工，未及时向有关水行政主管部门或者流域管理机构报告的。

(4) 未依照法律、法规和工程建设强制性标准实施监理的。

第三节 安全事故的分析与处理

一、生产安全事故的等级划分

根据生产安全事故（以下简称事故）造成的人员伤亡或者直接经济损失，事故一般分为以下等级：

(1) 特别重大事故，是指造成30人以上死亡，或者100人以上重伤（包括急性工业中毒，下同），或者1亿元以上直接经济损失的事故。

(2) 重大事故，是指造成10人以上30人以下死亡，或者50人以上100人以下重伤，或者5000万元以上1亿元以下直接经济损失的事故。

(3) 较大事故，是指造成3人以上10人以下死亡，或者10人以上50人以下重伤，或者1000万元以上5000万元以下直接经济损失的事故。

(4) 一般事故，是指造成3人以下死亡，或者10人以下重伤，或者1000万元以下直接经济损失的事故。

事故分类中“以上”包括本数，“以下”不包括本数。

二、生产安全事故的报告制度

(1) 事故发生后，事故现场有关人员应当立即向本单位负责人报告；单位负责人接到报告后，应当于1小时内向事故发生地县级以上人民政府安全生产监督管理部门和负有安全生产监督管理职责的有关部门报告。

情况紧急时，事故现场有关人员可以直接向事故发生地县级以上人民政府安全生产监督管理部门和负有安全生产监督管理职责的有关部门报告。

(2) 安全生产监督管理部门和负有安全生产监督管理职责的有关部门接到事故报告后，应当依照下列规定上报事故情况，并通知公安机关、劳动保障行政部门、工会和人民检察院：

1) 特别重大事故、重大事故逐级上报至国务院安全生产监督管理部门和负有安全生产监督管理职责的有关部门。

2) 较大事故逐级上报至省（自治区、直辖市）人民政府安全生产监督管理部门和负有安全生产监督管理职责的有关部门。

3) 一般事故上报至设区的市级人民政府安全生产监督管理部门和负有安全生产监督管理职责的有关部门。

安全生产监督管理部门和负有安全生产监督管理职责的有关部门依上报事故情况，应当同时报告本级人民政府。国务院安全生产监督管理部门和负有安全生产监督管理职责的有关部门以及省级人民政府接到发生特别重大事故、重大事故的报告后，应当立即报告国务院。

必要时，安全生产监督管理部门和负有安全生产监督管理职责的有关部门可以越级上报事故情况。

安全生产监督管理部门和负有安全生产监督管理职责的有关部门逐级上报事故情况，每级上报的时间不得超过 2 小时。

（3）报告事故应当包括下列内容：

1）事故发生单位概况。

2）事故发生的时间、地点以及事故现场情况。

3）事故的简要经过。

4）事故已经造成或者可能造成的伤亡人数（包括下落不明的人数）和初步估计的直接经济损失。

5）已经采取的措施。

6）其他应当报告的情况。

（4）事故报告后出现新情况的，应当及时补报。自事故发生之日起 30 日内，事故造成的伤亡人数发生变化的，应当及时补报。道路交通事故、火灾事故自发生之日起 7 日内，事故造成的伤亡人数发生变化的，应当及时补报。

（5）事故发生单位负责人接到事故报告后，应当立即启动事故相应应急预案，或者采取有效措施，组织抢救，防止事故扩大，减少人员伤亡和财产损失。

（6）事故发生后，有关单位和人员应当妥善保护事故现场以及相关证据，任何单位和个人不得破坏事故现场、毁灭相关证据。因抢救人员、防止事故扩大以及疏通交通等原因，需要移动事故现场物件的，应当做出标志，绘制现场简图并做出书面记录，妥善保存现场重要痕迹、物证。

三、生产安全事故调查

（1）特别重大事故由国务院或者国务院授权有关部门组织事故调查组进行调查。重大事故、较大事故、一般事故分别由事故发生地省级人民政府、设区的市级人民政府、县级人民政府负责调查。省级人民政府、设区的市级人民政府、县级人民政府可以直接组织事故调查组进行调查，也可以授权或者委托有关部门组织事故调查组进行调查。未造成人员伤亡的一般事故，县级人民政府也可以委托事故发生单位组织事故调查组进行调查。

（2）特别重大事故以下等级事故，事故发生地与事故发生单位不在同一个县级以上行政区域的，由事故发生地人民政府负责调查，事故发生单位所在地人民政府应当派人参加。

（3）根据事故的具体情况，事故调查组由有关人民政府、安全生产监督管理部门、负有安全生产监督管理职责的有关部门、监察机关、公安机关以及工会派人组成，并应当邀请人民检察院派人参加。事故调查组可以聘请有关专家参与调查。

（4）事故调查组组长由负责事故调查的人民政府指定。事故调查组组长主持事故调查，事故调查组成员应当具有事故调查所需要的知识和专长，并与所调查的事故没有直接利害关系。

（5）事故调查组履行下列职责：

1）查明事故发生的经过、原因、人员伤亡情况及直接经济损失。

2）认定事故的性质和事故责任。

3）提出对事故责任者的处理建议。

4）总结事故教训，提出防范和整改措施。

5）提交事故调查报告。

（6）事故调查组有权向有关单位和个人了解与事故有关的情况，并要求其提供相关文件、资料，有关单位和个人不得拒绝。事故发生单位的负责人和有关人员在事故调查期间不得擅离职守，并应当随时接受事故调查组的询问，如实提供有关情况。事故调查中发现涉嫌犯罪的，事故调查组应当及时将有关材料或者其复印件移交司法机关处理。

（7）事故调查组应当自事故发生之日起60日内提交事故调查报告，特殊情况下，经负责事故调查的人民政府批准，提交事故调查报告的期限可以适当延长，但延长的期限最长不超过60日。

（8）事故调查报告应当包括下列内容：

1）事故发生单位概况。

2）事故发生经过和事故救援情况。

3）事故造成的人员伤亡和直接经济损失。

4）事故发生的原因和事故性质。

5）事故责任的认定以及对事故责任者的处理建议。

6）事故防范和整改措施。

事故调查报告应当附具有关证据材料。事故调查组成员应当在事故调查报告上签名。

（9）事故调查报告报送负责事故调查的人民政府后，事故调查工作即告结束。事故调查的有关资料应当归档保存。

四、生产安全事故处理

（1）重大事故、较大事故、一般事故，负责事故调查的人民政府应当自收到事故调查报告之日起15日内做出批复；特别重大事故，30日内做出批复，特殊情况下，批复时间可以适当延长，但延长的时间最长不超过30日。

有关机关应当按照人民政府的批复，依照法律、行政法规规定的权限和程序，对事故发生单位和有关人员进行行政处罚，对负有事故责任的国家工作人员进行处分。事故发生单位应当按照负责事故调查的人民政府的批复，对本单位负有事故责任的人员进行处理。负有事故责任的人员涉嫌犯罪的，依法追究刑事责任。

（2）事故发生单位应当认真吸取事故教训，落实防范和整改措施，防止事故再次发生。防范和整改措施的落实情况应当接受工会和职工的监督。安全生产监督管理部门和负有安全生产监督管理职责的有关部门应当对事故发生单位落实防范和整改措施的情况进行监督检查。

（3）事故处理的情况由负责事故调查的人民政府或者其授权的有关部门、机构向社会公布，依法应当保密的除外。

五、法律责任

（1）事故发生单位主要负责人有下列行为之一的，处上一年年收入40％～80％的罚款；属于国家工作人员的，并依法给予处分；构成犯罪的，依法追究刑事责任：

1）不立即组织事故抢救的。

2）迟报或者漏报事故的。

3）在事故调查处理期间擅离职守的。

（2）事故发生单位及其有关人员有下列行为之一的，对事故发生单位处100万元以上500万元以下的罚款；对主要负责人、直接负责的主管人员和其他直接责任人员处上一年年收入60％～100％的罚款；属于国家工作人员的，并依法给予处分；构成违反治安管理行为的，由公安机关依法给予治安管理处罚；构成犯罪的，依法追究刑事责任：

1）谎报或者瞒报事故的。

2）伪造或者故意破坏事故现场的。

3）转移、隐匿资金、财产，或者销毁有关证据、资料的。

4）拒绝接受调查或者拒绝提供有关情况和资料的。

5）在事故调查中作伪证或者指使他人作伪证的。

6）事故发生后逃匿的。

（3）事故发生单位对事故发生负有责任的，依照下列规定处以罚款：

1）发生一般事故的，处10万元以上20万元以下的罚款。

2）发生较大事故的，处20万元以上50万元以下的罚款。

3）发生重大事故的，处50万元以上200万元以下的罚款。

4）发生特别重大事故的，处200万元以上500万元以下的罚款。

（4）事故发生单位主要负责人未依法履行安全生产管理职责，导致事故发生的，依照下列规定处以罚款；属于国家工作人员的，并依法给予处分；构成犯罪的，依法追究刑事责任：

1）发生一般事故的，处上一年年收入30％的罚款。

2）发生较大事故的，处上一年年收入40％的罚款。

3）发生重大事故的，处上一年年收入60％的罚款。

4）发生特别重大事故的，处上一年年收入80％的罚款。

（5）有关地方人民政府、安全生产监督管理部门和负有安全生产监督管理职责的有关部门有下列行为之一的，对直接负责的主管人员和其他直接责任人员依法给予处分；构成犯罪的，依法追究刑事责任：

1）不立即组织事故抢救的。

2）迟报、漏报、谎报或者瞒报事故的。

3）阻碍、干涉事故调查工作的。

4）在事故调查中作伪证或者指使他人作伪证的。

（6）事故发生单位对事故发生负有责任的，由有关部门依法暂扣或者吊销其有关证照；对事故发生单位负有事故责任的有关人员，依法暂停或者撤销其与安全生产有关的执业资格、岗位证书；事故发生单位主要负责人受到刑事处罚或者撤职处分的，自刑罚执行完毕或者受处分之日起，5年内不得担任任何生产经营单位的主要负责人。

为发生事故的单位提供虚假证明的中介机构，由有关部门依法暂扣或者吊销其有关证照及其相关人员的执业资格；构成犯罪的，依法追究刑事责任。

（7）参与事故调查的人员在事故调查中有下列行为之一的，依法给予处分；构成犯罪的，依法追究刑事责任：

1）对事故调查工作不负责任，致使事故调查工作有重大疏漏的。

2）包庇、袒护负有事故责任的人员或者借机打击报复的。

第四节　水利工程文明施工监理

文明施工，是指施工企业在建设项目施工过程中科学地组织安全生产，规范化、标准化管理现场，使施工现场按现代化施工的要求保持良好的施工环境和施工秩序。文明施工在视觉上反映了企业的精神外貌，在产品上凝聚了企业的文化内涵，展示了企业的生存能力、生产能力、管理能力，提高了企业的市场竞争能力。文明施工是施工企业的一项基础性的管理工作。施工项目的工程质量是企业生存的根本，是企业在激烈市场竞争中胜出的保证。文明施工提供了良好的施工环境和施工秩序，规范了施工程序和施工步骤，进而提高产品一次合格率，减少了成本，提高了企业盈利能力。为工程质量达到优良打下了基础。

一、建设主体文明施工管理任务

（一）发包人文明施工管理任务

在水利工程建设项目施工过程中，发包人文明施工管理的主要任务如下：

（1）应统一管理本工程的文明施工工作，负责管理和协调全工地的治安保卫、施工安全和环境保护等有关文明施工事项。发包人对文明施工的统一管理和协调工作不免除承包人按规定应负的责任。

（2）应负责与当地公安部门协商共同，在工地建立或委托当地公安部门建立一个现场治安管理机构，统一管理全工地的治安保卫事宜，负责履行本工程的治安保卫职责。

（二）承包人文明施工管理任务

在水利工程建设项目施工过程中，承包人文明施工管理的主要任务如下：

（1）在施工过程中，应遵守有关环境保护的法律、法规和规章及合同的有关规定，并应对其违反法律、法规和规章及合同规定所造成的环境破坏以及人员伤害和财产损失负责。

（2）应在编报的施工组织设计中做好施工弃渣的处理措施，严格按批准的弃渣规划有序地堆放和利用弃渣，防止任意堆放弃渣影响河道的防汛标准和本工程其他承包人的正常施工以及危及下游居民的安全。

（3）应按合同规定采取有效措施对施工开挖的边坡及时进行支护和做好排水措施，避免由于施工造成的水土流失。

(4) 在施工过程中应采取有效措施，注意保护饮用水源免受施工活动造成的污染。

(5) 应按技术条款的规定加强对噪声、粉尘、废气、废水的控制和治理，采用先进设备和技术，努力降低噪声，控制粉尘、废气浓度以及做好废水和废油的治理和排放。

(6) 应保持施工区和生活区的环境卫生，及时清除垃圾和废弃物，并运至指定的地点堆放和处理，进入现场的材料、设备必须置放有序，防止任意堆放器材杂物阻塞工作场地周围的通道和影响环境。

发包人和承包人应教育各自的人员遵纪守法，共同维护全工地的社会治安，协助现场治安管理机构做好各自管辖区（包括施工工地和生活区）的治安保卫工作。

二、监理单位文明施工监理任务

在水利工程建设项目施工过程中，监理单位文明施工监理的主要任务如下：

(1) 应依据有关文明施工规定和施工合同约定，审核承包人的文明施工组织机构和措施。

(2) 应检查承包人文明施工的执行情况，并监督承包人通过自查和改进，完善文明施工管理。

(3) 应督促承包人开展文明施工的宣传和教育工作，并督促承包人积极配合当地政府和居民共建和谐建设环境。

(4) 应监督承包人落实合同约定的施工现场环境管理工作。

三、水利建设工程文明工地创建

(一) 水利建设工程文明工地创建标准

文明施工实际上是建筑安全生产工作的发展、飞跃和升华，是树立“以人为本”的指导思想。在安全达标的基础上开展的创建文明工地活动，标准化文明施工，是现代化施工的一个重要标志，是作为企业文化的一部分，具有重要意义。

文明工地应当符合以下标准：

(1) 质量管理。质量保证体系健全；工程质量得到有效控制，工程内在、外观质量优良；质量事故、质量缺陷处理及时；质量档案管理规范、真实，归档及时等。

(2) 综合管理。文明工地创建工作计划周密，组织到位，制度完善，措施落实；参建各方信守合同，严格执行基本建设程序。全体参建人员遵纪守法，爱岗敬业；学习气氛浓厚，职工文体活动丰富；信息管理规范；参建单位之间关系融洽，能正确协调处理与周边群众的关系，营造良好施工环境。

(3) 安全管理。安全生产责任制及规章制度完善；制定针对性及操作性强的事故应急预案；实行定期安全生产检查制度，无生产安全事故发生。

(4) 施工区环境。现场材料堆放、施工机械停放有序、整齐；施工道路布置合理，路面平整、通畅；施工现场做到工完场清；施工现场安全设施及警示标识规范；办公室、宿舍、食堂等场所整洁、卫生；生态环境保护及职业健康条件符合国家标准要求，防止或减少施工引起的粉尘、废水、废气、固体废弃物、噪声、振动、照明对人和环境的危害，防范污染措施得当。

有下列情形之一的，不得申报“文明工地”：

1）干部职工中发生刑事案件或经济案件被判处刑法主刑的；干部职工中发生违纪、违法行为，受到党纪、政纪处分或被刑事处罚的。

2）发生较大及以上质量事故或一般以上生产安全事故。

3）环保事件。

4）被水行政主管部门或有关部门通报批评或进行处罚的。

5）拖欠工程款、民工工资或与当地群众发生重大冲突等事件，并造成严重社会影响的。

6）项目建设单位未严格执行项目法人负责制、招标投标制和建设监理制的。

7）项目建设单位未按照国家现行基本建设程序要求办理相关事宜的。

8）项目建设过程中，发生重大合同纠纷，造成不良影响的。

（二）水利建设工程文明工地申报程序

文明工地实行届期制，每两年通报一次。在上一届已是文明工地的，如符合条件，可继续申报下一届。

文明工地按下列程序申报：

（1）自愿申报。凡具备条件且符合下列申报条件的水利建设工地，即：开展文明工地创建活动半年以上；工程项目已完成的工程量，应达全部建筑安装工程量的20%及以上，或在主体工程完工一年以内；工程进度满足总进度计划要求的均可由项目法人按自愿原则申报。

申报文明工地的项目，原则上是以项目建设管理单位所管辖的一个工程项目或其中的一个或几个标段为单位的工程项目（或标段）为一个文明建设工地。

（2）考核复核。县级及以上水行政主管部门负责受理文明工地创建申报申请，对申报单位进行现场考核，并逐级向上一级水行政主管部门推荐。省、自治区、直辖市水利（水务）厅（局）文明办与建管部门进行复核并本着优中选优的原则提出推荐名单，并经本单位文明委同意后报水利部。

流域机构所属的工程项目，由流域机构文明办与建管部门进行考核，提出推荐名单并经流域机构文明委同意后报水利部。

水利部直属工程项目，由项目法人直接向水利部申报。

水利部文明办、建设与管理司负责组织专家对文明工地进行审核，提出文明工地建设名单，报水利部精神文明建设指导委员会审定。

（3）公开公示。水利部文明委审议通过后，在水利部相关媒体上进行为期一周的公示，接受公众监督。公示期间有异议的，由水利部文明办、建设与管理司组织复核。

（4）发文通报。对符合条件的“文明工地”工程项目，正式发文予以通报。

复 习 思 考 题

1. 安全监理的依据是什么？

2. 施工安全监理工作内容有哪些？

3. 施工过程中监理机构的施工安全监理应包括哪些内容？

4. 文明施工的监理任务有哪些？

5. 某水利枢纽工程施工过程中，发生了搅拌台（属于临时工程，由承包商提供设计图纸）倒塌事故，造成3人死亡。经查，搅拌台的设计存在重大缺陷，没有设置斜撑。监理工程师没有对搅拌台设计图纸进行审查，认为搅拌台是由承包商自己设计的，他只负责对永久工程的施工图纸进行核查、签字，没有必要对施工图纸进行核查。

问题：

（1）监理工程师是否需要承担责任？为什么？

（2）该安全事故属于哪一等级？

（3）简述安全事故的处理程序。

6. 背景：某水利枢纽工程位于甲乙两省交界处，由大坝、泄洪闸、引水洞、发电站等建筑物组成。该枢纽工程于2014年11月开工建设，加护2017年7月建设完成，项目在施工过程中发生如下事件：

事件1：为加强企业管理，树立良好的企业形象，2015年6月承包人直接向水利部文明委申报文明工地，此时该项目已完成全部建安工程量的15％。

事件2：上级有关主管部门为加强质量管理，在工地现场成立了由省水利工程质量监督中心站以及工程项目法人、设计单位和监理单位等有关人员组成的工程质量监督项目站。

事件3：发电站工地基坑开挖时，由于局部塌方，造成1名工人重伤。

问题：

（1）指出事件1中不妥之处，并简要说明理由。

（2）指出事件2中不妥之处，并简要说明理由。

（3）水利工程建设安全事故共分为哪几级？指出事件3的事故等级。

（4）根据水利工程建设安全生产的有关规定，简述安全生产的方针以及安全生产管理工作用贯彻的原则、工程各参建单位内部安全工作责任划分。

第七章　水利工程施工合同管理的其他工作

第一节　建设工程合同的基本知识

一、合同的概念

《中华人民共和国合同法》第二条对合同的概念作出了规定："本法所称合同是平等主体的自然人、法人、其他组织之间设立、变更、终止民事权利义务关系的协议。"

合同由三部分组成，即权利主体、权利客体和内容。权利主体是指签订及履行合同的双方或多方当事人，又称民事权利义务主体；权利客体是指权利主体共同指向的对象，包括物、行为和精神产品；内容是指权利主体的权利和义务。

二、建设工程合同的概念

建设工程合同是指在工程建设过程中发包人与承包人依法订立的、明确双方权利和义务关系的协议，是承包人进行工程建设，发包人支付工程价款的合同。建设工程合同是一种诺成合同，合同订立生效后双方均应严格履行；同时，也是一种有偿合同，合同双方当事人在执行合同时，都享有各自的权利，同时必须履行自己应尽的义务，并承担相应的责任。

工程建设合同的客体是工程，工程建设合同的主体是发包人和承包人。发包人是业主或业主委托的管理机构，承包人是承担勘察、设计、建筑和安装施工任务的勘察单位、设计单位或施工单位。建设工程实行监理的，发包人也应当与监理单位订立委托监理合同。

三、建设工程合同的作用

建设工程合同的作用如下：

（1）合同确定了工程建设和管理的目标。合同的主要内容有：工期和建设地点，包括建设地点和施工场地、工程开工和结束的日期、工程中主要活动的延续时间等，都是由合同协议书、工程进度计划所决定的；工程规模、范围和质量，包括工程的类型和尺寸，工程要达到的功能和能力，设计、施工、材料等方面的质量标准和规范等，是由合同条款、规范、图纸、工程量清单、供应单等决定的；价格和报酬，包括工程总造价，各单元工程的单价和合价，设计、服务费用和报酬等，是由合同协议书、中标函、工程量清单等决定的。

（2）合同是工程建设过程中双方纠纷解决的依据。在建设工程合同实施过程中，由于合同周期长、实施环境的变化，双方对合同条款本身存在模糊、不确定等因素，引起纠纷是难免的，重要的是如何正确解决这些纠纷。解决合同纠纷的原则：一是判定纠纷责任要以合同条款为依据，即根据合同判定应由谁对纠纷负责以及应负什么样的责任；二是纠纷的解决必须按照合同所规定的解决方式和程序进行。

（3）合同是工程建设过程中双方活动的准则。工程建设双方的一切活动都是为了履行合同，必须按合同办事，全面履行合同所规定的权利和义务，并承担所分配风险的责任。双方的行为都要受合同约束，一旦违约，就要承担违约责任。

（4）合同是协调并统一参加建设者行动的重要手段。一个工程项目的建设，往往有多家参与单位，其目标和利益均不同。要使各参与者的活动协调统一，为工程总目标服务，就必须有为保证本工程顺利建设而签订的各个合同。项目管理者通过与各单位签订合同，将各合同和合同规定的活动在内容上、技术上、组织上、时间上协调统一，形成一个完整、周密、有序的体系，以保证工程按计划有序进行，从而顺利实现工程建设的总目标。

四、建设工程合同的类别

建设工程合同根据管理角度不同有多种分类方式。

（一）按承、发包的范围和数量分类

按承、发包的范围和数量，可以将建设工程合同分为建设工程总承包合同、建设工程承包合同、分包合同三类。建设工程总承包合同是指发包人将工程建设的全过程发包给一个承包人的合同。建设工程承包合同是指发包人将建设工程的勘察、设计、施工等的每一项发包给一个或多个承包人的合同。分包合同是指经合同约定和发包人认可，分包商从工程承包人的工程中承包部分工程而订立的合同。

（二）按完成工程承包的内容分类

按完成工程承包的内容来划分，工程建设合同可以分为建设工程勘察合同、建设工程设计合同、建设工程委托监理合同和建设工程施工合同等类型。

（1）建设工程勘察设计合同。建设工程勘察设计合同是委托人与承包人为完成一定的勘察、设计任务，明确相互权利义务而签订的合同。勘察设计的委托人，是建设单位或其他有关单位；承包人是持有勘察设计证书的勘察设计单位。建设工程勘察设计合同，包括初步勘测设计合同和施工设计合同。初步勘察设计合同，是为项目立项进行初步的勘察、设计，为主管部门进行项目决策而成立的合同；施工设计合同是指在项目决策确立之后，为进行具体的施工而成立的设计合同。

（2）建设工程委托监理合同是委托合同的一种，是指工程建设单位聘请监理单位对工程建设实施监督管理，明确双方权利、义务的协议。建设单位称为委托人，监理单位为受托人。

（3）建设工程施工合同即建筑安装工程承包合同，是发包人与承包人之间为完成商定的建设工程项目，明确双方权利和义务的协议。发包人是建设单位，承包人是具有法人资格的施工单位，如各类建筑工程公司、建筑安装公司等。依据施工合同，承包人应完成一定的建筑、安装工程任务，发包人应提供合同规定的施工条件并支付工程价款。

（三）按计价方式分类

发包人与承包人所签订的建设工程合同，按计价方式不同，可以划分为总价合同、单价合同和成本加酬金合同三大类。建设工程勘察、设计合同和设备加工采购合同，一般为总价合同；建设工程委托监理合同大多数为成本加酬金合同。建设工程施工合同根据招标准备情况和工程项目特点不同，可选择其适用的一种合同。

1. 总价合同

总价合同又分为固定总价合同、固定工程量总价合同和可调整总价合同。

（1）固定总价合同。合同当事人双方以招标时的图纸和工程量等招标文件为依据，承包人按投标时发包人接受的合同价格承包并实施。在合同履行过程中，如果发包人没有要求变更原定的承包内容，承包人实施并圆满完成所承包工程的工作内容，不论承包人的实际成本是多少，发包人都应当按合同价支付项目价款。

（2）固定工程量总价合同。在工程量报价单中，发包人按单位工程及分部工程内容列出实施工程量，承包人分别填报各项内容的直接费单价，然后再汇总出总价，并据此总价签订合同。合同内原定工作内容全部完成后，发包人按总价支付给承包人全部费用。如果中途发生设计变更或增加新的工作内容，则用合同内已确定的单价来计算新增工程量而对总价进行调整。

（3）可调整总价合同。这种合同与固定总价合同基本相同，但合同期较长（一年以上），只是在固定总价合同基础上，增加了合同执行过程中因市场价格浮动等因素对承包价格调整的条款。常见的调价方式有票据价格调整法、文件证明法、公式调价法等。

2. 单价合同

单价合同是指承包人按工程量报价单内分项工作内容填报单价，以实际完成工程量乘以所报单价计算结算款的合同。承包人所填报的单价应为计入各种摊销费以后的综合单价，而非直接费单价。合同执行过程中无特殊情况，一般不得变更单价。单价合同的执行原则是，工程量清单中分项开列的工程量，在合同实施过程中允许有上下浮动变化，但该项工作内容的单价不变，结算支付时以实际完成工程量为依据。因此，按投标书报价单中预计工程量乘以所报单价计算的合同价格，并不一定就是承包人保质保量完成合同中规定的任务后所获得的全部款项，可能比它多，也可能比它少。

单价合同大多用于工期长、技术复杂、实施过程中发生各种不可预见因素较多的大型复杂工程的施工，以及发包人为了缩短项目建设周期，初步设计完成后就进行施工招标的工程。单价合同的工程量清单内所列出的工程量一般为估算工程量，而非准确工程量。

常用的单价合同有估计工程量单价合同、纯单价合同和单价与包干混合合同三种。

（1）估计工程量单价合同。承包人在投标时，以工程量报价单中列出的工作内容和估计工程量填报相应的单价后，累计计算合同价。此时的单价应为计入各种摊销费后的综合单价，即成品价，不再包括其他费用项目。合同履行过程中应以实际完成工程量乘以单价作为结算和支付的依据。这种合同方式较为合理地分担了合同履行过程中的风险。估计工程量单价合同按照合同工期长短也可以分为固定单价合同和可调单价合同两类。

（2）纯单价合同。招标文件中仅给出各项工程的分部分项工程项目一览表、工程范围和必要的说明，而不提供工程量。投标人只要报出各分部分项工程项目的单价即可，实施过程中按实际完成工程量结算。由于同一工程在不同的施工部位和外部环境条件下，承包人的实际成本投入不尽相同，因此仅以工作内容填报单价不易准确。而且对于间接费分摊在许多工种中的复杂情况，以及有些不易计算工程量的项目内容，采用纯单价合同往往会引起结算过程中的麻烦，甚至导致合同争议。

（3）单价与包干混合合同。这种合同是总价合同与单价合同结合的一种形式。对内容简单、工程量准确部分，采用总价合同承包；对技术复杂、工程量为估算值部分采用单价合同方式承包。

3. 成本加酬金合同

成本加酬金合同是将工程项目的实际投资划分为直接成本费和承包人完成工作后应得酬金两部分。实施过程中发生的直接成本费由发包人实报实销，另按合同约定的方式付给承包人相应的报酬。成本加酬金合同大多使用于边设计边施工的紧急工程或灾后修复工程，以议标方式与承包人签订合同。由于在签订合同时，发包人还提供不出可供承包人准确报价的详细资料，因此在合同中只能商定酬金的计算办法。按照酬金的计算方式不同，成本加酬金合同又可分为成本加固定百分比酬金合同、成本加固定酬金合同、成本加浮动酬金合同及目标成本加奖惩合同四种类型。

第二节　水利工程施工合同示范文本

一、施工合同文件概述

（一）施工合同文件的组成

施工合同文件是施工合同管理的依据，根据《水利水电工程施工招标和合同文件示范文本》，由如下部分组成：

（1）合同协议书。指承包人按中标通知书规定的时间与发包人签订合同协议书。除法律另有规定或合同另有约定外，发包人和承包人的法定代表人或其委托代理人在合同协议书上签字并盖单位章后，合同生效。

（2）中标通知书。指发包人通知承包人中标的函件。

（3）投标函及投标函附录。投标函是指构成合同文件组成部分的由承包人填写并签署的投标函。投标函附录是指附在投标函后构成合同文件的投标函附录。

（4）合同条款。合同条款指由发包人拟定和选定，经双方同意采用的条款，它规定了合同双方的权利和义务。合同条款一般包含两部分：通用条款和专用条款。

（5）技术条款。技术条款是指构成合同文件组成部分的名为技术条款的文件，包括合同双方当事人约定对其所作的修改或补充。技术条款是合同的重要组成部分，其内容是说明合同标的物应达到的质量标准及其施工技术要求，也是合同支付的实物依据和计量方法。在投标阶段，也是投标人进行投标报价的实物依据。

（6）图纸。指列入合同的招标图纸、投标图纸和发包人按合同约定向承包人提供的施工图纸和其他图纸（包括配套说明和有关资料）。

图纸为列入合同的招标图纸和发包人按合同约定向承包人提供的施工图纸和其他图

纸，以及列入合同的投标图纸的总称。施工图纸仅为图纸中的一部分。上述各类图纸的内容还应包括其配套说明和有关资料。

列入合同的招标图纸已成为合同文件的一部分，具有合同效力，主要用于在履行合同过程中作为衡量变更的依据，但不能直接用于施工。经发包人确认进入合同的投标图纸亦成为合同文件的一部分，用于在履行合同中检验承包人是否按其投标时承诺的条件进行施工的依据，亦不能直接用于施工。

(7) 已标价的工程量清单。指构成合同文件组成部分的由承包人按照规定的格式和要求填写并标明价格的工程量清单。

(8) 其他合同文件。指经合同双方当事人确认构成合同文件的其他文件。

(二) 合同文件的解释顺序

组成合同的各项文件应互相解释，互为说明。但是，由于合同文件众多、篇幅庞大，很难避免彼此之间出现解释不清或有异议的情况。因此合同条款应规定合同文件解释的优先次序，即当不同文件出现模糊或矛盾时，以哪个文件为准。一般情况下，除专用合同条款另有约定外，解释合同文件的优先顺序如下：

(1) 合同协议书（包括补充协议书、协议书备忘录）。

(2) 中标通知书。

(3) 投标函及投标函附录。

(4) 专用合同条款。

(5) 通用合同条款。

(6) 技术条款。

(7) 图纸。

(8) 已标价工程量清单。

(9) 其他合同文件。

二、施工合同条款的内容

1. 通用合同条款

《水利水电工程施工招标和合同文件示范文本》通用合同条款共计 24 条，内容包括一般约定、发包人义务、监理人、承包人、材料和工程设备、施工设备和临时设施、交通运输、测量放线、施工安全、治安保卫和环境保护、进度计划、开工和竣工、暂停施工、工程质量、试验和检验、变更、价格调整、计量与支付、竣工验收、缺陷责任与保修责任、保险、不可抗力、违约、索赔、争议的解决等，一般应全文引用，不得更动。

2. 专用合同条款

水利工程施工的专用合同条款根据水利行业建设管理的要求，以及水利工程建设项目的特点和实际需要，对通用合同条款进行补充、细化和修改，但不得违反法律、行政法规的强制性规定和平等、自愿、公平和诚实信用原则。专用合同条款是补充和修改通用合同条款中条款号相同的条款或当需要时增加新的条款，两者应对照阅读，一旦出现矛盾或不一致，则以专用合同条款为准。

施工合同条款的核心问题是规定双方的权利义务，以及分配双方的风险责任。

三、施工合同当事人的义务和责任

（一）发包人的义务

（1）遵守法律。发包人在履行合同过程中应遵守法律，并保证承包人免于承担因发包人违反法律而引起的任何责任。

（2）发出开工通知。发包人应委托监理人按约定向承包人发出开工通知。

（3）提供施工场地。发包人应负责按约定的范围和时限向承包人提供施工场地，发包人应向承包人提供已有的与本合同工程有关的水文和地质勘探资料以及施工场地地下障碍物等有关资料，并保证资料的真实、准确、完整。施工用地范围内的征地移民工作由发包人负责办理，并应按合同约定的施工进度要求提供给承包人。发包人应在招标文件中标明施工用地的范围及其可提供给承包人使用的期限。发包人应按合同约定及时提供，避免由于发包人原因而造成工程延误。

（4）协助承包人办理证件和批件。发包人应协助承包人办理法律规定的有关施工证件和批件。

（5）组织设计交底。发包人应根据合同进度计划，组织设计单位向承包人进行设计交底。

（6）支付合同价款。发包人应按合同约定向承包人及时支付合同价款。

（7）组织竣工验收。发包人应按合同约定及时组织竣工验收。

（8）其他义务。发包人应履行合同约定的其他义务。

（二）承包人的义务

（1）遵守法律。承包人在履行合同过程中应遵守法律，并保证发包人免于承担因承包人违反法律而引起的任何责任。

（2）依法纳税。承包人应按有关法律规定纳税，应缴纳的税金包括在合同价格内。

（3）完成各项承包工作。承包人应按合同约定以及监理人根据合同作出的指示，实施、完成全部合同工程，并修补合同工程中的任何缺陷。除专用合同条款另有约定外，承包人应提供为完成合同工作所需的劳务、材料、施工设备、工程设备和其他物品，并按合同约定负责临时设施的设计、建造、运行、维护、管理和拆除。

（4）对施工作业和施工方法的完备性负责。承包人应按合同约定的工作内容和施工进度要求，编制施工组织设计和施工措施计划，并对所有施工作业和施工方法的完备性和安全可靠性负责。

（5）保证工程施工和人员的安全。承包人应按合同约定采取施工安全措施，确保工程及其人员、材料、设备和设施的安全，防止因工程施工造成的人身伤害和财产损失。

（6）负责施工场地及其周边环境与生态的保护工作。承包人应按照合同约定负责施工场地及其周边环境与生态的保护工作。

（7）避免施工对公众与他人的利益造成损害。承包人在进行合同约定的各项工作时，不得侵害发包人与他人使用公用道路、水源、市政管网等公共设施的权利，避免对邻近的公共设施产生干扰。承包人占用或使用他人的施工场地，影响他人作业或生活的，应承担相应责任。

(8) 为他人提供方便。承包人应按监理人的指示为他人在施工场地或附近实施与工程有关的其他各项工作提供可能的条件。除合同另有约定外，提供有关条件的内容和可能发生的费用，由监理人商定或确定。

(9) 工程的维护和照管。工程接收证书颁发前，承包人应负责照管和维护工程。工程接收证书颁发时尚有部分未竣工工程的，承包人还应负责该未竣工工程的照管和维护工作，直至竣工后移交给发包人为止。

(10) 其他义务。承包人应履行合同约定的其他义务。

四、施工合同中对监理单位的规定

施工合同条款规定了监理单位的职责和权力。监理人员在实施监理的过程中，应严格按照合同要求，履行监理单位的职责，行使监理单位的权利。

（一）监理单位的职责和权力

(1) 监理单位受发包人委托，享有合同约定的权力。监理单位在行使某项权力前需要经发包人事先批准而通用合同条款没有指明的，应在专用合同条款中指明。

(2) 监理单位发出的任何指示应视为已得到发包人的批准，但监理单位无权免除或变更合同约定的发包人和承包人的权利、义务和责任。

(3) 合同约定应由承包人承担的义务和责任，不因监理单位对承包人提交文件的审查或批准，对工程、材料和设备的检查和检验，以及为实施监理作出的指示等职务行为而减轻或解除。

（二）总监理工程师

发包人应在发出开工通知前将总监理工程师的任命通知承包人。总监理工程师更换时，应在调离 14 天前通知承包人。总监理工程师短期离开施工场地的，应委派代表代行其职责，并通知承包人。

（三）监理人员

(1) 总监理工程师可以授权其他监理人员负责执行其指派的一项或多项监理工作。总监理工程师应将被授权监理人员的姓名及其授权范围通知承包人。被授权的监理人员在授权范围内发出的指示视为已得到总监理工程师的同意，与总监理工程师发出的指示具有同等效力。总监理工程师撤销某项授权时，应将撤销授权的决定及时通知承包人。

(2) 监理人员对承包人的任何工作、工程或其采用的材料和工程设备未在约定的或合理的期限内提出否定意见的，视为已获批准，但不影响监理人在以后拒绝该项工作、工程、材料或工程设备的权利。

(3) 承包人对总监理工程师授权的监理人员发出的指示有疑问的，可向总监理工程师提出书面异议，总监理工程师应在 48 小时内对该指示予以确认、更改或撤销。

(4) 除专用合同条款另有约定外，总监理工程师不应将合同约定的应由总监理工程师作出确定的权力授权或委托给其他监理人员。

（四）监理单位的指示

(1) 监理单位应按合同约定向承包人发出指示，监理单位的指示应盖有监理单位授权的施工现场机构章，并由总监理工程师或总监理工程师按合同约定授权的监理人员签字。

(2) 承包人收到监理单位按合同约定作出的指示后应遵照执行。指示构成变更的，应按变更处理。

(3) 在紧急情况下，总监理工程师或被授权的监理人员可以当场签发临时书面指示，承包人应遵照执行。承包人应在收到上述临时书面指示后 24 小时内，向监理单位发出书面确认函。监理单位在收到书面确认函后 24 小时内未予答复的，该书面确认函应被视为监理单位的正式指示。

(4) 除合同另有约定外，承包人只从总监理工程师或按合同约定被授权的监理人员处取得指示。

(5) 由于监理单位未能按合同约定发出指示、指示延误或指示错误而导致承包人费用增加和（或）工期延误的，由发包人承担赔偿责任。

(五) 商定或确定

(1) 合同约定总监理工程师应按照本款对任何事项进行商定或确定时，总监理工程师应与合同当事人协商，尽量达成一致。不能达成一致的，总监理工程师应认真研究后审慎确定。

(2) 总监理工程师应将商定或确定的事项通知合同当事人，并附详细依据。对总监理工程师的确定有异议的，构成争议，按照合同约定的争议的解决处理。在争议解决前，双方应暂按总监理工程师的确定执行，按照合同约定的争议的解决对总监理工程师的确定作出修改的，按修改后的结果执行。

第三节　施工合同管理的其他工作

一、工程变更管理

1. 工程变更的概念

工程变更是指施工过程中出现了与签订合同时的预计条件不一致的情况，而需要改变原定施工承包范围内的某些工作内容。工程变更不同于合同变更，对合同条件约定的业主和承包商的权利、义务没有改动，只是对施工方法、内容作局部变更，属于正常的合同管理。水利水电工程受自然条件等外界的影响较大，工程情况复杂，且在招标阶段一般未完成施工图纸，因此在施工合同实施过程中变更时不可避免的。

变更指示均需通过监理机构来发布实施。《水利水电工程施工招标和合同文件示范文本》规定：没有监理机构的指示，承包人不得擅自变更；监理机构发布的合同范围内的变更，承包人必须实施；发包人要求的变更，也要通过监理机构来实施。

2. 工程变更的范围和内容

在履行合同过程中，监理机构可根据工程的需要指示承包人进行以下各种类型的变更。没有监理机构的指示，承包人不得擅自变更。

(1) 增加或减少合同中任何一项工作内容。

(2) 增加或减少合同中关键项目的工程量超过专用合同条款规定的百分比。

(3) 取消合同中任何一项工作（但被取消的工作不能转由发包人或其他承包人实施）。

(4) 改变合同中任何一项工作的标准或性质。

(5) 改变工程建筑物的形式、基线、标高、位置或尺寸。

(6) 改变合同中任何一项工程的完工日期或改变已批准的施工顺序。

(7) 追加为完成工程所需的任何额外工作。

变更范围内的变更项目未引起工程施工组织和进度计划发生实质性变动和不影响其原定的价格时，不予调整该项目的单价。

3. 工程变更的处理原则

(1) 变更需要延长工期时，应按规定办理，若变更使合同工作量减少，监理人认为应予提前变更项目的工期时，由监理单位和承包人协商确定。

(2) 监理机构审核承包人提交的变更报价时，应依据批准的变更项目实施方案，按下列原则审核后报发包人：

1) 若施工合同工程量清单中有适用于变更工作内容的子目时，采用该子目的单价。

2) 若施工合同工程量清单中无适用于变更工作内容的子目，但有类似子目的，可采用合理范围内参照类似子目单价编制的单价。

3) 若施工合同工程量清单中无适用或类似子目的单价，可采用按照成本加利润原则编制的单价。

4. 工程变更指示

监理机构可依据合同约定向承包人发出变更意向书，要求承包人就变更意向书中的内容提交变更实施方案（包括实施变更工作的计划、措施和完工时间）；审核承包人的变更实施方案，提出审核意见，并在发包人同意后发出变更指示。若承包人提出难以实施此项变更的原因和依据，监理机构应与发包人、承包人协商后确定撤销、改变或不改变原变更意向书。

监理机构应根据监理合同授权和施工合同约定，向承包人发出变更指示。变更指示应说明变更的目的、范围、内容、工程量、进度和技术要求等。

监理机构在向承包人发出任何图纸和文件前，应仔细检查其中是否存在变更。若存在变更，监理人应按规定发出变更指示。

承包人收到监理机构发出的图纸和文件后，经检查后认为其中存在变更而监理机构未按规定发出变更指示，则应在收到图纸和文件后 14 天内或在开始执行前（以日期早者为准）通知监理人，并提供必要的依据。监理机构应在收到承包人通知后 14 天内答复承包人：若同意作为变更，应按规定补发变更指示；若不同意作为变更，也应在上述时限内答复承包人。若监理机构未在 14 天内答复承包人，则视为监理机构已同意承包人提出的作为变更的要求。

5. 承包人提出的变更

承包人提出变更建议的情形一般如下：

(1) 承包人认为受到的施工图纸和设计文件构成变更，但监理机构未发出变更指示的。

(2) 承包人认为施工环境遇到了不可预见的自然物质条件、非自然的物质障碍和污染物，构成变更但监理机构未发出变更指示的。

(3) 承包人的合理化建议被采纳并构成变更的。

监理机构收到承包人的变更建议后，应按下列内容进行审查：

1) 变更的原因和必要性。

2) 变更的依据、范围和内容。

3) 变更可能对工程质量、价格及工期的影响。

4) 变更的技术可行性及可能对后续施工产生的影响。

监理机构若同意变更，应报发包人批准后，发出变更指示。需要设代机构修改工程设计或确认施工方案变化的，监理机构应提请发包人通知设代机构。

6. 变更的报价

(1) 承包人收到监理机构发出的变更指示后28天内向监理机构提交一份变更报价书，其中内容应包括承包人确认的变更处理原则和变更工程量及其变更项目的报价单。监理机构认为必要时，可要求承包人提交重大变更项目的施工措施、进度计划和单价分析等。

(2) 承包人对监理机构提出的变更处理原则持有异议时，可在收到变更指示后7天内通知监理机构，监理机构则应在收到通知后7天内答复承包人。

7. 变更决定

当发包人与承包人就变更价格和工期协商一致时，监理机构应见证合同当事人签订变更项目确认单。当发包人与承包人就变更价格不能协商一致时，监理机构应认真研究后审慎确定合适的暂定价格，通知合同当事人执行；当发包人与承包人就工期不能协商一致时，按合同约定处理。监理机构在变更审查中应与发包人和承包人充分沟通、协商。

监理机构应在收到承包人变更报价书后28天内对变更报价书进行审核后作出变更决定，并通知承包人。

发包人和承包人未能就监理机构的决定取得一致意见，则监理机构可暂定他认为合适的价格和需要调整的工期，并应将其暂定的变更处理意见通知发包人和承包人，此时承包人应遵照执行。对已实施的变更，监理机构可将其暂定的变更费用列入月进度付款中。但发包人和承包人均有权在收到监理机构变更决定后的28天内要求按规定提请争议调解组解决，若在此时限内双方均未提出上述要求，则监理机构的变更决定即为最终决定。

在紧急情况下，监理机构向承包人发出的变更指示，可要求立即进行变更工作。承包人收到监理机构的变更指示后，应先按指示执行，再按规定向监理机构提交变更报价书，监理机构则仍应按规定补发变更决定通知。

8. 变更影响本项目和其他项目的单价或合价

任何一项变更引起本合同工程或部分工程的施工组织和进度计划发生实质性变动，以致影响本项目和其他项目的单价或合价时，发包人和承包人均有权要求调整本项目和其他项目的单价或合价，监理机构应与发包人和承包人协商确定。

9. 合同价格增减超过15%

完工结算时，若出现由于全部变更工作引起合同价格增减的金额以及实际工程量与工程量清单中估算工程量的差值引起合同价格增减的金额的总和超过合同价格（不包括备用金）的15%时，在除了按确定的变更工作的增减金额外，若还需对合同价格进行调整时，其调整金额由监理机构与发包人和承包人协商确定。若协商后未达成一致意见，则应由监理机构在进一步调查工程实际情况后予以确定，并将确定结果通知承包方，同时抄送发包人。上述调整金额仅考虑变更和实际工程与《工程量清单》中估算工程量的差值引起的增减总金额超过合同价格（不包括备用金）的15%的部分。

10. 承包人原因引起的变更

（1）若承包人根据工程施工的需要，要求监理机构对合同的任一项工作作出变更，则应由承包人提交一份详细的变更申请报告报送监理机构审批。未经监理机构批准，承包人不得擅自变更。

（2）承包人要求的变更属于合理化建议的性质时，应按规定办理，否则由于变更增加的费用和工期延误责任由承包人承担。

（3）承包人违约或其他由于承包人的原因引起的变更，增加的费用和工期延误责任由承包人承担。

二、违约和索赔管理

监理机构要督促合同双方履行合同义务，提请双方避免违约。对于已经发生的违约事情，监理机构要依据施工合同，对违约责任和后果做出判断，并及时采取有效措施（如要求纠正、整改等），避免不良后果的扩大。

（一）承包人违约管理

1. 承包人违约

在履行合同过程中，承包人发生下述行为之一者属于承包人违约：

（1）承包人无正当理由未按开工通知的要求及时进场组织施工和未按签署协议书时商定的进度计划有效地开展施工准备，造成工期延误。

（2）承包人违反规定私自将合同或合同的任何部分或任何权利转让给其他人，或私自将工程或工程的一部分分包出去。

（3）未经监理机构批准，承包人私自将已按合同规定进入工地的工程设备、施工设备、临时工程设施或材料撤离工地。

（4）承包人违反规定使用不合格的材料和工程设备，或拒绝按规定处理不合格的工程、材料和工程设备。

（5）由于承包人原因拒绝按合同进度计划及时完成合同规定的工程或部分工程，而又未按规定采取有效措施赶上进度，造成工期延误。

（6）承包人在保修期内拒绝按规定和工程移交证书中所列的缺陷清单内容进行修复，或经监理机构检验认为修复质量不合格而承包人拒绝再进行修补。

（7）承包人否认合同有效或拒绝履行合同规定的承包人义务，或由于法律、财务等原因导致承包方无法继续履行或实质上已停止履行本合同的义务。

2. 对承包人违约发出警告

承包人发生违约行为时，监理机构应及时向承包人发出书面警告，限令其在收到书面警告后的28天内予以改正。承包人应立即采取有效措施认真改正，并尽可能挽回由于违约造成的延误和损失。由于承包人采取改正措施所增加的费用应由承包人承担。

3. 责令承包人停工整顿

承包人在收到书面警告后的28天内仍不采取有效措施改正其违约行为，继续延误工期或严重影响工程质量，危及工程安全，监理人可暂停支付工程价款，并按规定暂停其工程或部分工程施工，责令其停工整顿，并限令承包人在14天内提交整改报告报送监理人。由此增加的费用和工期延误责任由承包人承担。

4. 承包人违约解除合同

监理机构发出停工整顿通知28天后，承包人继续无视监理机构的指示，仍不提交整改报告，亦不采取整改措施，则发包人可通知承包单位解除合同并抄送监理人，并在发出通知14天后派员进驻工地直接监管工程，使用承包人设备、临时工程和材料，另行组织人员或委托其他承包人施工，但发包人的这一行动并不免除承包人按合同规定应负的责任。

5. 解除合同后的估价

因承包人违约解除合同后，监理人应尽快通过调查取证并与发包人和承包人协商后确定，并证明：

(1) 在解除合同时，承包人根据合同实际完成的工作已经得到或应得到的金额。

(2) 未用或已经部分使用的材料、承包人设备和临时工程等的估算金额。

6. 解除合同后的付款

(1) 若因承包人违约解除合同，则发包人应暂停对承包人的一切付款，并应在解除合同后发包人认为合适的时间委托监理机构查清以下付款金额，并出具付款证书报送发包人审批后支付。

1) 承包人按合同规定已完成的各项工作应得的金额和其他应得的金额。

2) 承包人已获得发包人的各项付款金额。

3) 承包人按合同规定应支付的逾期完工违约金和其他应付金额。

4) 由于解除合同承包人应合理赔偿发包人损失的金额。

(2) 监理机构出具上述付款证书前，发包人可不再向承包人支付合同规定的任何金额。此后，承包人有权得到按规定的余额，若承包人已得金额超出应得金额，则承包人应将超出部分付还给发包人。

7. 协议利益的转让

若因承包人违约解除合同，则发包人为保证工程延续施工，有权要求承包人将其为实施本合同而签署的任何材料和设备的提供或任何服务的协议和利益转让给发包人，并在解除合同后的14天内，通过法律程序办理这种转让。

8. 紧急情况下无能力或不愿进行抢救

在工程实施期间或保修期内发生危及工程安全的事件，当监理机构通知承包人进行抢救时，承包人声明无能力执行或不愿立即执行，则发包人有权雇用其他人员进行该项工作。若此类工作按合同规定应由承包人负责，由此引起的费用应由监理机构在发包人支付给承包人的金额中扣除，监理机构应与发包人协商后将作出的决定通知承包人。

（二）发包人违约管理

1. 发包人违约

在履行合同过程中，发包人发生下述行为之一者属于发包人违约：

(1) 发包人未能按合同规定的内容和时间提供施工用地、测量基准和应由发包人负责的部分准备工程等承包人施工所需的条件。

(2) 发包人未能按合同规定的时限向承包人提供应由发包人负责的施工图纸。

(3) 发包人未能按合同规定的时间支付各项预付款或合同价款，或拖延、拒绝批准任何支付凭证，导致付款延误。

(4) 由于法律、财务等原因导致发包人已无法继续履行或实质上已停止履行本合同的义务。

2. 承包人有权暂停施工

(1) 若发生第（1）、(2) 项的违约时，承包人应及时向发包人和监理人发出通知，要求发包人采取有效措施限期提供上述条件和图纸，并有权要求延长工期和补偿额外费用。监理单位收到承包人通知后，应立即与发包人和承包人共同协商补救办法，由此增加的费用和工期延误责任由发包人承担。

发包人收到承包人通知后的28天内仍未采取措施改正上述违约行为，则承包人有权暂停施工，并通知发包人和监理人，由此增加的费用和工期责任由发包人承担。

(2) 若发生第（3）项的违约时，发包人应按规定加逾期付款违约金，逾期28天仍不支付，则承包人有权暂停施工，并通知发包人和监理人，由此增加的费用和工期延误责任由发包人承担。

3. 发包人违约解除合同

若发生第（3）、(4) 项的违约时，承包人已按规定发出通知，并采取了暂停施工的行动后，发包人仍不采取有效措施纠正其违约行为，承包人有权向发包人提出解除合同的要求，并抄送监理人。发包人在收到承包人书面要求后的28天内仍不答复承包人，则承包人有权立即采取行动解除合同。

4. 解除合同后的付款

若因发包人违约解除合同，则发包人应在解除合同后28天内向承包人支付合同解除日以前所完成工程的价款和以下费用（应减去已支付给承包人的金额)。

(1) 即将支付承包人的，或承包人依法应予接收的为该工程合理订购的材料、工程设备和其他物品的费用，发包人一经支付此项费用，该材料、工程设备和其他物品即成为发包人的财产。

(2) 已合理开支的、确属承包人为完成工程所发生的而发包人未支付过的费用。

(3) 承包人设备运回承包人其他地点，或合同另行规定地点的合理费用。

(4) 承包人雇用的所有从事工程施工或与工程有关的职员和工人在合同解除后的遣返费和其他合理费用。

(5) 由于解除合同应合理补偿承包人损失的费用和利润。

(6) 在合同解除日前按合同规定应支付给承包人的其他费用。

发包人除应按本款规定支付上述费用和退还履约担保证件外，亦有权要求承包人偿还未扣完的全部预付款余额以及按合同规定应由发包人向承包人收回的其他金额。按规定的任何应付金额应由监理机构与发包机构和承包人协商后确定，监理机构应将确定的结果通知承包人，并抄送发包人。

（三）索赔管理

监理机构需按照施工合同约定的程序处理承包人和发包人提出的合同索赔事件。索赔处理监理程序如图 7-1 所示。

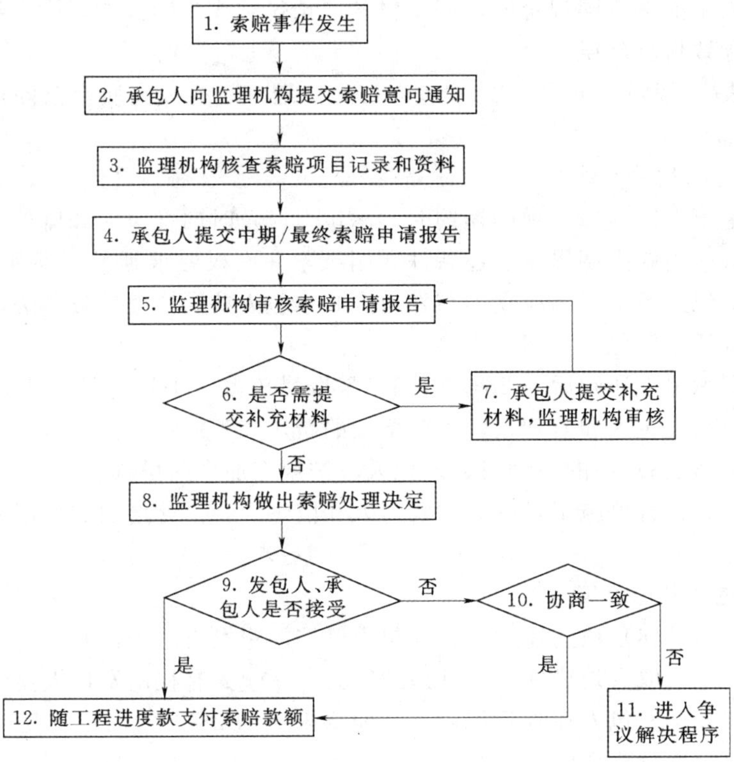

图 7-1　索赔处理监理工作程序图

1. 索赔的提出

承包人有权根据合同条件的任何条款及其他有关规定向发包人索取追加付款，但应在索赔事件发生后 28 天内将索赔意向书提交发包人和监理机构。监理机构在收到承包人的索赔意向通知后，应确定索赔的时效性，查验承包人的记录和证明材料，指示承包人提交持续性影响的实际情况说明和记录。

在索赔意向书发出后的 28 天内，再向监理机构提交索赔申请报告，承包人提交的索赔申请报告包含以下内容：

（1）索赔名称。

（2）索赔事件的简述及索赔要求（发生索赔事件的起因、时间、经过、索赔意向书的提交时间以及承包人为减轻损失所采取的措施；索赔金额、索赔工期）。

（3）索赔依据（合同约定、法律法规规定等）。

（4）索赔计算（计算依据、计算方法、取费标准、计算过程等详细说明）。

（5）索赔证明材料（记录、指示、签证、确认等相关文件；支持索赔计算的票据、凭证以及其他证据和说明）。

（6）其他按施工合同文件约定或监理机构要求应提交的，或承包人认为应报送的文件和资料。

如果索赔事件继续产生影响，承包人应按监理机构要求的合理时间间隔列出索赔累计金额和提出中期索赔申请报告，并在索赔事件影响结束后的28天内向监理机构提交包括最终索赔金额、延续记录、证明材料在内的最终索赔申请报告，并抄送发包人。

2. 索赔的处理

监理机构收到承包人提交的索赔意向书，应及时核查承包人的当时记录，并可指示承包人继续做好延续记录以备核查，监理机构可要求承包人提交全部记录的副本。

监理机构在收到承包人的中期索赔申请报告或最终索赔申请报告后，应进行以下工作：

（1）依据施工合同约定，对索赔的有效性进行审核。

（2）对索赔支持性资料的真实性进行审查。

（3）对索赔的计算依据、计算方法、计算结果及其合理性逐项进行审核。

（4）对由施工合同双方共同责任造成的经济损失或工期延误，应通过协商，公平合理地确定双方分担的比例。

（5）必要时要求承包人提供进一步的支持性资料。

监理机构收到承包人提交的索赔申请报告和最终索赔申请报告后的42天内，应立即进行审核，并与发包人和承包人充分协商后作出决定，在上述时限内将索赔处理决定通知承包人。

发包人和承包人应在收到监理机构的索赔处理决定后14天内，将其是否同意索赔处理决定的意见通知监理机构。若双方均接受监理机构的决定，则监理机构应在收到上述通知后的14天内将确定的索赔金额列入规定的付款证书中支付；若双方或其中任何一方不接受监理机构的决定，则对方均可按规定提请争议调解组评审。

若承包人未遵守各项索赔规定，则应得到的付款不能超过监理机构核实后决定的或争议调解组按规定提出的或由仲裁机构裁定的金额。

3. 提出索赔的期限

在承包人提交了完工付款申请后，监理机构不再接受承包人提出的在合同工程完工证书颁发前所发生的任何索赔事项；在承包人提交了最终结清申请后，监理机构不再接受承包人提出的任何索赔事项。

承包人按规定提交的最终付款申请单中，只限于提出本合同工程移交证书颁发后发生的新的索赔。提交最终付款申请单的时间是终止提出索赔的期限。

4. 发包人提出的索赔处理

发生合同约定的发包人索赔事件后，监理机构应根据合同约定和发包人的书面要求及时通知承包人，说明发包人的索赔事项和依据，按合同要求商定或确定发包人从承包人处得到赔付的金额和（或）缺陷责任期的延长期。

三、工程风险和保险管理

（一）工程风险责任划分

1. 发包人的风险责任

工程（包括材料和工程设备）发生以下各种风险造成的损失和损坏，均应由发包人承担风险责任。

(1) 发包人负责提供的工程设计不当造成的损失和损坏。

(2) 由于发包人责任造成工程设备的损失和损坏。

(3) 发包人和承包人均不能预见、不能避免并不能克服的自然灾害造成的损失和损坏，但承包人迟延履行合同后发生的除外。

(4) 战争、动乱等社会因素造成的损失和损坏，但承包人迟延履行合同后发生的除外。

(5) 其他由于发包人原因造成的损失和损坏。

2. 承包人的风险责任

工程（包括材料和工程设备）发生以下各种风险造成的损失和损坏，均应由承包人承担风险责任。

(1) 由于承包人对工程（包括材料和工程设备）照管不周造成的损失和损坏。

(2) 由于承包人的施工组织措施失误造成的损失和损坏。

(3) 其他由于承包人原因造成的损失和损坏。

3. 风险责任的转移

工程通过完工验收并移交给发包人后，原由承包人按约定承担的风险责任同时转移给发包人（在保修期发生的在保修期前的承包人原因造成的损失和损坏除外)。

4. 不可抗力解除合同

合同签订后发生发包人风险第 (3) 和第 (4) 项造成工程的巨大损失和严重损坏，使双方或任何一方无法继续履行合同时，经双方协商后可解除合同。解除合同后的付款由双方协商处理。

(二) 工程保险和风险损失的补偿

工伤事故、工程质量与安全事故、水灾、火灾事故以及车祸等是工程施工中不可避免的情况，给有关当事人都可能造成严重的损失，保险则是分散和转移这种工程风险的途径。在工程施工中，除国家法律规定必须参加的保险和承保人从自身利益出发提出的保险外，为保障工程的顺利实施，增强承包人的抗风险能力，往往都明确了发包人要求承包人投保的保险的险种。承包人为此而交纳一定的保险费，这些保险费在施工合同总价中得到补偿。

1. 工程和施工设备的保险

(1) 承包人应以承包人和发包人的共同名义向发包人同意的保险公司投保工程险（包括材料和工程设备)，投保的工程项目及其保险金额在签订协议书时由双方协商确定。

(2) 承包人应以承包人的名义投保施工设备险，投保项目及其保险金额由承包人根据其配备的施工设备状况自行确定，但承包人应充分估计主要施工设备可能发生的重大事故以及自然灾害造成施工设备的损失和损坏对工程的影响。

(3) 工程和施工设备的保险期限及其保险责任范围如下：

1) 从承包人进点至颁发工程移交证书期间，除保险公司规定的除外责任以外的工程（包括材料和工程设备）和施工设备的损失和损坏。

2) 在保修期内由于保修期以前的原因造成上述工程和施工设备的损失和损坏。

3）承包人在履行保修责任的施工中造成上述工程和施工设备的损失和损坏。

2. 损失和损坏的费用补偿

（1）自工程开工至完工移交期间，任何未保险的或从保险部门得到的保险费尚不能弥补工程损失和损坏所需的费用时，应由发包人或承包人根据规定的风险责任承担全部所需的费用，包括由于修复风险损坏过程中造成的工程损失和损坏所需的全部费用。

（2）若发生的工程风险包含有发包人和承包人的共同风险，则应由监理机构与发包人和承包人通过友好协商，按各自的风险责任分担工程的损失和修复损坏所需的全部费用。

（3）若发生承包人设备（包括其租用的施工设备）的损失或损坏，其所得到的保险金尚不能弥补其损失或损坏的费用时，除发包人应承担的风险外，应由承包人自行承担其所需的全部费用。

（4）在工程完工移交给发包人后，除了在保修期内发现仍属承包人应负责的由于保修期前的原因造成的损失或损坏以外，均应由发包人承担任何风险造成工程（包括工程设备）的损失和修复损坏所需的全部费用。

当承包人已按施工合同约定办理了保险，其为履行合同义务所遭受的损失不能从承保人处获得足额赔偿时，监理机构在接到承包人申请后，应依据施工合同约定界定风险与责任，确认责任者或经协商合理划分合同双方分担保险赔偿不足部分费用的比例。

（三）人员工伤事故

1. 人员工伤事故的责任

（1）承包人应为其执行本合同所雇用的全部人员（包括分包人的人员）承担工伤事故责任。承包方可要求其分包人自行承担其自己雇用人员的工伤事故责任，但发包人只向承包人追索其工伤事故责任。

（2）发包人应为其执行本合同的全部雇用人员（包括监理人员）承担工伤事故责任，但由于承包人过失造成在承包人责任区内工作的发包人人员的伤亡，则应由承包人承担其工伤事故责任。

2. 人员工伤事故的赔偿

发包人和承包人应根据有关法律、法规和规章以及按规定对工伤事故造成的伤亡按其各自的责任进行赔偿，其赔偿费用的范围应包括人员伤亡和财产损失的赔偿费、诉讼费和其他有关费用。

3. 人员工伤事故的保险

在合同实施期间，承包人应为其雇用的人员投保人身意外伤害险。保险费应在工程量清单中专项列报。承包人可要求其分包人投保其自己的雇用人员的人身意外伤害险，但此项投保不免除承包人按规定应负的赔偿责任。

（四）人身和财产损失

1. 发包人的责任

发包人应负责赔偿以下各种情况造成的人身和财产损失：

（1）工程或工程的任何部分对土地的占用所造成的财产损失。

（2）工程施工过程中，承包人按合同要求进行工作所不可避免地造成的财产损失。

（3）由于发包人责任造成在其管辖区内发包人和承包人以及第三者人员的人身伤害和

财产损失。

上述赔偿费用应包括人身伤害和财产损失的赔偿费、诉讼费和其他有关费用。

2. 承包人的责任

承包人应负责赔偿由于承包人的责任造成在其管辖区内发包人和承包人以及第三者人员的人身伤害和财产损失。

上述赔偿费用应包括人身伤害和财产损失的赔偿费、诉讼费和其他有关费用。

3. 发包人和承包人的共同责任

由于在承包人辖区内工作的发包人人员或非承包人雇用的其他人员的过失造成的人员伤害和财产损失，若其中含有承包人的部分责任时，应由监理机构与发包人和承包人共同协商合理分担其赔偿费用。

4. 第三者责任险（包括发包人的财产）

承包人应以承包人和发包人的共同名义投保由于履行合同造成在工地及其毗邻地带的第三者人员伤害和财产损失的第三者责任险，其保险金额由双方协商确定。此项投保不免除承包人和发包人各自应负的在其管辖区内及其毗邻地区发生的第三者人员伤害和财产损失的赔偿责任，其赔偿费用应包括赔偿费、诉讼费和其他有关费用。

（五）对各项保险的要求

1. 保险凭证和条件

承包人应在工程开工日后的28天内向发包人提交按合同规定的各项保险合同的副本，并通知监理机构。保险单的条件应符合本合同的规定。

2. 保险单条件的变动

承包人需要变动保险合同的条件时，应事先征得发包人同意，并通知监理机构。

3. 未按规定投保的补救

当承包人未按施工合同约定办理保险时，监理机构应指示承包人补办；若承包人在工程开工日后的28天内未按合同规定的条件办理保险，监理机构可提请发包人代为办理，保险费用从应支付给承包人的金额中扣除。

4. 遵守保险单规定的条件

发包人和承包人均应遵守保险单规定的条件，任何一方违反保险单规定的条件时，应赔偿另一方由此造成的损失。

四、工程分包管理

1. 分包管理

承包人不得将其承包的工程肢解后分包出去。主体工程不允许分包。除合同另有规定外，未经监理机构同意，承包人不得把工程的任何部分分包出去。监理机构在施工合同约定或有关规定允许分包的工程项目范围内，对承包人的分包申请进行审核，并报发包人批准。只有在分包项目最终获得发包人批准，承包人与分包人签订了分包合同并报监理机构备案后，监理机构方可允许分包人进场。经监理机构同意的分包工程不允许分包人再分包出去。承包人应对其分包出去的工程以及分包人的任何工作和行为负全部责任。即使是监理机构同意部分分包，亦不能免除承包人按合同规定应负的责任。分包人应就其完成的工作成果向发包人承担连带责任。监理机构认为有必要时，承包人应向监理机构提交分包合同副本。除合同另有规定外，下列事项不要求承包人征得监理机构同意。

（1）按规定提供劳务。

（2）采购符合合同规定标准的材料。

（3）合同中已明确了分包人的工程分包。

监理机构的分包审核包括以下内容：①申请分包工程项目（或工作内容）、分包工程量及分包金额；②分包人的名称、资质等级、经营范围；③分包人拟用于本工程的技术力量及施工设备情况；④分包人过去曾承担过的与本分包工程相同或类似工程项目的情况；⑤分包人拟向分包项目派出的负责人、主要技术人员和管理人员基本情况；⑥其他必要的内容和资料。

监理机构分包管理应包括下列工作内容：①监理机构应监督承包人对分包人和分包工程项目的管理，并监督现场工作，但不受理分包合同争议；②分包工程项目的施工技术方案、开工申请、工程质量报验、变更和合同支付等，应通过承包人向监理机构申报；③分包工程只有在承包人自检合格后，方可由承包人向监理机构提交验收申请报告。

2. 指定分包管理

发包人根据工程特殊情况欲指定分包人时，应在专用合同条款中写明分包工作内容和指定分包人的资质情况。承包人可自行决定同意或拒绝该指定的分包人。若承包人在投标时接受了发包人指定的分包人，则该指定分包人应与承包人的其他分包人一样被视为承包人雇用的分包人，由承包人与其签订分包合同，并对其工作和行为负全部责任。

在合同实施过程中，若发包人需要指定分包人时，应征得承包人的同意，此时发包人应负责协调承包人与分包人之间签订分包合同。发包人应保证承包人不因此项分包而增加额外费用；承包人则应负责该分包工作的管理和协调，并向指定分包人计取管理费；指定分包人应接受承包人的统一安排和监督。由于指定分包人造成的与其分包工作有关的一切索赔、诉讼和损失赔偿均应由指定分包人直接对发包人负责，承包人不对此承担责任。

五、化石和文物保护

化石和文物属国家财产。一旦在施工现场发现化石、钱币、有价值的物品或文物、古建筑结构以及有地质或考古价值的其他遗物，监理机构应立即指示承包人按有关文物管理规定采取有效保护措施，防止任何人移动或损害上述物品，并立即通知发包人。必要时，可按规定实施暂停施工或指示承包人调整施工进度计划。

承包人由于采取保护措施而发生的费用，应该得到补偿。监理机构应受理承包人由于对文物采取保护措施而发生的费用和工期延误的索赔申请，提出意见后报发包人。

六、争议的解决

（一）争议调解

1. 争议的提出

发包人和承包人或其中任一方对监理机构作出的决定持有异议，又未能在监理机构的协调下取得一致意见而形成争议，任一方均可以书面形式提请争议调解组解决，并抄送另一方。争议解决期间，监理机构应督促发包人和承包人仍按监理机构就争议问题做出的暂时决定履行各自的义务，并明示双方，根据有关法律、法规或规定，任何一方均不得以争议解决未果为借口拒绝或拖延按施工合同约定应履行的义务。

2. 争议调解组

发包人和承包人应在开工后的 84 天内按规定共同协商成立争议调解组，并由双方与争议调解组签订协议。争议调解组由 3（或 5）名有合同管理和工程实践经验的专家组成，专家的聘请方法可由发包人和承包人共同协商确定，亦可请政府主管部门推荐或通过行业经济合同争议调解机构聘请，并经双方认同。评审组成员应与合同双方均无利害关系。争议调解组的各项费用由发包人和承包方平均分担。

3. 争议的评审

（1）合同双方的争议，应首先由主诉方向争议调解组提交一份详细的申诉报告，并附有必要的文件图纸和证明材料，主诉方还应将上述报告的一份副本同时提交给被诉方。

（2）争议的被诉方收到主诉方申诉报告副本后的 28 天内，亦应向争议调解组提交一份申辩报告，并附有必要的文件图纸和证明材料。被诉方亦应将其报告的一份副本同时提交给主诉方。

（3）争议调解组收到双方报告后 28 天内，邀请双方全权代表和有关人员举行听证会，向双方调查和质询争议细节；若需要时，争议调解组可要求双方提供进一步的补充材料，并邀请监理机构代表参加听证会。

（4）在听证会结束后的 28 天内，争议调解组应在不受任何干扰的情况下进行独立和公正的评审，提出由全体评审专家签名的评审意见提交发包人和承包人，并抄送监理机构。

（5）若发包人和承包人接受争议调解组的评审意见，则应由监理机构按争议调解组的评审意见拟定争议解决议定书，经争议双方签字后作为合同的补充文件，并遵照执行。

（6）若发包人和承包人或其中一方不接受争议调解组的评审意见，并要求提交仲裁，则任一方均可在收到上述评审意见后的 28 天内将仲裁意向通知另一方，并抄送监理机构。若在上述 28 天期限内双方均未提出仲裁意向，则争议调解组的意见为最终决定，双方均应遵照执行。

（二）友好解决

发包人和承包人或其中任一方按规定发出仲裁意向通知后，争议双方还应共同作出努力直接进行友好磋商解决争议，亦可提请政府主管部门或行业经济合同争议调解机构调解以寻求友好解决。若在仲裁意向通知发出后 42 天内仍未能解决争议，则任何一方均有权提请仲裁机构仲裁。

（三）仲裁或诉讼

1. 仲裁

（1）发包人和承包人应在签署协议的同时，共同协商确定本合同的仲裁范围和仲裁机构，并签订仲裁协议。

（2）发包人和承包人未能在规定的期限内友好解决双方的争议，则任一方均有权将争议提交仲裁协议中规定的仲裁机构仲裁。

（3）在仲裁期间，发包人和承包人均应暂按监理机构就该争议作出的决定履行各自的职责，任何一方均不得以仲裁未果为借口拒绝或拖延按合同规定应进行的工作。

2. 诉讼

发包人和承包人因合同发生争议，未达成书面仲裁协议的，任一方均有权向人民法院起诉。

七、清场与撤离

承包人应在合同规定的期限内完成工地清理并按期撤退人员、设备和剩余材料。

施工场地清理的内容一般包括：

（1）工地范围内残留的垃圾已全部处理或清除出场，处理或清除需符合有关规定。

（2）临时工程已按施工合同约定拆除，场地已按合同要求清理和平整。

（3）承包人的设备和材料已撤离，废弃的设备和材料已清除。

（4）施工区内的永久道路和永久建筑物周围（包括边坡）的排水系统均已进行了疏通和修整。

（5）主体工程建筑物附近及其上、下游河道内的施工堆积物已清理。

监理机构应依据有关规定或施工合同约定，在合同工程完工证书颁发前或在缺陷责任期满前，监督承包人完成施工场地的清理和环境恢复工作。

监理机构应在合同工程完工证书颁发后的约定时间内，检查承包人在缺陷责任期内为完成尾工和修复缺陷应留在现场的人员、材料和施工设备情况，其余的人员、材料和施工设备均应按批准的计划退场。

复 习 思 考 题

1. 简述建设工程合同的概念及作用。
2. 什么是工程变更？变更的范围和内容有哪些？
3. 简述变更的处理原则。
4. 可以采取哪些合同措施处理承包人违约？
5. 可以采取哪些合同措施处理发包人违约？
6. 简述索赔的处理程序。
7. 合同争议的解决途径有哪些？
8. 某水利局委托一家监理公司进行某河道整治工程的施工监理，并签订了施工监理委托合同。施工监理委托合同的部分内容如下：

（1）在施工监理委托合同实施期间，由于监理工程师的不称职，建设单位有权更换监理工程师，包括总监理工程师。

（2）监理方的监理工作范围与施工承包合同的工作范围一致。

（3）监理方有选择总承包人和分承包人的权利。

（4）监理方无须经建设单位同意，可以对任何承包人合同规定的义务提出变更。

（5）建设单位应无偿地提供监理方在施工现场的通信设施，监理方在监理工作完成以后可以带走。

(6) 监理方有权更换承包人中不称职的施工人员。

(7) 监理方对工程进度款支付有审核签认权；业主方有独立于监理方之外的自主支付权。

(8) 在合同责任期间内，监理方未按合同要求的职责履行约定的义务，或委托人违背对监理方（合同约定）的义务，双方均应向对方赔偿造成的经济损失。

(9) 双方协议同意终止合同后，双方的权力和责任自动终止。

(10) 当委托人认为监理方无正当理由而又未履行监理业务时，可向监理方发出指明其未履行义务的通知。若委托人发出通知后 21 日内没有收到答复，可在第一个通知发出后 35 日内发出终止委托监理合同的通知，合同即行终止。监理方承担违约责任。

(11) 在施工期间，因监理单位的过失发生重大质量事故，监理单位应付给建设单位相当于质量事故经济损失 20%的罚款。

(12) 监理单位有发布开工令、停工令、复工令等指令的权利。

问题：

以上各条款中有无不妥之处？怎样才是正确的？

9. 某河道整治工程，河道护岸铺设混凝土预制块，合同采用《水利水电土建工程施工合同条件》。

问题：

(1) 合同技术条款中要求的铺设最大缝宽不大于 1cm，而合同中引用的某行业规范中规定的铺设最大缝宽≤1.5cm。在合同实施过程中，承包人与发包人就铺设混凝土预制块最大缝宽标准发生争议，你认为应如何确定标准？说明理由。

(2) 为了保证混凝土预制块质量，承包人在施工过程中购置更换了新模具、振捣设备，并增加使用了脱模剂，比原投标方案增加了成本，提出了费用补偿。你认为监理人是否应予批准？说明理由。

10. 请正确排出组成施工合同的文件优先解释顺序：

(1) 标准、规范及有关技术文件。

(2) 图纸。

(3) 投标书及其附件。

(4) 合同专用条款。

(5) 变更协议。

(6) 工程报价单或预算书。

(7) 中标通知书。

(8) 工程量清单。

(9) 合同协议书。

(10) 合同通用条款。

11. 某建筑公司与某学校签订建筑施工合同，明确承包方保质保量保期完成教学楼施工任务。工程竣工后，承包方向发包方提交了竣工报告。发包方认为双方合作愉快，为不影响学生上课，还没组织验收，便直接使用。使用过程中发现教学楼存在质量问题，遂要求承包商修理。承包方则认为工程未验收便提前使用，出现质量问题，承包方不再承担责任。

问题：

(1) 该质量问题的责任应由那一方承担？

(2) 工程未验收便提前使用，可否视为工程已交付，承包方不再承担责任？

(3) 监理是否承担一定的责任？

(4) 上述纠纷，可通过何种途径解决？

12. 某小型水利工程项目，设计图纸简单，全部工程项目工期预计 1 年，土建承包商用固定总价合同承包土建工程。但由于作标期短，而工程量大，承包商无法准确核算。开工后发生了一系列事件：

(1) 承包商发现原来的基础工程支护方案过于简单，提出变更施工方案。新的施工方案造成基础工程造价的大幅度增加。承包商据此索赔费用。

(2) 施工过程中，由于发生洪涝灾害，工期发生拖延 2 个月。复工后，由于水灾影响，人工工资普遍上涨，建材价格涨幅也比较大。承包商据此索赔费用。

(3) 业主对灾后的市场形势错误估计，拖欠了承包商 1 个月的工程款。用电话通知的方式，通知承包商暂停施工 1 个月。

(4) 承包商复工后，由于建设项目都处于复工的状态，一度造成建筑材料和人工的短缺。承包商所需要的资源量不能得到保证，工期拖延 20 天。

(5) 承包商的施工设备受暴雨的影响，出现前所未有的故障。承包商被迫停工进行设备维修。

为此，承包商就所发生的一系列事件，向业主索赔工期和费用。

问题：分析上述事件中承包商提出的索赔要求是否合理。

第八章　水利工程建设项目信息管理和资料整理

第一节　水利工程建设项目信息管理概述

在水利水电工程项目施工中，贯穿于整个施工阶段的各个方面有各种情况发生，这些情况的内容包含了各种各样的信息。表现形式也各种各样，可以是文字，可以是数字，可以是各种报表，可以是图纸，也可以是各种声音和图像。这些文字、数字、报表、图纸、声音和图像包含的内容都是信息。

工程建设项目信息管理是指项目管理者对信息的收集、加工和整理、存储、传递与应用等一系列活动的总称。信息管理的目的是通过有序的信息流通，帮助决策者及时、准确地获得相应的信息。建设监理主要任务是控制，控制的基础是信息，信息管理是建设监理决策的依据，是监理单位的重要工作内容之一。

一、信息在工程建设监理中的作用

建设项目信息资源对工程建设的监理活动产生巨大影响，其主要作用主要有以下几个方面。

1. 信息是监理实施控制的基础

控制的主要任务是把工程项目实施情况与计划目标进行比较，找出差异，并加以分析，从而采取相应的措施，排除和预防产生差异的因素，使总体目标得以实现。监理工程师应了解三大目标计划值和执行情况，只有充分掌握了相关信息，控制工作不能有效实施。因此，从控制的角度来讲，离开了信息，监理工作是无法进行的，信息是控制的基础。

2. 信息是监理决策的依据

监理单位在开展监理工作时，要经常进行决策。决策是否正确，直接影响着工程项目建设总目标的实现及监理单位和监理工程师的信誉。监理决策正确与否，取决于各种因素，其中最重要的因素之一就是信息。如果没有可靠的、充分的信息作为依据，正确的决策是断然不可能的。例如，监理工程师对工程质量行使否决权时，就必须对有质量问题的工程进行认真细致的调查、分析，还要进行相关的试验和检测，在掌握大量可靠信息基础时才能做出正确的判断。

3. 信息是监理协调工作的纽带

工程建设项目涉及众多的单位，如上级主管政府部门、建设单位、监理单位、设计单位、施工单位、材料设备供应单位，以及交通运输、保险、外围工程单位（水、电、通信等）和税务部门等。要使这些单位协调一致，就必须通过信息将它们组织起来，处理好各方面的关系，协调好它们之间的活动，从而实现建设目标。

二、工程建设监理信息的分类

建设监理过程中，涉及大量的信息，按照一定的方式与标准将建设监理信息分类，可便于进行信息资料的归档管理与查询、建立信息联系、进行信息统计以及在监理工作中高效利用信息。

1. 按信息的用途分

建设监理信息按用途可分为资金控制信息、质量控制信息、进度控制信息和合同管理信息。

（1）资金控制信息。资金控制信息是指与资金控制直接相关的信息，如各种估算指标、类似工程的造价、物价指数、概算定额、工程项目投资估算、设计概算、合同价、工程报价表、币种汇率、利率、保险、施工阶段的应付账单、原材料价格、机械设备台班费、人工费、运杂费等。

（2）质量控制信息。如国家相关的质量政策及质量标准、项目建设标准、质量目标的分解结果、质量控制工作流程、质量控制的工作制度、质量控制的风险分析、质量抽样检查的数据等。

（3）进度控制信息。如施工定额、项目总进度计划、关键路线和关键工作、进度目标分解、里程碑目标、进度控制的工作流程、进度控制的工作制度、进度控制的风险分析、某段时间的进度记录等。

（4）合同管理信息。如经济合同、工程建设施工承包合同、物资设备供应合同、工程咨询合同、施工索赔等。

2. 按信息的来源分

建设监理信息按其来源可分为项目内部信息和项目外部信息。

（1）项目内部信息。内部信息取自建设项目本身，如工程概况、设计文件、施工方案、合同文件、合同管理制度、信息资料的编码系统、信息目录表、会议制度、监理班子的组织、项目的资金目标、质量目标、进度目标、施工现场管理等。

（2）项目外部信息。来自项目外部环境的信息称为外部信息，如国家相关的政策、法规及规章、国内及国际市场上原材料及设备价格、物价指数、类似工程造价、类似工程进度、投标单位的实力、投标单位的信誉、毗邻单位情况与主管部门、当地政府的相关信息等。

3. 按信息的稳定程度分

建设监理信息按其稳定程度可分为固定信息和流动信息。

（1）固定信息。固定信息是指在一定时间内相对稳定不变的信息，包括标准信息、计划信息、查询信息。标准信息主要是指各种定额和标准，如施工定额、原材料消耗定额、生产作业计划标准、设备和工具的耗损程度等。计划信息反映在计划期内拟定各项指标情况。查询信息是指在一个较长的时期内，很少发生变更的信息，如国家和专业部门颁发的相关技术标准、不变价格、监理工作制度、监理实施细则等。

（2）流动信息。流动信息是指在不断地变化着的信息。如项目实施阶段的质量、投资金及进度的统计信息。流动信息反映在某一时刻项目建设的实际进度及计划完成情况。如项目实施阶段的原材料消耗量、机械台班数、人工工日数等，都属于流动信息。

4. 按信息的层次分

建设监理信息按层次不同可分为战略性信息、策略性信息和业务性信息。

（1）战略性信息。是指相关项目建设过程的战略决策所需的信息，如项目规模、项目投资总额、建设总工期、承包商的选定、合同价的确定等信息。

（2）策略性信息。供相关人员或机构进行短期决策使用的信息，如项目年度计划、财务计划等。

（3）业务性信息。是指各业务部门的日常信息，如日进度、月支付额等。这类信息是经常的，也是大量的。

三、监理机构信息管理体系

1. 监理信息管理体系

监理机构建立的监理信息管理体系应包括下列内容：

（1）配置信息管理人员并制定相应岗位职责。

（2）制定包括文档资料收集、分类、保管、保密、查阅、复制、整编、移交、验收和归档等的制度。

（3）制定包括文件资料签收、送阅程序，制定文件起草、打印、校核、签发等管理程序。

（4）文件、报表格式应符合下列规定：

1）常用报告、报表格式宜采用《水利工程施工监理规范》（SL 288—2014）附录中所列的和国务院水行政主管部门印发的其他标准格式。

2）文件格式应遵守国家及有关部门发布的公文管理格式，如文号、签发、标题、关键词、主送与抄送、密级、日期、纸型、版式、字体、份数等。

（5）建立信息目录分类清单、信息编码体系，确定监理信息资料内部分类归档方案。

（6）建立计算机辅助信息管理系统。

2. 监理资料

《水利工程建设项目档案管理规定》（SL 223—2008）规定，施工监理实施过程中的监理资料主要包括下列内容：

（1）监理合同，监理规划，监理实施细则。

（2）开工、停工、复工相关文件资料（主要包括合同工程开工通知、合同工程开工批复、分部工程开工批复、暂停施工指示、复工通知等）。

（3）监理机构通知相关文件资料（主要包括监理通知、工程现场书面通知、警告通知、整改通知等）。

（4）监理机构审核、审批、核查、确认等相关文件资料。

（5）监理机构检查、检验、检测等相关记录文件资料（主要包括旁站监理记录、监理巡视记录、监理平行检测记录、监理跟踪监测记录、安全检查记录、监理日记、监理日志等）。

(6) 施工质量缺陷备案资料。

(7) 计量和支付相关文件资料（主要包括工程进度付款证书、合同解除付款核查报告、完工付款/最终结清证书等）。

(8) 变更和索赔相关文件资料（主要包括变更指示、变更项目价格审核、变更项目价格/工期确认、索赔审核、索赔确认等）。

(9) 会议记录文件（会议纪要、会议记录等）。

(10) 监理报告（主要包括监理月报、监理专题报告、监理工作报告）。

(11) 影像资料。

(12) 监理收、发文相关记录。

(13) 其他有关的重要来往文件。

第二节　水利工程建设项目信息管理的内容

一、信息的收集

在工程建设中，每时每刻都产生着大量的信息。但是，要得到有价值的信息，只靠自发产生的信息是远远不够的，还必须根据需要进行有目的、有组织、有计划地收集，才能提高信息质量，充分发挥信息的作用。

收集信息是运用信息的前提。各种信息一经产生，就必然会受到传输条件、人们的思想意识及各种利益关系的影响。所以，信息有真假、虚实、有用无用之分。监理单位要取得有用的信息，必须通过各种渠道，采取各种方法收集信息，然后经过加工、筛选，从中选择出对进行决策有用的信息，没有足够的信息作依据，决策就会产生失误。

收集信息是进行信息处理的基础。信息处理是包括对已经取得的原始信息，进行分类、筛选、分析、加工、评定、编码、存储、检索、传递的全过程。不经收集就没有进行处理的对象，信息收集工作的好坏，直接决定着信息加工处理质量的高低。在一般情况下，如果收集到的信息时效性强、真实度高、价值大、全面系统，再经加工处理质量就更高，反之则低。

（一）信息收集的基本原则

(1) 要主动及时。监理单位要取得对工程控制的主动权，就必须积极主动地收集信息，善于及时发现、及时取得、及时加工各类工程信息。只有工作主动，获得信息才会及时。监理控制是一个动态控制的过程，水利工程建设具有投资大、工期长、项目分散、管理部门多、参与建设的单位多等特点，因此信息量大、时效性强，稍纵即逝，如果不能及时得到工程中大量发生的变化的数据，不能及时把不同的数据传递于需要相关数据的不同单位、部门，势必影响各部门工作，影响监理单位作出正确的判断，影响监理的质量。

(2) 要全面系统。监理信息贯穿在工程项目建设的各个阶段及全部过程。各类监理信息和每一条信息，都是监理内容的反映或表现。所以，收集监理信息不能挂一漏万，以点代面，把局部当成整体，或者不考虑事物之间的联系。同时，工程建设不是杂乱无章的，而是有着内在的联系。因此，收集信息不仅要注意全面性，而且还要注意系统性和连续性。全面系统就是要求收集到的信息具有完整性，以防决策失误。

(3) 要真实可靠。收集信息的目的在于对工程项目进行有效的控制。由于工程建设中人们的经济利益关系、工程建设的复杂性，信息在传输过程中发生失真现象等主、客观原因，难免产生不能真实反映工程建设实际情况的假信息。因此，必须严肃认真地进行收集工作，要将收集到的信息进行严格核实、检测、筛选，去伪存真。

(4) 要重点选择。收集信息要全面系统和完整，不等于不分主次、缓急和价值大小。必须有针对性，坚持重点收集的原则。所谓针对性首先是指有明确的目的性或目标；其次是指有明确的信息源和信息内容。还要做到适用，即所取信息符合监理工作的需要，能够应用并产生好的监理效果。所谓重点选择，就是根据监理工作的实际需要，根据监理的不同层次、不同部门、不同阶段对信息需求的侧重点，从大量的信息中选择使用价值大的主要信息。如项目法人委托施工阶段监理，则以施工阶段为重点进行收集。

(二) 信息收集的基本方法

在工程建设项目管理实施过程中，监理单位主要通过各种方式的记录来收集监理信息，这些记录统称为监理记录，它是与工程项目监理相关的各种记录中资料的集合。通常可分为以下几类。

1. 现场记录

现场监理人员必须每天利用特定的表格或以日志的形式记录工地上所发生的事情。所有记录应始终保存在工地办公室内，供监理工程师及其他监理人员查阅。这类记录每月由专业监理工程师整理成书面资料上报监理工程师办公室。监理人员在现场上遇到工程施工中不得不采取紧急措施而对承包商所发出的书面指令，应尽快通报上一级监理组织，以征得其确认或修改指令。

现场记录通常记录以下内容：

(1) 详细记录所监理工程范围内的机械、劳力的配备和使用情况。主要记录承包人现场人员和设备的配备是否与计划所列的一致，是否满足施工进度需要。

(2) 记录气候及水文情况。记录每天的最高、最低气温，降雨和降雪量，风力，河流水位；记录有预报的雨、雪、台风及洪水到来之前对永久性或临时性工程所采取的保护措施；记录气候、水文的变化影响施工及造成损失的细节，如停工时间、救灾的措施和财产的损失等。

(3) 记录承包商每天工作范围，完成工程量，以及开始和完成工作的时间，记录出现的技术问题，采取了怎样的措施进行处理，效果如何，能否达到相关技术规范的要求等。

(4) 对工程施工中每步工序完成后的情况作简单描述，如该工序是否已被认可，对缺陷的补救措施或变更情况等作详细记录。监理人员在现场对隐蔽工程应特别注意记录。

(5) 记录现场材料供应和储备情况，每一批材料的到达时间、来源、数量、质量、存储方式和材料的抽样检查情况等。

(6) 对于一些必须在现场进行的试验，现场监理人员进行记录并分类保存。

2. 会议记录

由监理人员所主持的会议应由专人记录，并且要形成纪要，由与会者签字确认，这些纪要将成为今后解决问题的重要依据。会议纪要应包括以下内容：会议地点及时间；出席者姓名、职务以及他们所代表的单位；会议中发言者的姓名及主要内容；形成的决议；决议由何人、何时执行等；未解决的问题及其原因。

3. 计量与支付记录

包括所有计量及付款资料。应清楚地记录哪些工程进行过计量，哪些工程没有进行计量，哪些工程已经进行了支付；已同意或确定的费率和价格变更等。

4. 试验记录

除正常的试验报告外，实验室应由专人每天以日志形式记录实验室工作情况，包括对承包商的试验的监督、数据分析等。记录内容包括：

（1）工作内容的简单叙述。如做了哪些试验，监督承包商做了哪些试验，结果如何等。

（2）承包人试验人员配备情况。试验人员配备与承包商计划所列是否一致，数量和素质是否满足工作需要，增减或更换试验人员之建议。

（3）对承包商试验仪器、设备配备、使用和调动情况记录，需增加新设备的建议。

（4）监理实验室与承包商实验室所做同一试验，其结果有无重大差异，原因如何。

5. 工程照片和录像

以下情况，可以辅以工程照片和录像进行记录：

（1）科学试验。重大试验，如桩的承载试验，板、梁的试验以及科学研究试验等；新工艺、新材料的原形及为新工艺、新材料的采用所做的试验等。

（2）工程质量。能体现高水平的建筑物的总体或分部，能体现建筑物的宏伟、精致、美观等特色的部位；对工程质量较差的项目，指令承包商返工或须补强的工程的前后对比；能体现不同施工阶段的建筑物照片；不合格原材料的现场和清除出现场的照片。

（3）能证明或反证未来会引起索赔或工程延期的特征照片或录像；能向上级反映即将引起影响工程进展的照片。

（4）工程试验、实验室操作及设备情况。

（5）隐蔽工程。被覆盖前构造物的基础工程；重要项目钢筋绑扎、管道铺设的典型照片；混凝土桩的桩顶表面特征情况。

（6）工程事故。工程事故处理现场及处理事故的状况；工程事故及处理和补强工艺，能证实保证了工程质量的照片。

（7）监理工作。重要工序的旁站监督和验收；看现场监理工作实况；参与的工地会议及参与承包商的业务讨论会，班前、工后会议；被承包商采纳的建议，证明确有经济效益及提高了施工质量的实物。

拍照需要采用专门登记本标明序号、拍摄时间、拍摄内容、拍摄人员等。

二、信息的加工整理

信息的加工整理是对收集来的大量原始信息，进行筛选、分类、排序、压缩、分析、比较、计算等过程。通过加工，将信息聚同分类，使之标准化、系统化。首先，收集来的信息往往是原始的、零乱的和孤立的，信息资料的形式也可能不同，只有经过加工后，使之成为标准的、系统的信息资料，才能进入使用、存储，以及提供检索和传递。其次，经过收集的资料，真实程度、准确程度都比较低，甚至还混有一些错误，经过对它们进行分析、比较、鉴别，乃至计算、校正，使获得的信息准确、真实。再次，原始状态的信息，一般不便于使用和存储、检索、传递，经加工后，可以使信息浓缩，以便于进行上述操作。信息在加工过程中，通过对信息的综合、分解、整理、增补，可以得到更多有价值的新信息。

1. 信息加工整理的原则

信息加工整理要本着标准化、系统化、准确性、时效性和适用性等原则进行。为了适应信息用户的使用和交换，应遵守已制定的标准，使来源和形态多样的信息标准化。要按监理信息的分类，系统、有序地加工整理，符合信息管理系统的需要。要对收集的监理信息进行校正、剔除，使之准确、真实地反映工程建设状况。要及时处理各种信息，特别是对那些时效性强的信息。要使加工后的监理信息符合实际监理工作的需要。

2. 监理信息加工整理的成果——各种监理报告

监理工程师对信息进行加工整理，形成各种资料，如各种来往信函、来往文件、各种指令、会议纪要、备忘录或协议和各种工作报告等。工作报告是最主要的加工整理成果，这些报告如下：

（1）现场监理日报表。是现场监理人员根据每天的现场记录加工整理而成的报告，主要包括如下内容：当天的施工内容；当天参加施工的人员（工种、数量、施工单位等）；当天施工用的机械的名称和数量等；当天发现的施工质量问题；当天的施工进度和计划进度的比较，若发生进度拖延，应说明原因；当天天气综合评语；其他说明及应注意的事项等。

（2）现场监理工程师周报。是现场监理工程师根据监理日报加工整理而成的报告，每周向项目总监理工程师汇报一周内所有发生的重大事件。

（3）监理工程师月报。是集中反映工程实况和监理工作的重要文件，一般由项目总监理工程师组织编写，每月一次上报项目法人。大型项目的监理月报，往往由各合同段或子项目的总监理工程师代表组织编写，上报总监理工程师审阅后报项目法人。监理月报一般包括以下内容：

1）工程进度。描述工程进度情况，工程形象进度和累计完成的比例。若拖延了计划，应分析其原因以及这种原因是否已经消除，就该问题承包商、监理人员所采取的补救措施等。

2）工程质量。用具体的测试数据评价工程质量，如实反映工程质量的好坏，并分析原因。承包商和监理人员对质量较差项目的改进意见，若有责令承包商返工的项目，应说明其规模、原因以及返工后的质量情况。

3）计量支付。包括本期支付、累计支付以及必要的分项工程的支付情况，形象地表达支付比例，实际支付与工程进度对照情况等；承包商是否因流动资金短缺而影响了工程进度，并分析造成资金短缺的原因（如是否未及时办理支付等）；有无延迟支票、价格调整等问题，说明其原因及由此而产生的增加费用。

4）质量事故。质量事故发生的时间、地点、项目、原因、损失估计（经济损失、时间损失、人员伤亡情况）等。事故发生后采取了哪些补救措施，在今后工作中避免类似事故发生的有效措施。由于事故的发生，影响了单项或整体工程进度情况。

5）工程变更。对每次工程变更应说明引起变更设计的原因，批准机关，变更项目的规模，工程量增减数量、投资增减的估计等；是否因该变更影响了工程进展，承包商是否就此已提出或准备提出延期和索赔。

6）民事纠纷。说明民事纠纷产生的原因，哪些项目因此被迫停工，停工的时间，造成窝工的机械、人力情况等。承包商是否就此已提出或准备提出延期和索赔。

7）合同纠纷。合同纠纷情况及产生的原因，监理人员进行调解的措施，监理人员在解决纠纷中的体会，项目法人或承包商有无要求进一步处理的意向。

8）监理工作动态。描述本月的主要监理活动，如工地会议、现场重大监理活动、延期和索赔的处理、上级布置的相关工作的进展情况和监理工作中的困难等。

三、信息的储存和传递

（一）信息的储存

经过加工处理后的监理信息，按照一定的规定，记录在相应的信息载体上，并把这些记录信息的载体按照一定特征和内容性质，组织成为系统的、有机体系的、供人们检索的集合体，这个过程，称为监理信息的储存。

信息的储存，可汇集信息，建立信息库，有利于进行检索，可以实现监理信息资源的共享，促进监理信息的重复利用，便于信息的更新和剔除。

监理信息储存的主要载体是文件、报告、报表、图纸、音像材料等。监理信息的储存，主要就是将这些材料按不同的类别，进行详细的登录、存放，建立资料归档系统。该系统应简单易于保存，但内容应足够详细，以便能很快查出任何已归档的资料。

监理资料归档一般按以下几类进行：

(1) 一般函件。与项目法人、承包商和其他相关部门来往的函件按日期归档；监理工程师主持或出席的所有会议记录按日期归档。

(2) 监理报告。各种监理报告按次序归档。

(3) 计量与支付资料。每月计量与支付证书，连同其所附资料每月按编号归档；监理人员每月提供的计量与支付相关的资料应按月份归档，物价指数的来源等资料按编号归档。

(4) 合同管理资料。承包商对延期、索赔和分包的申请、批准的延期、索赔和分包文件按编号归档；变更设计的相关资料按编号归档；现场监理人员为应急发出的书面指令及最终指令应按项目归档。

(5) 图纸。按分类编号存放归档。

(6) 技术资料。现场监理人员每月汇总上报的现场记录及检验报表按月归档，承包商提供的竣工资料按分项归档。

(7) 试验资料。监理人员所完成的试验资料按分类归档；承包商所报试验资料按分类归档。

(8) 工程照片。反映工程实际进度的照片按日期归档；反映现场监理工作的照片按日期归档；反映工程质量事故及处理情况的照片按日期归档；其他照片，如工地会议和重要监理活动的照片按日期归档。

以上资料在归档的同时，要进行登录，建立详细的目录表，以便随时调用、查询。

（二）信息的传递

信息的传递，是指信息借助于一定的载体（如纸张、软盘等）从信息源传递到使用者的过程。监理信息在传递过程中，形成各种信息流。信息流常有以下几种：

（1）自上而下的信息流。是指由上级管理机构向下级管理机构流动的信息，上级管理机构是信息源，下级管理机构是信息的接受者。这类信息主要是相关政策法规、合同、各种批文、各种计划信息。

（2）自下而上的信息流。是指由下一级管理机构向上一级管理机构流动的信息，这类信息主要是相关工程项目总目标完成情况的信息，亦即投资、进度、质量、合同完成情况的信息。其中有原始信息，如实际投资、实际进度、实际质量信息，也有经过加工、处理后的信息，如投资、进度、质量对比信息等。

（3）内部横向信息流。是指在同一级管理机构之间流动的信息。由于工程监理是以三大控制为目标，以合同管理为核心的动态控制系统，在监理过程中，三大控制和合同管理分别由不同的组织进行，由此产生各自的信息，并且相互之间又要为监理的目标进行协作、传递信息。

（4）外部环境信息流。是指在工程项目内部与外部环境之间流动的信息，外部环境是指气象部门、环保部门等。

为了避免信息流通中的混乱、延误、中断或丢失而引起监理工作的失误，应在项目监理实施细则中明确信息传递流程。

《水利工程施工监理规范》规定书面文件的传递应符合下列规定：

（1）除施工合同另有约定外，书面文件应按下列程序传递：

1）承包人向发包人报送的书面文件均应报送监理机构，经监理机构审核后转报发包人。

2）发包人关于工程施工中与承包人有关事宜的决定，均应通过监理机构通知承包人。

（2）所有来往的书面文件，除纸质文件外还宜同时发送电子文档。当电子文档与纸质文件内容不一致时，应以纸质文件为准。

（3）不符合书面文件报送程序规定的文件，均视为无效文件。

《水利工程施工监理规范》规定通知与联络应符合下列规定：

（1）监理机构发出的书面文件，应由总监理工程师或其授权的监理工程师签名、加盖本人执业印章，并加盖监理机构章。

（2）监理机构与发包人和承包人以及与其他人的联络应以书面文件为准。在紧急情况下，监理工程师或监理员现场签发的工程现场书面通知可不加盖监理机构章，作为临时书面指示，承包人应遵照执行，但事后监理机构应及时以书面文件确认；若监理机构未及时发出书面文件确认，承包人应在收到上述临时书面指示后24小时内向监理机构发出书面确认函，监理机构应予以答复。监理机构在收到承包人的书面确认函后24小时内未予以答复的，该临时书面指示视为监理机构的正式指示。

（3）监理机构应及时填写发文记录，根据文件类别和规定的发送程序，送达对方指定联系人，并由收件方指定联系人签收。

（4）监理机构对所有来往书面文件均应按施工合同约定的期限及时发出和答复，不得扣压或拖延，也不得拒收。

（5）监理机构收到发包人和承包人的书面文件，均应按规定程序办理签收、送阅、收回和归档等手续。

（6）在监理合同约定期限内，发包人应就监理机构书面提交并要求其做出决定的事宜予以书面答复；超过期限，监理机构未收到发包人的书面答复，则视为发包人同意。

（7）对于承包人提出要求确认的事宜，监理机构应在合同约定时间内做出书面答复，逾期未答复，则视为监理机构已经确认。

（三）信息分配计划的制定

在执行计划前，必须制定参加工程项目管理的各级机构的信息分配计划，见表 8-1。若大量的信息交织在一起。不分层次，不分部门，会使管理者淹没在所有出现的信息中，很难方便地找出他所关心的信息。

制定信息分配计划的原则和任务可以归纳为以下三点：

1）根据不同层次，不同专业，对信息分类。

2）对信息进行概括。

3）识别选择参数。

表 8-1　　信息目录表

信息类型	时间周期	信息发出者	信息接受者							
			管理层	高级驻地监理工程师	进度控制部	质量控制部	资金控制部	合同管理部	信息管理部	承包商
周进度会议备忘录	每周	进度控制部		◎					◎	◎
月协调会议备忘录	每月	监理办公室	◎	◎	◎	◎	◎	◎	◎	
附加会议备忘录	不定期	监理办公室	◎	◎	◎	◎	◎	◎	◎	◎
现场情况报告	每周	各工作面监理员		◎	◎	◎	◎			
进度月报	每月	进度控制部		◎			◎	◎		
质量月报	每月	质量控制部		◎			◎	◎		
支付月报	每月	资金控制部		◎			◎	◎		
合同执行月报	每月	合同管理部		◎				◎		
综合月报	每月	监理办公室	◎	◎	◎	◎	◎	◎	◎	◎

注　◎表示该信息的接受对象。

第三节　水利工程建设项目信息系统

一、工程监理信息系统的概念和作用

信息系统就是信息被输入、被处理，最后被输出的系统，也就是信息流通的系统。信息系统可以用各种形式来表示，但不管何种形式，其输出的结果总是我们所需要的信息。一个信息系统，通常要确定以下主要参数：

(1) 传递信息的类型和数量，信息流是由上而下还是由下而上或横向的等。

(2) 信息汇总的形成，如何加工处理信息，使信息浓缩或详细化。

(3) 传递信息的时间频率，什么时间传递，多长时间传递一次。

(4) 传递时间的路线，哪些信息通过哪些部门等。

(5) 信息表达的方式，是书面的、口头的还是技术的。

工程监理信息系统是以计算机为手段，以系统思想为依据，收集、传递、处理、分发、存储各类工程监理数据，其主要作用如下：①为监理工程师提供标准化、合理的数据来源，提供符合一定要求的、结构化的数据；②提供预测、决策所需的信息以及数学、物理模型；③提供编制计划、个性计划、计划调控的必要科学手段及应变程序；④保证对随机性问题处理时，为监理工程师提供多个可供选择的方案，提高监理工作效率、工作质量和决策水平；⑤监理信息系统能规范地存储大量的监理信息，便于监理人员随时查看工程信息资料，积累监理工作经验。

二、监理信息系统的一般构成和功能

监理信息系统一般由两部分构成：一部分是决策支持系统，它主要完成借助知识库及模型库，在数据库大量数据的支持下，运用知识和专家的经验来进行推理，提出监理各个层次，特别是高层次决策时所需的决策方案及参考意见；另一部分是管理信息系统，它主要完成数据收集、处理、使用及存储，产生信息提供给监理各层次、各部门和各个阶段，起沟通作用。

（一）决策支持系统的构成和功能

1. 决策支持系统的构成

决策支持系统一般由人机对话系统、模型库管理系统、数据库管理系统、知识库管理系统和问题处理系统构成。

人机对话系统是人与计算机之间交互的系统，把人们的问题换成抽象的符号，描述所要解决的问题，并把处理的结果转变为人们能接受的语言输出。

模型库管理系统给决策者提供的是推理、分析、解答问题的能力。模型库需要一个存储模型的库及相应的管理系统，模型则有专用模型和通用模型。模型库管理系统提供业务性、战术性、战略性决策所需要的各种模型，同时也能随着实际情况变化、修改、更新已有模型。

数据库管理系统要求数据库有多重的来源，并经过必要的分类、归档，改变精度、数据量及一定的处理提高信息的含量。

知识库包括工程建设领域所需要的一切相关知识。它是人工智能的产物，主要提供问题求解的能力，知识库中的知识是共享的、独立的、系统的，并可以通过学习、授予等方法扩充及更新。

问题处理系统实际完成知识、数据、模型、方法的综合，并输出决策所必需的意见和方案。

2. 决策支持系统的功能

决策支持系统的主要功能如下：

（1）识别问题，判断问题的合法性，发现问题及问题的实质。

（2）建立模型，建立描述问题模型，通过模型库找到相关的标准模型或使用者在该问题基础上输入新的模型。

（3）分析处理，根据数据库提供的数据和信息、模型库提供的模型及知识库提供的处理该类问题的相关知识及处理方法，进行分析处理。

（4）模拟及择优，通过过程模拟找到决策者的预期结果及多方案中的优化方案。

（5）人机对话，提供人与计算机之间的交互式交流，一方面回答决策支持系统要求输入的补充信息及决策者的主观要求，另一方面也输出决策方案及查询要求，以便作为最终决策时的参考。

（6）根据决策者最终决策导致的结果修改、补充模型库及知识库。

（二）管理信息系统的构成和功能

监理工程师的主要工作是控制工程建设的资金、质量和进度，进行工程建设合同管理及安全与文明施工监理，协助有关单位间的工作关系。监理管理信息系统的构成应当与这些主要的工作相对应。另外，每个工程项目都有大量的公文信函，作为一个信息系统，也应对这些内容进行辅助管理。因此，监理管理信息系统一般由文档管理子系统、合同管理子系统、组织协调子系统、资金控制子系统、质量控制子系统和进度控制子系统组成。各子系统的功能如下。

1. 文档管理子系统

（1）公文编辑、排版和打印。

（2）公文登录、查询和统计。

（3）档案的登录、修改、删除、查询和统计。

2. 合同管理子系统

（1）合同文件的录入、修改和删除。

（2）合同结构模式的提供和选用。

（3）合同文件的分类查询和统计。

（4）合同执行情况跟踪和处理过程的记录。

（5）工程变更指令的录入、修改、查询和删除。

（6）经济法规、规范标准、通用合同文本查询。

3. 组织协调子系统

（1）工程建设相关单位查询。

(2) 协调记录。

4. 资金控制子系统

(1) 原始数据的录入、修改和查询。

(2) 投资分配分析。

(3) 投资分配与项目概算及预算的动态对比。

(4) 合同价格与投资分配、概算、预算的对比分析。

(5) 实际投资支出的统计分析。

(6) 实际投资与计划投资的动态对比。

(7) 项目投资计划的调整。

(8) 项目结算及预算、合同价的对比分析。

(9) 各种投资报表。

5. 质量控制子系统

(1) 质量标准的录入、修改、查询、删除。

(2) 已完工程质量与质量要求、标准的比较分析。

(3) 工程实际质量与质量要求、标准的比较分析。

(4) 已完工程质量验收记录的录入、查询、修改、删除。

(5) 质量安全事故的录入、查询、统计分析。

(6) 质量安全事故的预测分析。

(7) 工程质量报表。

6. 进度控制子系统

(1) 原始数据的录入、修改和查询。

(2) 编制网络计划和多级网络计划。

(3) 各级网络间的协调分析。

(4) 绘制网络图及横道图。

(5) 工程实际进度的统计分析。

(6) 工程进度变化趋势预测。

(7) 计划进度的调整。

(8) 实际进度与计划进度的动态比较。

(9) 各种工程进度报表。

目前，国内外开发的各种计算机辅助项目管理软件系统，多以管理信息系统为主。

第四节　水利工程建设资料整理要求

一、工程资料的类别和作用

工程资料是指在水利水电工程建设过程中形成并收集汇编的各种形式的信息记录，是工程建设过程的真实反映和工程质量的真实情况，它可以是纸质文件，也可以是其他形式如声响、音像文件等。主要包括基建资料（A类）、监理资料（B类）、施工资料（C类）

和竣工验收资料（D类）四大类。

（1）基建资料。基建资料是指工程在立项、审批、征地、勘察、设计、招投标、开工审批及工程概预算等工程准备阶段形成的资料，由建设单位负责提供。

（2）监理资料。监理资料是指监理单位在工程设计、施工监督等监理过程中形成的资料，主要包括监理管理资料、监理工作记录、竣工验收资料和其他资料等。监理资料由监理单位负责完成，工程竣工后，监理单位应按照有关规定和要求将监理资料移交给建设管理单位。

（3）施工资料。施工资料是施工单位在施工过程中形成的资料的统称，包括施工管理资料、施工技术文件、施工物资资料、施工测量监测记录、施工试验记录、施工验收资料、施工质量评定资料等。工程竣工后，施工单位也应按规定将施工资料移交建设管理单位。

（4）竣工验收资料。竣工验收资料是指在工程项目建设竣工后，在竣工验收活动中形成的资料，主要包括竣工验收申请及其批复、竣工验收会议文件材料、竣工图、竣工验收记录、竣工验收总结、竣工验收鉴定书、其他相关财务文件和声像、缩微、电子档案等。

工程资料是工程竣工验收前必须具备的条件。每个建筑工程竣工验收前必须具备两个条件：一是建筑物体本身达到验收条件；二是施工过程中质量技术管理资料达到验收条件，二者缺一不可。搜集和整理好工程资料是工程建设中的一项重要工作，是工程质量管理的组成部分。

二、水利工程资料整理基本要求

（1）工程资料应能真实反映工程开展实施的实际情况，资料的内容必须真实、准确，与实际情况相符。具有永久和长期保存价值的材料必须全面、系统、完整和准确。

（2）工程资料中应尽量采用和使用原件，由于特定原因不能使用原件的，应在复印件上加盖原件存放单位的公章，并注明原件存放处，同时应有经办人签字及时间予以证明。

（3）应保证工程资料中有关材料字迹清晰，盖章、签字手续齐全，签字必须使用档案规定用笔。计算机打印的工程资料应采用手工签名的方式予以证明。

（4）工程档案的填写和编制应符合档案缩微管理和计算机输入的要求。

（5）工程文件资料应字迹清楚、图样清晰、图表整洁，签字盖章手续完备。签字必须使用档案规定用笔。

（6）工程档案的缩微制品，必须严格按国家缩微标准进行制作，主要技术指标（解像力、密度、海波残留量等）应符合和满足国家标准规定，保证质量，以适应长期安全保管存放的需要。

（7）保存的工程资料照片（含底片）与声像档案，应保证图像清晰，声音清楚，文字说明或内容准确。

（8）工程文件的纸张应采用能长期保存的、耐久性强、韧性大的纸张。图纸一般采用蓝晒图，竣工图应是新蓝图。计算机出图必须清晰，不得使用复印件。

（9）施工图的变更、洽商绘图应符合相关技术要求，凡采用施工蓝图改绘竣工图的，必须使用反差明显的蓝图，竣工图图面应保持整洁干净。

（10）所有竣工图均应加盖竣工图章。

（11）竣工图章的基本内容应包括“竣工图”字样、施工单位、编制人、审核人、技术负责人、编制日期、监理单位、现场监理、总监。竣工图章尺寸宜为50mm×80mm。竣工图章应使用不易褪色的红印泥，盖章应盖在图标栏上方空白处。

三、监理单位工程资料管理职责

（1）填写的工程资料应当符合国家及所在地、市相关的法律、法规、规范、规程、标准，同时还应符合工程合同、审批文件与设计文件等的有关规定。

（2）应将工程资料的形成和积累纳入工程建设管理的各个环节和有关人员的职责范围。

（3）工程资料应随工程进度同步形成，收集、整理相关资料后按规定要求分类组卷，及时移交。

（4）工程资料应按管理职责要求，由监理单位主管（技术）负责人组织本单位工程资料的全过程管理工作。工程资料的编制收集、整理和审核工作应有专人负责并按规定取得相应的岗位资格证书。

（5）应确保各自文件与资料的完备性、真实性和准确性。如有对工程资料进行涂改、伪造、随意抽撤或损毁、丢失等行为，或因弄虚作假、玩忽职守、故意隐瞒而造成文件不符合真实情况的，应按有关规定予以处理，情节严重的，应依法追究相关人员的法律责任。

（6）应负责监理资料的管理工作，并设专人对监理资料进行收集、整理和归档。

（7）应按合同约定，在勘察、设计阶段，对勘察、设计文件的形成、积累、组卷和归档工作进行监督、检查；在施工阶段，应对施工资料的形成、积累、组卷和归档工作进行监督、检查，使工程资料的完整性、准确性符合有关规定和要求。

（8）对需由监理单位出具或签认的工程资料，应及时签署意见。

（9）施工监理资料在移交和归档前必须由项目总监理工程师审核并签字，并在工程竣工验收后，及时向建设单位移交。

四、监理文件资料管理要求

《水利工程施工监理规范》（SL 288—2014）规定，监理文件资料管理应符合下列要求。

1. 监理文件

（1）应按规定程序起草、打印、校核、签发。

（2）应表述明确、数字准确、简明扼要、用语规范、引用依据恰当。

（3）应按规定格式编写，紧急文件宜注明“急件”字样，有保密要求的文件应注明密级。

2. 监理日志、报告与会议纪要

（1）现场监理人员应及时、准确完成监理日记。由监理机构指定专人按照规定格式与内容填写监理日志并及时归档。监理日记是参与现场监理的每位监理人员对施工现场的工作记录。总监理工程师要安排专人依据监理日记填写监理日志，并由总监理工程师授权的监理工程师签字。监理日志应按监理合同所包括的施工合同单独编写，并按月装订成册；如施工合同的单位工程个数较多，可根据施工合同所包括的单位工程类别分别填写并汇总成册。监理日志的汇编人员负责核查施工日志。

（2）监理机构应在每月的固定时间，向发包人、监理单位报送监理月报。

（3）监理机构可根据工程进展情况和现场施工情况，向发包人报送监理专题报告。

（4）监理机构应按照有关规定，在工程验收前，提交工程建设监理工作报告，并提供监理备查资料。

（5）监理机构应安排专人负责各类监理会议的记录和纪要编写。会议纪要应经与会各方签字确认后实施，也可由监理机构依据会议决定另行发文实施。

3. 档案资料管理

（1）监理机构应要求承包人安排专人负责工程档案资料的管理工作，监督承包人按照有关规定和施工合同约定进行档案资料的预立卷和归档。

（2）监理机构对承包人提交的归档材料应进行审核，并向发包人提交对工程档案内容与整编质量情况审核的专题报告。

（3）监理机构应按有关规定及监理合同约定，安排专人负责监理档案资料的管理工作。凡要求立卷归档的资料，应按照规定及时预立卷和归档，妥善保管。

（4）在监理服务期满后，监理机构应对要求归档的监理档案资料逐项清点、整编、登记造册，移交发包人。

工程开工前，发包人要组织监理机构、承包人确定档案资料管理相关事宜。

监理档案资料要有专人管理，妥善保管。对于存放档案资料的房间及设施，发包人在提供监理设施时要予以统筹考虑。

复习思考题

1. 简述信息对于水利工程建设监理的作用。
2. 监理机构建立的监理信息管理体系应包含哪些内容？
3. 根据《水利工程建设项目档案管理规定》（SL 223—2008）规定，施工监理实施过程中的监理资料主要包括哪些内容？
4. 监理信息收集的基本方法有哪些？
5. 《水利工程施工监理规范》（SL 288—2014）规定书面文件的传递应符合哪些规定？
6. 水利水电工程资料主要包括哪几类？
7. 水利水电工程资料其编制方面主要有哪些要求？
8. 监理单位工程资料管理职责有哪些？

第九章　水利工程建设项目组织协调

第一节　组织协调的概念与作用

一、组织协调的概念

协调又称协调管理，它是指通过协商、沟通、调度，联合所有力量，使各方配合，各项活动衔接有序地正常展开，以实现预定目标。

以一项水利枢纽工程建设为例，可以将枢纽建筑物作为一个系统，由大坝、溢洪道、发电厂、船闸等各子系统组成；也可把该项目的施工管理作为一个系统，由建设单位、施工单位、监理单位、设计单位、材料供应商、设备制造供应商等子系统组成，每一个子系统又有其分系统，如施工单位又由各个工区、一个或多个分包商、材料供应、钢木加工等分系统组成。按期、优质的实现工程建设目标，任何一个子系统工作的延误，都会对整个工程进度产生不同程度影响，比如设计图纸不能及时提供，不仅造成施工单位施工的暂停，甚至造成赶工，同时对质量、工期等工程整体目标产生一定的影响。然而，一个水利枢纽的建设，必然受到水文、气象、地质等自然因素和物价、规划等国家政策的制约，必然牵涉到征地、移民，牵涉到地方环境保护、公安、税务、劳动等部门。要保证系统正常的运行并达到优化的目的，就必须用系统论的观点、系统分析方法进行该系统的管理，而控制、反馈和协调则是系统管理的核心。监理作为系统中最活跃的因素，其协调工作对系统的运行和系统目标最优化的实现起着至关重要的作用。在工程建设监理中，通过组织协调，使影响监理目标实现的各方主体有机配合，使得项目体系结构均衡，项目目标顺利实现。协调工作应贯穿于整个建设工程实施及其管理过程中。

二、组织协调的作用

组织协调在工程建设监理中的作用可以归纳为以下三个方面。

1. 组织协调可以纠偏和预控错位

在工程施工中，经常出现作业行为偏离合同和规范的标准，如工期超前和滞后、后续工序脱节、由于涉及修改和材料代用给下阶段施工带来影响的变更，以及水文、地质突然变化带来的影响，或人为因素对工期和质量带来的影响等，都会造成计划与实际的偏离。监理协调的重要作用之一就是及时纠偏，或采取预控措施事前调整错位。

2. 组织协调是控制进度的关键

在工程施工中，有许多单位工程或单项工程是由不同的专业化的施工队伍完成的，这就存在着不同专业施工队伍间的相互衔接和相互协调的问题。无论哪一专业施工队伍出现工期延误，都会直接影响建设总工期，这就需要监理工程师进行组织与协调。由此可以看出，进度控制的关键是协调。

3. 组织协调是平衡的手段

在工程施工中，一些大中型的建设项目，往往由许多施工队伍进行施工，加上设计单位、土建单位、安装单位、设备材料供应单位等，既有纵向的串接又有横向的联合，各自又有不同的作业计划、质量目标，这就存在着上述单位之间的协调问题。监理工程师应当从工程内部分析，既要进行各子系统之间的平衡协调，又要进行队伍之间、上下之间和内外之间的协调，发挥监理工程师的核心作用，突出协调功能。

工程监理实践证明，一个工程建设项目的顺利完成是多方配合和相互合作的共同成果。参与建设管理的有关部门，包括建设单位、设计单位、施工单位、设备供应单位、材料生产单位、地方政府有关部门、交通运输部门、水电供应单位等，需要多方配合和相互合作，这就必然要求监理工程师具有良好的人际关系和较强的组织协调能力。

第二节 组织协调的内容

组织协调贯穿于水利工程建设项目的全过程，渗透到水利工程建设项目的每一个环节。水利工程建设的每个过程、每个环节，都存在着不同程度的矛盾和干扰，甚至会产生冲突，这就需要不同层次的人员去协调。协调的内容小到短时间的停工停电，大到不可抗力的破坏和重大设计变更而引起的投资、施工方案的调整。归纳起来，协调的主要内容有：协调日常施工干扰和相关单位或层次的协作配合，平衡调配资源供给；协调设计变更引起的施工组织、施工方案的调整；协调工程建设外部条件及其他重大问题等。从协调对象来看，主要包括监理机构的内部协调和相关参建单位之间的外部协调。

一、内部协调

1. 项目监理机构内部人际关系的协调

项目监理机构是由人组成的工作体系，工作效率很大程度上取决于人际关系的协调配合，总监理工程师应首先抓好人际关系的协调。

（1）在人员安排上要量才录用。对于项目监理机构的各种人员，要根据每个人的专长进行安排，做到人尽其才。人员的搭配应注意能力互补和性格互补，人员配置应尽可能少而精，防止不胜任和忙闲不均现象。

（2）在工作委任上要职责分明。对于项目监理机构内的每一个岗位，都应订立明确的目标和岗位责任制，做到事事有人管、人人有专责，同时明确岗位职权。

（3）在成绩评价上要实事求是。谁都希望自己的工作作出成绩，并得到肯定。但工作成绩的取得，不仅需要主观努力，而且需要一定的工作条件和相互配合。要发扬民主作风，实事求是评价，使每个人热爱自己的工作，并对工作充满信心和希望。

（4）在矛盾调解上要恰到好处。人员之间的矛盾总是存在的，一旦出现矛盾就应进行调解，要多听取项目监理机构成员的意见，及时沟通，使人员始终处于团结、和谐、热情高涨的工作气氛之中。

2. 项目监理机构内部组织关系的协调

项目监理机构是由若干部门（专业组）组成的工作体系。每个专业组都有自己的目标和任务。如果每个子系统都从建设工程的整体利益出发，理解和履行自己的职责，则整个系统就会处于有序的良性状态。否则，整个系统便处于无序的紊乱状态，导致功能失调，效率下降。项目监理机构内部组织关系的协调可从以下几方面进行。

（1）在职能划分的基础上设置配套组织机构，根据工程对象及委托监理合同所规定的工作内容，确定职能划分，并相应设置配套的组织机构。

（2）明确规定每个部门的目标、职责和权限，最好以规章制度的形式作出明文规定。

（3）事先约定各个部门在工作中的相互关系。在工程建设中许多工作是由多个部门共同完成的，其中有主办、牵头和协作、配合之分，事先约定，才不至于出现误事、脱节等贻误工作的现象。

（4）建立信息沟通制度，及时消除工作中的矛盾或冲突。如采用工作例会、业务碰头会、发会议纪要、工作流程图或信息传递卡等方式来沟通信息；采用民主的作风，注意从心理学、行为科学的角度激励各个成员的工作积极性；采用公开的信息政策，让大家了解建设工程实施情况、遇到的问题或危机；经常性地指导工作，和成员一起商讨遇到的问题，多倾听他们的意见、建议，鼓励大家同舟共济，这样可使局部了解全局，服从并适应全局需要。

3. 项目监理机构内部需求关系的协调

建设工程监理实施中有人员需求、试验设备需求、材料需求等，而资源是有限的，因此，内部需求平衡至关重要。需求关系的协调可从以下环节进行。

（1）监理设备、材料的平衡。建设工程监理开始时要做好监理规划和监理实施细则的编写工作，提出合理的监理资源配置，要注意抓住期限上的及时性、规格上的明确性、数量上的准确性、质量上的规范性。

（2）监理人员的平衡。要抓住调度环节，注意各专业监理工程师的配合。一个工程包括多个分部分项工程，复杂性和技术要求各不相同，这就存在监理人员配备、衔接和调度问题。监理力量的安排必须考虑到工程进展情况，作出合理的安排，以保证工程监理目标的实现。

二、外部协调

1. 监理单位与建设单位单位关系的协调

监理实践证明，监理目标能否顺利实现与建设单位协调的好坏有很大的关系。我国长期的计划经济体制使得建设单位合同意识差、随意性大，主要体现在：一是沿袭计划经济时期的基建管理模式，搞“大统筹，小监理”，在一个建设工程上，建设单位的管理人员要比监理人员多或管理层次多，对监理工作干涉多，并插手监理人员应做的具体工作；二是不把合同中规定的权力交给监理单位，致使监理工程师有职无权，发挥不了作用；三是科学管理意识差，在建设工程目标确定上压工期、压造价，在建设工程实施过程中变更多或时效不按要求，给监理工作的质量、进度、资金控制带来困难。因此，与建设单位的协调是监理工作的重点和难点。监理工程师应从以下几方面加强与建设单位的协调：

（1）监理工程师首先要理解建设工程总目标，理解业主的意图。对于未能参加项目决策过程的监理工程师，必须了解项目构思的基础、起因、出发点，否则可能对监理目标及完成任务有不完整的理解，会给工作的实施造成很大的困难。

（2）利用工作之便做好监理宣传工作，增进建设单位对监理工作的理解，特别是对建设工程管理各方职责及监理程序的理解；主动帮助建设单位处理建设工程中的事务性工作，以自己规范化、标准化、制度化的工作去影响和促进双方工作的协调一致。

（3）尊重建设单位，与建设单位一起投入建设工程全过程的管理。尽管有预定的控制目标，但建设工程实施必须执行建设单位的指令，使建设单位满意。对建设单位提出的某些不适当的要求，只要不属于原则问题，都可先执行，然后利用适当时机，采用适当方式加以说明或解释；对于原则性问题，可采用书面报告等方式说明原委，尽量避免发生误解，以使建设工程顺利实施。

2. 建设单位与施工单位关系的协调

建设单位与施工单位对工程承包合同负有共同履约的责任，工作往来频繁，在往来中对一些具体问题产生某些意见的分歧是常有的事。在这个层次的协调中，由于工程进展各个阶段的不同，建设单位与施工单位的关系也不尽相同，协调工作随着工程进展阶段的变化而变化。

（1）招标阶段的协调。中标后建设单位与施工单位的合同洽谈和签订，是协调的主要内容。首先，要对双方的法人资格和履约能力进行复核。其次，合同中要明确双方的责、权、利，如建设单位要保证资金、材料、设计、建设场地及外部水、电、通信线路的“五落实”；施工单位要实行“五包”，即包工期、包质量、包单价或总价、包材料和包配套竣工。“五落实”未落实而影响“五包”或“五包”未按合同兑现，均应受到处罚。双方处罚条件应当对等。

（2）施工准备阶段的协调。施工准备是顺利组织施工的先决条件。施工准备工作，包括必要的劳动力、材料、机具、技术和场地准备，这就需要建设单位和施工单位双方协作，共同完成，为开工和顺利施工创造条件。

开工的条件是：有完整的施工图纸；有政府管理部门签发的施工许可证；资金和材料已经落实，能按工程进度需要拨款、供料；施工组织计划已经批准；加工订货设备已经落实；施工条件已经基本落实，现场已“四通一平”（水、电、路、电信通和场地平整）。

建设单位和施工单位双方应有明确的约定和分工。对一些习惯性的做法和问题应事先沟通，以便协调行动。

（3）施工阶段的协调。监理工程师对质量、进度和投资的控制都是通过承包商的工作来实现的，所以做好与承包商的协调工作是监理工程师组织协调工作的重要内容。

监理工程师在监理工作中应强调各方面利益的一致性和建设工程总目标；监理工程师应鼓励承包商将建设工程实施状况、实施结果和遇到的困难及意见及时汇报，以寻找对目标控制可能的干扰。双方了解得越多、越深刻，监理工作中的对抗和争执就越少。

协调不仅是方法、技术问题，更多的是语言艺术、感情交流和用权适度问题，有时尽管协调意见是正确的，但由于方式或表达不妥，反而会激化矛盾。而高超的协调能力则往往能起到事半功倍的效果，令各方面都满意。

这个阶段的协调工作，包括解决进度、质量、中间计量和支付签证、合同纠纷等一系列问题，主要有下列协调问题：

1）与承包商项目经理关系的协调。从承包商项目经理和项目部主要成员的角度来说，他们最希望监理工程师是公正、通情达理并容易理解别人的；希望从监理工程师处得到明确而不是含糊的指示，并且能够对他们所询问的问题给予及时的答复；希望监理工程师的指示能够在他们工作之前发出。他们可能对本本主义及工作方法僵硬的监理工程师最为反感。这些心理现象，作为监理工程师来说，应该非常清楚。一个既懂得坚持原则，又善于理解承包商项目经理的意见，工作方法灵活，随时可能提出或愿意接受变通办法的监理工程师肯定是受欢迎的。

2）进度问题的协调。由于影响进度的因素错综复杂，因而进度问题的协调工作也十分复杂。实践证明，有两项协调工作很有效：一是建设单位和承包商双方共同商定一级网络计划，并由双方主要负责人签字，作为工程施工合同的附件；二是设立提前竣工奖，由监理工程师按一级网络计划节点考核，分期支付阶段工期奖，如果整个工程最终不能保证工期，由建设单位从工程款中将已付的阶段工期奖扣回并按合同规定予以罚款。

3）质量问题的协调。在质量控制方面应实行监理工程师质量签字认可制度。对没有出厂证明、不符合使用要求的原材料、设备和构件，不准使用；对工序交接实行报验签证；对不合格的工程部位不予验收签字，也不予计算工程量，不予支付工程款。在建设工程实施过程中，设计变更或工程内容的增减是经常出现的，有些是合同签订时无法预料和明确规定的。对于这种变更，监理工程师要认真研究，合理计算价格，与有关方面充分协商，达成一致意见，并实行监理工程师签证制度。

4）对承包商违约行为的处理。在施工过程中，监理工程师对承包商的某些违约行为进行处理是一件很慎重而又难免的事情。当发现承包商采用一种不适当的方法进行施工，或是用了不符合合同规定的材料时，监理工程师除立即制止外，可能还要采取相应的处理措施。遇到这种情况，监理工程师应该考虑的是自己的处理意见是否在监理权限以内，根据合同要求，自己应该怎么做等。在发现质量缺陷并需要采取措施时，监理工程师必须立即通知承包商。监理工程师要有时间期限的概念，否则承包商有权认为监理工程师对已完成的工程内容是满意或认可的。监理工程师最担心的可能是工程总进度和质量受到影响。有时，监理工程师会发现，承包商的项目经理或某个项目部主要成员不称职。此时明智的做法是继续观察一段时间，待掌握足够的证据时，总监理工程师可以正式向承包商发出警告。万不得已时，总监理工程师有权要求承包商撤换其项目经理或项目部成员。

5）合同争议的协调。对合同纠纷，首先应协商解决，协商不成时再向合同管理机关申请调解和仲裁。如合同约定由法院裁决时，应按照《中华人民共和国合同法》和《中华人民共和国民法通则》的有关规定向人民法院提起诉讼。若系国际工程应按 FIDIC 条款执行。一般合同争议切忌诉讼，尽量协商解决，避免伤害感情，贻误工作。只有当对方严重违约而使自己的利益受到重大损失而不能得到补偿时，才用诉讼手段保护自己的利益。如果遇到非常棘手的问题，不妨暂时搁置，等待时机，另谋良策。

6）对分包单位的管理。主要是对分包单位明确合同管理范围，分层次管理。将总包合同作为一个独立的合同单元进行投资、进度、质量控制和合同管理，不直接和分包合同发生关系。对分包合同中的工程质量、进度进行直接跟踪监控，通过总包商进行调控、纠偏。分包商在施工中发生的问题，由总包商负责协调处理，必要时，监理工程师帮助协调。当分包合同条款与总包合同发生抵触，以总包合同条款为准。此外，分包合同不能解除总包商对总包合同所承担的任何责任和义务。分包合同发生的索赔问题，一般由总包商负责，涉及总包合同中建设单位义务和责任时，由总包商通过监理工程师向建设单位提出索赔，由监理工程师进行协调。

7）处理好人际关系。在监理过程中，监理工程师处于一种十分特殊的位置。建设单位希望得到独立、专业的高质量服务，而承包商则希望监理单位能对合同条件有一个公正的解释。因此，监理工程师必须善于处理各种人际关系，既要严格遵守职业道德，以保证行为的公正性，也要利用各种机会增进与各方面人员的友谊和合作，以利于工程的进展。否则，便有可能引起建设单位或承包商对其可信赖程度的怀疑。

（4）交工验收阶段的协调。建设单位在交工验收中可能提出这样那样的问题，施工单位应根据技术文件、合同、中间验收签证和验收规范作出详细的解释，对不符合要求的工程要采取补救措施，使其达到设计、合同、规范要求。

3. 建设单位与设计单位关系的协调

监理单位必须协调好设计单位的有关工作，以加快工程进度，确保质量，提高效率。

（1）真诚尊重设计单位的意见。例如，组织设计单位向承包商介绍工程概况、设计意图、技术要求、施工难点等，把标准过高、设计遗漏、图纸差错等问题解决在施工之前；施工阶段，严格按图施工；结构工程验收、专业工程验收、竣工验收等工作，约请设计代表参加；若发生质量事故，认真听取设计单位的处理意见等。

（2）施工中发现设计问题，应及时向设计单位提出，以免造成不必要的经济损失。若监理单位掌握比原设计更先进的新技术、新工艺、新材料、新结构、新设备时，可主动向设计单位推荐。为使设计单位有修改设计的余地而不影响施工进度，可与设计单位达成协议，限定一个期限，争取设计单位、承包商的理解和配合。

（3）注意信息传递的及时性和程序性。监理工程师联系设计单位申报表或设计变更通知单的传递，要按设计单位（经建设单位同意）→监理单位→承包商之间的程序进行。

这里要注意的是，在施工监理的条件下，监理单位与设计单位都是受建设单位委托进行工作的，两者之间并没有合同关系，所以监理单位主要是和设计单位做好交流工作，协调要靠建设单位的支持。设计单位应就其设计质量对建设单位负责，因此《中华人民共和国建筑法》指出：工程监理人员发现工程设计不符合建筑工程质量标准或者合同约定的质量要求，应当报告建设单位要求设计单位改正。建设单位与设计单位的协调，主要涉及设计进度、设计质量、工程概算、设计变更、设计标准、技术条件及新技术、新工艺、新材料的采用等方面。

4. 设计单位与施工单位关系的协调

设计单位与施工单位之间的协调主要涉及设计交底、领会设计意图以及设计与施工配合问题，如设计要方便施工、施工必须符合设计要求等。

5. 施工单位之间关系的协调

施工单位之间关系的协调，包括总包与分包之间的协调，以及分别直接发包情况下各施工单位之间的协调。总包与分包之间的协调，主要由总包负责。各施工单位之间的协调，主要有施工协作配合、施工干扰、施工安全、工程进度、计划的统筹安排等事项。

6. 与政府部门的协调

（1）工程质量监督站是由政府授权的工程质量监督的实施机构，对委托监理的工程，质量监督站主要是核查勘察、设计、施工单位的资质和工程质量检查；监理单位在进行工程质量控制和质量问题处理时，要做好与工程质量监督站的交流和协调。

（2）对于重大质量事故，在承包商采取急救、补救措施的同时，应敦促承包商立即向政府有关部门报告情况，接受检查和处理。

（3）建设工程合同应送公证机关公证，并报政府建设管理部门备案；征地、拆迁、移民要争取政府有关部门支持和协作；现场消防设施的配置，宜请消防部门检查认可；要督促承包商在施工中注意防止环境污染，坚持做到文明施工。

7. 与社会团体关系的协调

一些大中型建设工程建成后，不仅会给建设单位带来效益，还会给该地区的经济发展带来好处，同时也会给当地人民生活带来方便，因此必然会引起社会各界的关注。建设单位和监理单位应把握机会，争取社会各界对建设工程的关心和支持。这是一种争取良好社会环境的协调。

（1）争取各级地方政府支持是改善建设环境的重要环节，征地、拆迁、移民安置是政策性很强、涉及千家万户的利益、实施起来比较困难的工作，只有争取各级地方政府的支持，充分发挥他们的作用，才能做好这项工作。同样，对外交通保障、大构件运输要求的桥梁加固、抗洪救灾、工地治安、建筑材料的调配供应等问题的妥善解决，都离不开地方政府的支持，都需要与地方政府做好协调工作。

（2）协调好与金融机构的关系，如与投资公司、银行的关系，及时报告工程进展和资金使用情况，接受金融系统对建设资金的监督，按期归还建设贷款，建立良好的信誉，实事求是地反映资金供应上的困难，对于确保建设资金按时到位，都具有十分重要的意义。

（3）协调好与新闻媒体及其他社会团体的关系，争取新闻机构的支持，利用广播、报纸、电视等大众宣传媒介，宣传项目建设的意义、建设进度、取得的成绩、项目建设对地方经济发展的贡献等，有利于得到社会各界的支持，鼓舞建设者的士气，顺利实现建设目标。

第三节　组织协调的方法

协调作为项目管理的一种重要职能，在项目建设中发挥着重要作用。协调的方法和艺术是协调是否富有成效、发挥作用的关键。在建设项目的实践中，不少建设单位和监理工程师对协调工作进行了有益的探索，逐步形成了条块结合、多层次、全方位、全过程的协调模式和经济调控、思想工作、行政干预相结合的协调方法。这里主要介绍三种组织协调方法。

一、会议协调法

会议协调是建设工程监理中最常用的一种协调方法。实践中常用的会议协调法包括第一次工地会议、监理例会、现场协调会等。

通过工地会议，便于监理工程师对施工进度和质量的矛盾进行协调，同时方便各种信息在建设单位、施工单位和其他各参建单位之间传递，有利于工程的顺利进行。通过工地会议对执行合同的情况和施工技术问题的讨论，及时发现问题，为建设项目管理决策提供依据。工地会议还可以集思广益，对施工中出现的各种问题提出建设性的意见和建议。因此，工地会议是监理工程师的一项重要工作。

二、交谈协调法

在工程管理实践中，并不是所有问题都需要开会来解决，有时可采用交谈协调法。交谈包括面对面的交谈和电话交谈两种形式。无论是内部协调还是外部协调，交谈协调法的使用频率都是相当高的，其作用体现在以下几个方面：

(1) 交谈是一条保持信息畅通的最好渠道。由于交谈本身没有合同效力，并且它具有方便性和及时性，所以建设工程参与各方之间及监理机构内部都愿意采用这一方法进行。

(2) 交谈是寻求协作和帮助的最好方法。寻求别人帮助和协作往往要及时了解对方的反应和意见，以便采取相应的对策。另外，相对于书面寻求协作，人们更难于拒绝面对面的请求。因此，采用交谈方式请求协作和帮助比采用书面方法实现的可能性要大。

(3) 交谈是正确、及时发布工程指令的有效方法。在实践中，监理工程师一般都采用交谈方式先发布口头指令。这样一方面可以使对方及时地执行指令，另一方面可以和对方进行交流，了解对方是否正确理解了指令。随后，再以书面的形式加以确认。

三、书面协调法

当会议或者交谈不方便或不需要时，或者需要精确地表达意见时，可用书面协调法。书面协调法的特点是具有合同效力，常用于以下几方面：

(1) 不需双方直接交流的书面报告、报表、指令和通知等。

(2) 需要以书面形式向各方提供详细信息和情况通报的报告、信函和备忘录等。

(3) 事后对会议记录、交谈内容或口头指令的书面确认。

四、访问协调法

访问协调法主要用于外部协调，有走访和邀访两种形式。走访是指监理工程师在建设工程施工前或施工中，对与工程施工有关的各政府部门、公共事业机构、新闻媒介或工程毗邻单位等进行访问，向他们解释工程的情况，了解他们的意见。邀访是指监理工程师邀请上述各单位（包括建设单位）代表到施工现场对工程进行指导性巡视，了解现场工作。因为在多数情况下，这些相关部门并不了解工程，不清楚现场的实际情况，如果进行一些不恰当的干预，会对工程产生不利影响，这时采用访问协调法可能是一种相当有效的方法。

五、情况介绍法

情况介绍法通常是与其他协调方法紧密结合在一起的协调方法，它可能是在一次会议前，或是一次交谈前，或是一次走访或邀访前向对方进行的情况介绍。其形式主要是口头的，有时也伴有书面的。介绍往往是其他协调的引导，目的是使别人先了解情况。因此，监理工程师应重视任何场合下的每一次介绍，要使别人能够理解你介绍的内容、问题和困难，以及想得到的协助等。

总之，组织协调是一种管理艺术和技巧，监理工程师尤其是总监理工程师需要掌握领导科学、心理学、行为科学方面的知识和技能，如激励、交际、表扬和批评的艺术、开会的艺术、谈话的艺术、谈判的艺术等。只有这样，监理工程师才能进行有效的协调。

第四节　工　地　会　议

监理机构应建立会议制度，包括第一次监理工地会议、监理例会和监理专题会议。会议由总监理工程师或其授权的监理工程师主持，工程建设有关各方派员参加。

一、第一次监理工地会议

第一次监理工地会议是施工单位、监理工程师进入工地后的第一次会议，是建设单位、施工单位、监理工程师之间建立良好合作关系的一次机会。第一次监理工地会议的目的，在于监理工程师对工程开工前的各项准备工作进行全面检查，确保工程实施有一个良好的开端。第一次监理工地会议应在监理机构批复合同工程开工前举行，并应尽早举行。会议由总监理工程师主持召开，会议的具体内容可由有关各方会前约定。

（一）第一次监理工地会议人员的组成

第一次监理工地会议由监理单位主持，建设单位、施工单位的授权代表必须出席会议，各方将要担任职务的项目负责人及指定的分包人参加会议。会议纪要由总监理工程师或授权副总监理工程师组织编写组织编写并经与会各方代表签认，并分发与会各方，监理单位作为资料存档。

（二）会议的主要内容

1. 介绍人员及组织机构

建设单位或其代表应就其实施工程建设项目期间的职能机构、职责、范围及主要人员名单提出书面文件，并就有关细节进行说明。总监理工程师向总监理工程师代表和专业监理工程师授权，并声明自己保留的权利，书面将授权书、组织机构图、职责范围及全体监理人员名单提交施工单位及建设单位。施工单位应书面将项目经理或工地代表授权书、主要人员名单、职能机构框图、职责范围及有关人员资质材料提交监理工程师，以取得监理工程师的批准。监理工程师应在本次会议上进行审查并口头批准（或有保留的批准），会后正式予以书面确认。

2. 介绍施工进度计划

施工单位的施工进度计划应在中标通知发出后合同规定的时间内提交监理工程师。在第一次监理工地会议上，监理工程师就施工进度计划做出如下说明：施工进度计划可于何日批准或哪些分项已获得批准；根据批准或将要批准的施工进度计划，施工单位何日进行哪些施工，有无其他条件限制，有哪些重要的或复杂的分项工程还应单独编制进度计划提交批准。

3. 施工单位介绍施工准备情况

施工单位应就施工准备情况按如下内容提出陈述报告，监理工程师应逐项予以澄清、检查和评述。

(1) 主要施工人员，包括项目负责人、主要技术人员、主要机械操作人员，是否进场或将何日进场。

(2) 用于工程的进口材料、机械、仪器和设备、设施是否进场或将何日进场，是否会对施工产生影响，并提交进场计划和清单。

(3) 用于工程的本地材料来源是否落实，并提交进场计划和清单。

(4) 施工驻地及临时工程建设进展情况如何，并提交施工驻地及临时工程建设计划和分布图。

(5) 工地试验室、流动试验室及设备是否准备就绪，将于何时安装，并提交试验室布置图、流动试验室分布图及仪器设备清单。

(6) 施工测量的基础资料是否已经落实并通过复核，施工测量是否进行或将何日完成，并应提供施工测量计划及有关资料。

(7) 履约保函、动员预付款保函和各种保险是否已办理或将何日办理完毕，提交有关已办理的手续副本。

(8) 为监理工程师提供的住房、交通、通信、办公等设备和服务设施是否具备或将何日具备，并提交有关安排计划和清单。

(9) 其他与开工条件有关的内容和事项。

4. 建设单位说明开工条件

建设单位代表就工程占地、临时用地、临时道路、拆迁以及其他开工条件有关的问题进行说明。监理工程师应根据批准或将要批准的施工进度计划的安排，对上述事项提出建议和要求。

5. 明确施工监理例行程序

监理工程师应疏通与施工单位之间的联系渠道，明确工作例行程序并提出有关表格及说明。包括：资金控制的主要程序、表格及说明；工程计量的程序、报表及说明；索赔的主要程序、报表及说明；工程变更的主要程序、图表及说明；工程质量事故及安全事故的报告程序、报表及说明；函件的往来传递交接程序、报表及说明；质量控制的主要程序、表格及说明；进度控制的主要程序、图表及说明；施工过程中工地会议举行的时间、地点及程序；其他有关的制度规定等。

二、工地例会

(一) 工地例会的重要性

工地例会又称例行现场会议，召开例行现场会议的主要目的是对在施工中发现的工程质量问题、工程进度延误以及承包人提出工期延长或费用索赔的申请或与上述有关的一些重要事项进行讨论，并做出决定。

会议每月（旬或周）召开一次。例行现场会议必须先准备一个议程，目的是使有关方面尽早准备好会议所需的资料等，以便开会时不会有任何遗漏。例行现场会议由监理工程师主持，并将会议上讨论的事项和决议记录下来，分发给各方。会议记录经监理工程师及承包人认可，就成为正式记录，对双方均具有约束力，并可能成为解决延期索赔的重要证据。会议记录必须记录会议的地点及时间、参加者的姓名及他们所代表的单位、会议的主持人、会议中发言者的姓名及所发表的内容、讨论的事项及决议。

（二）参加工地例会的人员

（1）监理工程师，一般由监理工程师代表及其他有关的监理人员参加。

（2）承包人，一般由承包人的项目经理及其他有关人员参加。

（3）业主代表及有关人员。

（4）根据会议内容的需要，可另外邀请其他人士参加。

（三）工地例会的议程

1. 检查上次会议决议的执行情况

出席会议的人员应汇报执行上次会议决议情况，如哪项未执行或认为记录中有不正确或不清楚的问题，应对提出的问题进行讨论，必要时修改记录，否则应申明上次会议决议是正确的，已获得所有与会人员的同意。

2. 汇报进度情况

审阅所有进度情况的报告及主要工程细目，特别是处于关键路线上的工程的进度。找出拖延进度的各种因素，提出解决的措施，定出下一阶段进度计划。

3. 承包人的人员、材料和施工机械情况

（1）现场人员是否正如承包人计划所列的一样；工程是否因某种管理人员不足而受到影响；专业技术人员中是否有技术不能胜任的现象；如果发现任何有不称职的承包人的人员，承包人如何处理。

（2）工程材料是否已安排如期运送；是否采取措施保证到达工地的材料的质量是合格的。

（3）工地使用的施工机械是否与承包人填列的一样；工程是否受到任何机械不足的影响；机械的技术完好状况是否令人满意；保养及维修设施是否足够；易损配件是否储存充足；机械的利用率如何。

4. 技术和质量方面的问题

凡施工中已经出现的有关技术和质量问题，例如工艺水平、工程缺陷、材料质量、放样误差、补充图纸等，都应分项列出，供会议研究讨论，并提出双方同意的解决方案。

5. 财务方面

计量支付是否及时；价格调整是否合理；期中支付是否按时收到。可根据各财务细目分别进行讨论，并做出决定。

6. 合同管理事项

合同管理事项包括如下方面：

（1）现场的移交情况。

（2）公用设施及附近的房地产主和使用者的干扰问题。

（3）分包与转让问题。

(4) 工程变更问题。

(5) 工程意外问题。

(6) 暂时停工问题。

(7) 监理工程师和承包人之间在各层次之间的联系，以及有关要求工程的检验及证书的签发等事项。

(8) 其他有关合同管理事项。

7. 延期与索赔要求

对承包人提出的延期和费用索赔问题，应做出详细记录，这些记录将作为以后处理索赔的重要资料。

(1) 承包人有没有打算提出延期或索赔的要求。

(2) 承包人已经提交的延期与索赔情况。

会议最后应对以上议程中未提到但需讨论的问题进行讨论，并确定下次例行现场会议的地点及时间。

三、现场协调会

在整个建设工程施工期间，应根据具体情况，不定期地召开不同层次的施工现场协调会。现场协调会的目的在于监理工程师对日常或经常性的施工活动进行检查、协调和落实，使监理工作和施工活动密切配合。会议由监理工程师主持，施工单位派代表出席，有关监理工程师及施工技术人员酌情参加。会议只对近期建设工程施工中的问题进行证实、协调和落实，对发现的施工质量问题及时予以纠正，对其他重大问题只提出而不进行讨论，另安排专门会议或在工地例会上进行研究处理。会议的主要内容包括：施工单位报告近期的施工活动，提出近期的施工计划安排，简要陈述发生或存在的问题；监理工程师就施工进度和施工质量予以简要评述，并根据施工单位提出的施工活动计划，安排监理工程师或监理人员进行旁站、巡视、平行检验、抽样试验、检测验收等监理工作，对执行施工合同有关的其他问题交换意见。

现场协调会以协调工作为主，讨论和明确有关问题，及时发现工程施工中的问题，一般对出现的问题不做出决议，重点对日常工作发出指令。监理工程师和施工单位通过现场协调会彼此交换意见，交流信息，促使监理工程师和施工单位双方保持良好的关系，以利于工程建设活动的开展。

复习思考题

1. 简述组织协调的概念及作用。
2. 项目监理机构协调的工作内容有哪些？
3. 组织协调的方法有哪些？
4. 工地会议有哪些？会议的主要内容分别是什么？

第十章　水利工程施工监理主要文件

第一节　监　理　大　纲

根据建设监理工作的要求，监理单位在取得监理业务和具体实施监理业务时，要根据不同阶段编制出监理大纲、监理规划、监理实施细则三个阶段性文件。它们三者的具体内容、深度、作用和编制的时间是不同的。

监理大纲又称监理方案，它是监理单位在建设单位委托监理的过程中，特别是在项目进行监理招标过程中，为承揽监理业务而编制的监理方案性文件。监理大纲是监理投标书的监理技术标书部分。监理大纲是为监理单位经营目标服务的，起着承接监理任务的作用。

监理大纲的编制工作技巧性较强，残酷的市场竞争要求投标工作要不断调整和完善，要求监理企业的领导者和投标人员重视投标工作，不断总结投标经验和调整投标工作思路，提高承揽监理任务的竞争力，增强企业实力、提高监理水平，通过提供优质的监理服务来赢得建设单位的信任、赢得市场。

一、监理大纲的作用

1. 争取监理业务

监理投标单位通过监理大纲，使建设单位认识到该监理单位能胜任该项目的监理工作以及采用监理单位制定的监理方案能满足建设单位委托的监理工作要求，进而赢得竞争，承揽到监理业务。所以，监理大纲是为监理单位经营目标服务的，对承接监理任务起着重要作用。

2. 为编制监理规划提供依据

工程监理单位一旦中标，在签订建设工程委托监理合同后，监理单位就要求项目总监理工程师着手编制项目监理规划。而监理规划的编制必须依据工程监理单位投标时的监理大纲。因为监理大纲是建设工程委托监理合同的重要组成部分，也是工程监理单位对建设单位所提技术要求的认同和答复，所以工程监理单位必须以此编写监理规划，来进一步指导工程项目的监理工作。

3. 是项目法人审核监理规划的依据

监理规划编制后，经建设单位审核作为开展工程监理工作的指导性文件，监理大纲是建设单位审核监理规划的基本依据。监理规划是否实质上响应监理大纲，是审核监理单位是否履行监理合同的依据。

二、监理大纲的编制依据

编制监理大纲的主要依据如下：

(1) 国家有关建设工程方面的法律、法规。

(2) 建设单位的工程监理招标文件。

(3) 建设单位提供的勘察、设计文件，项目的特点和规模。

(4) 工程监理单位的技术装备和经营业绩。

三、监理大纲的内容

监理大纲的内容和格式应按照监理招标文件的要求编制。有时招标文件规定了明确的内容和格式，有时，可由监理投标单位自行编排。监理大纲主要内容一般包括：

(1) 项目概况。

(2) 监理工作的指导思想，监理范围和监理目标。

(3) 现场监理组织形式及其职责。

(4) 拟派往项目上的主要监理人员及其资质情况。

(5) 质量、进度、资金监理工作目标及其措施。

(6) 合同、安全文明施工、信息管理的任务与方法。

(7) 组织协调的任务与方法。

(8) 监理工作程序。

(9) 拟派驻项目监理部的技术装备。

(10) 对本项目建设、设计、施工单位的合理化建议。

(11) 投标书要求的其他资料。

四、监理大纲的编写注意事项

由于编制监理大纲的时间较短，资料少，与监理规划相比，其深度较浅。但是，应该强调的是：在编制监理大纲时，要求内容全面，能正确响应招标文件的要求，对所要监理的工程理解透彻、剖析深刻、措施得当，提出的监理工作方案合理，并能体现出监理单位的经验和管理水平。

1. 实质上响应招标文件要求

监理大纲作为监理投标文件的组成部分，应从实质上响应招标文件的要求，不然若是靠主观臆断修改招标文件的要求，则会被视为废标。

2. 展示本公司的技术和能力

针对工程情况，特别是建筑结构类型、规模、可能采取的施工方案等，监理大纲编制人员应结合本公司拥有的仪器设备和技术能力，从管理水平、人员素质和专业配套等方面来加以叙述。

3. 着重介绍公司业绩

介绍公司的监理业绩时，要如实叙述公司曾经监理过的同类或相似建设项目的情况。对工程施工中曾经发生过的问题，根据监理方所提出的建议、在工程建设过程中采取的措施，以及最后取得的效果等，要用重要篇幅加以阐述，并要重点叙述这些项目建设的社会效益和经济效益。最好能引用曾经服务过的第三者——以往业主的评价，这是最有说服力的。

4. 介绍监理组织机构和监理人员

监理大纲中要提出本项目的监理组织机构，介绍拟参与本项目监理人员的技术能力和特长。针对项目的特点，建立相对应的监理组织机构；根据专业特点、工程规模、工程建设投资强度，配备相应的专业人员数量。要针对投标项目的实际情况提出具体的合理化建议，充分发挥公司“专家库”“智囊团”的优势，开展各种分析研究、交流讨论。

5. 提供的资质文件要真实可信

诚信是监理企业的立身之本，也是项目合作的基础。业主和评标的评委都是工程界业内人士，很容易发现资质文件中不真实的情况。招标书上要求的资质材料和人员的简历等应真实可靠，不弄虚作假，以免因小失大。

6. 提出针对项目的合理化建议

针对项目的合理化建议在大纲中似乎看起来可有可无，其实这是最能打动业主心灵的内容。如果建议能使设计方案稍加改进，就能节约可观的投资或者取得意想不到的使用效果或可方便施工，取得更好的施工质量或加快施工进度，从而能够增强业主满意度。

在编制监理大纲时，应注意重点突出，文字上有粗有细，有繁有简，要始终注意监理大纲的“大纲”性质。

第二节　监　理　规　划

监理规划是监理单位接受建设单位委托并签订委托监理合同之后，在项目总监理工程师的主持下，根据委托监理合同，在监理大纲的基础上，结合工程的具体情况，并在广泛收集工程信息和资料的情况下制定，经监理单位技术负责人批准，用来指导项目监理机构全面开展监理工作的纲领性指导文件。监理大纲与监理规划都是围绕着整个项目监理组织所开展的监理工作来编写的，但监理规划是在明确监理委托关系，以及确定项目总监理工程师后，在更详细占有相关资料的基础上编制而成的，因此内容与深度比监理大纲更为具体和详细。

一、监理规划的作用

1. 监理规划是项目监理机构全面开展监理工作的指导性文件

监理规划的基本作用是指导监理机构全面开展监理工作。工程项目实施监理是一个系统的过程，它需要制定计划，建立组织，配备监理人员，制定监理工作制度，进行有效地领导，并实施目标控制。项目监理规划就是对项目监理机构开展的各项监理工作作出全面、系统的组织与安排。监理规划的编制应针对项目的实际情况，明确项目监理机构的工作目标，确定具体的工作程序、工作方法，并具有可操作性。

2. 监理规划是主管机构对监理单位实施监督管理的重要依据

工程建设监理主管机构对监理单位实施监督、管理和指导，对其管理水平、人员素质、专业配套和监理业绩进行核查和考评，确认监理单位的资质和资质等级。工程建设监理主管机构进行监督管理，更为重要的是通过监理单位的实际监理工作来认定它的水平。而监理单位的实际水平可从监理规划和它的实施中充分地表现出来。因此，监理规划是建设监理主管机构监督、管理和指导监理单位开展工程建设监理活动的重要依据。

3. 监理规划是建设单位确认监理单位是否全面、认真履行监理合同的主要依据

监理单位如何履行建设工程委托监理合同，如何落实建设单位委托监理单位所承担的各项监理服务工作，作为监理任务的委托方，建设单位不但需要而且应当加以了解和确认。同时，建设单位有权监督监理单位执行工程委托监理合同的情况。监理规划正是建设单位了解和确认这些问题的最好资料，是建设单位确认监理单位是否履行工程委托监理合同的主要说明性文件。监理规划应当能够全面而详细地为建设单位监督工程委托监理合同的履行提供依据。

4. 监理规划是监理单位重要的存档资料

项目监理规划的内容随着工程的进展而逐步调整、补充和完善，在一定程度上真实地反映了一个工程项目监理的全貌，是最好的监理过程记录。因此，它是每一家监理单位的重要存档资料。

二、监理规划编写的依据及要点

（一）监理规划编写的依据

监理规划必须根据监理委托合同和监理项目的具体情况来制定。编制前要收集有关资料作为编制依据。

监理规划编制的主要依据如下：

（1）国家有关工程建设法律、行政法规、部门规章包括：中央、地方和各部门的政策、法律、法规中的工程建设程序、招标投标和建设监理制度、工程造价管理制度等；工程建设的各种规范、标准。

（2）政府批准的项目建设文件。

（3）工程建设相关的规范、规程、标准、设计文件和有关技术资料。

（4）项目建设规模、特点、工程项目自然条件、社会条件和经济条件等外部环境调查研究资料。

（5）监理合同（含监理大纲）及与所监理项目相关的建设合同文件。

（6）工程实施过程中输出的有关信息。

（二）监理规划的编写要点

监理规划的编制应由项目总监理工程师主持，专业监理工程师参加。在监理规划中，根据所监理项目的特点和合同要求，体现总监理工程师的组织管理思想、工作思路和总体安排。监理规划的编写要点如下：

（1）监理规划的具体内容应根据不同工程项目的性质、规模、工作内容等情况编制，格式和条目可有所不同。

（2）监理规划的基本作用是指导监理机构全面开展监理工作。监理规划应对项目监理的计划、组织、程序、方法等做出表述。

（3）总监理工程师应主持监理规划的编制工作，所有监理人员应熟悉监理规划的

内容。

（4）监理规划应在监理大纲的基础上，结合承包人报批的施工组织设计、施工总进度计划编制，并报监理单位技术负责人批准后实施。

（5）监理规划应根据其实施情况、工程建设的重大调整或合同重大变更等对监理工作要求的改变进行修订。

三、监理规划的主要内容

监理规划的具体内容应根据不同工程项目的性质、规模、工作内容等情况编制，格式和条目可有所不同。水利工程施工监理规划通常包括以下内容。

（一）总则

（1）工程项目基本概况。简述工程项目的名称、性质、等级、建设地点、自然条件与外部环境；工程项目建设内容及规模、特点；工程项目建设目的。

（2）工程项目主要目标。工程项目总投资及组成、计划工期（包括阶段性目标的计划开日期和完工日期）、质量控制目标。

（3）工程项目组织。列明工程项目主管部门、质量监督机构、发包人、设计单位、承包人、监理单位、工程设备供应单位等。

（4）监理工程范围和内容。发包人委托监理的工程范围和服务内容等。

（5）监理主要依据。列出开展监理工作所依据的法律、法规、规章，国家及部门颁发的有关技术标准，批准的工程建设文件和有关合同文件、设计文件等的名称、文号等。

（6）监理组织。现场监理机构的组织形式与部门设置、部门职责、主要监理人员的配置和岗位职责等。

（7）监理工作基本程序。

（8）监理工作主要制度。包括技术文件审核与审批、会议、紧急情况处理、监理报告、工程验收等方面。

（9）监理人员守则和奖惩制度。

（二）工程质量控制

（1）质量控制的内容。

（2）质量控制的制度。

（3）质量控制的措施。

（三）工程进度控制

（1）进度控制的内容。

（2）进度控制的制度。

（3）进度控制的措施。

（四）工程资金控制

（1）资金控制的内容。

（2）资金控制度。

（3）资金控制的措施。

（五）施工安全及文明施工监理

（1）施工安全监理的范围和内容。

（2）施工安全监理的制度。

（3）施工安全监理的措施。

（4）文明施工监理。

（六）合同管理的其他工作

（1）变更的处理程序和监理工作方法。

（2）违约事件的处理程序和监理工作方法。

（3）索赔的处理程序和监理工作方法。

（4）分包管理的监理工作内容。

（5）担保及保险的监理工作。

（七）协调

（1）协调工作的主要内容。

（2）协调工作的原则与方法。

（八）工程质量评定与验收监理工作

（1）工程质量评定。

（2）工程验收。

（九）缺陷责任期监理工作

（1）缺陷责任期的监理内容。

（2）缺陷责任期的监理措施。

（十）信息管理

（1）信息管理程序、制度及人员岗位职责。

（2）文档清单、编码及格式。

（3）计算机辅助信息管理系统。

（4）文件资料预立卷和归档管理。

（十一）监理设施

（1）制定现场监理办公和生活设施计划。

（2）制定现场交通、通信、办公和生活设施使用管理制度。

（十二）监理实施细则编制计划

（1）监理实施细则文件清单。

（2）监理实施细则编制工作计划。

（十三）其他

略。

第三节 监 理 实 施 细 则

在施工措施计划批准后、专业工程（或作业交叉特别复杂的专项工程）施工前或专业工作开始前，负责相应工作的专业监理工程师应组织相关专业监理人员编制监理实施细则，并报总监理工程师批准。

监理实施细则是针对所分担的具体监理任务和工作，结合项目具体情况和掌握的工程信息制定的指导具体监理业务实施的操作性文件。对于中型及以上或专业性较强、技术复杂的工程项目，在相应工程施工、开展监理工作之前，应分专业编制监理实施细则。对于规模较小、技术不复杂且管理有成熟经验和措施，并且监理规划可以起到监理实施细则的作用的工程项目，监理实施细则可不必另行编写。

一、监理实施细则的作用

监理实施细则一般应重点写明控制目标、关键工序、特殊工序、重点部位、质量控制点及相应的控制措施等。对于技术资料不全或新的施工工艺、新材料应用等，应在充分调查的基础上，单独列出章节予以细化明确。监理实施细则对工程建设项目的监理工作具有如下作用。

1. 项目监理工作实施的技术依据

在项目监理工作实施过程中，由于工程建设项目的单件性和一次性及周围内外环境条件变化，即使同一施工工序在不同的项目上也存在影响工程质量、资金、进度的各种因素。因此，为了做到防患于未然，专业监理工程师必须依据相关的标准、规范、规程及施工检评标准，对可能出现偏差的工序写出监理实施细则，以便做到事前控制，防止可能出现的偏差。

2. 落实实施项目计划，规范项目施工行为

在项目施工过程中，不同专业间有不同的施工方案。作为专业监理工程师，如果没有一个详细的监督实施方案，要想使各项施工工序做到规范化、标准化，要想达到预期的监理规划目标是难以做到的。因此，对于较复杂的和大型工程，专业监理工程师必须编制各专业的监理实施细则，以规范专业施工过程。

3. 明确专业分工和职责，协调各类施工过程中的矛盾

对于专业工种较多的工程建设项目，各个专业间相互影响的问题往往在施工过程中逐渐出现，如施工面相互交叉、施工顺序相互影响等，产生这些问题当然是在所难免的，但若专业监理工程师在编制监理实施细则时就考虑到可能影响不同专业工种间的各种问题，那么在施工中就会尽可能减少或避免，使各项施工活动能够连续不断地进行，减少停工、窝工等事件的发生。

二、监理实施细则的编写依据

（1）国家有关的法律、法规。

（2）工程建设相关的规范、规程、标准。

（3）勘察、设计文件，包括设计图纸、技术资料以及设计变更技术文件。

（4）监理合同以及与所监理项目相关的合同文件。

（5）已批准的监理规划。

（6）承包人提交并经监理机构批准的施工组织设计和技术措施设计。

（7）由生产厂家提供的工程建设有关原材料、半成品、构配件的使用技术说明，工程

设备的安装、调试、检验等技术资料。

三、监理实施细则编制要点

(1) 监理实施细则应符合监理规划的基本要求，充分体现工程特点和监理合同约定的要求，结合工程项目的施工方法和专业特点，明确具体的控制措施、方法和要求，具有针对性、可行性和可操作性。

(2) 监理实施细则应针对不同情况制订相应的对策和措施，突出监理工作的事前审批、事中监督和事后检验。

(3) 监理实施细则可根据实际情况按进度、分阶段编制，但应注意前后的连续性、一致性。

(4) 总监理工程师在审核监理实施细则时，应注意各专业监理实施细则间的衔接与配套，以组成系统、完整的监理实施细则体系。

(5) 在监理实施细则条文中，应具体写明引用的规程、规范、标准及设计文件的名称、文号；文中涉及采用的报告、报表时，应写明报告、报表所采用的格式。

(6) 在监理工作实施过程中，监理实施细则应根据实际情况进行补充、修改和完善。

四、监理实施细则主要内容

由于监理实施细则涉及所监理内容的专业问题，不同专业的监理细则其内容不尽相同。监理实施细则的具体内容可根据工程特点和监理工作需要进行调整。

(一) 专业工程监理实施细则

专业工程主要指施工导（截）流工程、土石方明挖、地下洞室开挖、支护工程、钻孔和灌浆工程、地基及基础处理工程、土石方填筑工程、混凝土工程、砌体工程、疏浚及吹填工程、屋面和地面建筑工程、压力钢管制造和安装、钢结构的制作和安装、钢闸门及启闭机安装、预埋件埋设、机电设备安装、工程安全监测等，专业工程监理实施细则的编制应包括下列内容：

(1) 适用范围。

(2) 编制依据。

(3) 专业工程特点。

(4) 专业工程开工条件检查。

(5) 现场监理工作内容、程序和控制要点。

(6) 检查和检验项目、标准和工作要求。一般应包括：巡视、检查要点；旁站监理的范围（包括部位和工序）、内容、控制要点和记录；检测项目、标准和检测要求，跟踪检测和平行检测的数量和要求。

(7) 资料和质量评定工作要求。

(8) 采用的表式清单。

(二) 专业工作监理实施细则

专业工作主要指测量、地质、试验、检测（跟踪检测和平行检测）、施工图纸核查与签发、工程验收、计量支付、信息管理等工作，可根据专业工作特点单独编制。根据监理工作需要，也可增加有关专业工作的监理实施细则，如进度控制、变更、索赔等。专业工作监理实施细则的编制应包括下列内容：

（1）适用范围。

（2）编制依据。

（3）专业工作特点和控制要点。

（4）监理工作内容、技术要求和程序。

（5）采用的表式清单。

（三）安全监理实施细则

施工现场临时用电和达到一定规模的基坑支护与降水工程、土方和石方开挖工程、模板工程、起重吊装工程、脚手架工程、爆破工程、围堰工程和其他危险性较大的工程应编制安全监理实施细则，安全监理实施细则应包括下列内容：

（1）适用范围。

（2）编制依据。

（3）施工安全特点。

（4）安全监理工作内容和控制要点。

（5）安全监理的方法和措施。

（6）安全检查记录和报表格式。

（四）原材料、中间产品和工程设备进场核验和验收监理实施细则

原材料、中间产品和工程设备进场核验和验收监理实施细则，可根据各类原材料、中间产品和工程设备的各自特点单独编制，应包括下列内容：

（1）适用范围。

（2）编制依据。

（3）检查、检测、验收的特点。

（4）进场报验程序。

（5）原材料、中间产品检验的内容、技术指标、检验方法与要求。包括原材料、中间产品的进场检验内容和要求，检测项目、标准和检测要求，跟踪检测和平行检测的数量要求。

（6）工程设备交货验收的内容和要求。

（7）检验资料和报告。

（8）采用的表式清单。

第四节　监　理　记　录

监理记录是监理工作的各项活动、决定、问题及环境条件的全面记载，是监理过程中的重要基础工作，在很大程度上反映出监理工作的质量。

监理记录既是项目监理部门行政管理、内部管理的工具，又是监督施工单位按合同要求施工的重要依据。如果监理记录不全或不准确，就是监理工程师对总监理工程师和建设单位的失职。

一、监理日志

监理日志是工程实施过程中监理工作的原始记录和最真实的工作依据，是项目监理机构监理工作状况的综合反映，是监理的工作量及价值的体现，是记录施工人员素质、能力和技术水平的体现。它作为监理的工程跟踪资料是监理资料的重要组成部分，能动态地反映出监理工程的实际施工全貌和监理部工作成效，其内容必须真实、准确、全面。监理日志由监理机构指定专人填写，按月装订成册。

监理日志可分项目监理日志和专业监理日志，每个工程项目必须设项目监理日志，对于专业不复杂的工程项目，由项目总监理工程师确定亦可取消专业监理日志，只设项目监理日志。专业监理日志和项目监理日志不分层次，平行记载并归档。专业监理日志由专业监理工程师填写，定期由项目总监理工程师审阅并逐日签字；项目监理日志可与主要专业（如土建专业）监理日志合并，由项目总监理工程师或项目总监理工程师指定专人当日填写，项目总监理工程师每日签阅。监理日志格式见表 10 - 1。

表 10 - 1　　　　监　理　日　志

填写人：　　　日　期：　　　年　　月　　日

天　气	白　天		夜　晚	
施工部位、施工内容、施工形象及资源投入（人员、原材料、中间产品、工程设备和施工设备动态）				
承包人质量检验和安全作业情况				
监理机构的检查、巡视、检验情况				
施工作业存在的问题现场监理提出的处理意见以及承包人对处理意见的落实情况				
监理机构签发的意见				
其他事项				

注　1. 本表由监理机构指定专人填写，按月装订成册。
2. 本表栏内的内容可附页，并标注日期，与日志一并存档。

（一）专业监理日志的主要内容

1. 日期及气象情况

记录当天日期、气温及天气情况（分上午、下午及晚上）。主要包括当日最高、最低气温，当日降雨（雪）量，当天的风力。气候条件不仅影响工程进度而且也影响工程质量，因此要详细记录气候情况。

2. 施工工作情况

（1）施工进度情况。记录当天施工部位、施工内容、施工进度、施工班组及作业人数、施工投入使用的机械设备数量、名称。施工进度除应记录本日开始的施工内容、正在施工的内容及结束的施工内容外，还应记录留置试块的编号（与施工部位对应）。重要的隐蔽工程验收、施工试验、检测等应予摘要记录，以备检索。若发生施工延期或暂停施工应说明原因。要深入施工现场对每天的进度计划进行跟踪检查，检查施工单位各项资源的投入和施工组织情况并详细记录监理日志。

（2）建筑材料情况。记录当天建筑材料（含构配件、设备）进场情况，填写材料（含构配件、设备）名称、规格型号、数量、产地、所用部位、取样送检委托单号、试验合格与否（补填）、验证情况、不合格材料处理等。对进场的原材料应详细记入监理日志。需要进行见证取样的，应及时取样送检，并将取样数量、部位及取样送检人记录清楚。

（3）施工机械情况。记录当天施工机械运转情况，填写机械名称、规格型号、数量及机械运转是否正常，若出现异常，应注明原因。

3. 本专业监理工作情况

（1）现场质量（安全）问题的发现和处理。监理人员应做好旁站、巡视和平行检验等现场工作。现场监理工作要深入、细致，这样才能及时发现问题、解决问题，监理人员应在当天现场检查工作结束后，按不同施工部位、不同工序进行分类整理，并按时间顺序记录当日主要监理工作和监理在现场发现及监理预见到的问题，并应逐条记录监理所采取的措施及处理结果，对于当日没有结果的问题，应在以后的监理日志中得到明确反映。

（2）当日收发文号、收发文的主题以及重要文件的内容摘要，包括收到的各方要求、请示来文和当日签发的监理指令（如指令单、通知单、联系单）、监理报表（各种施工单位报审表及监理签证等），并应逐一说明监理落实处理上述收发文的情况。

（3）有关会议纪要和工程变更及洽商摘要。

（4）本专业重要监理事件的记录。

（5）其他事宜。

（二）项目监理日志的主要内容

（1）日期及气象情况。记录当天日期、气温及天气情况（分上午、下午及晚上）。

（2）项目施工工作情况。记录主要专业相应施工工作情况。

（3）项目监理工作情况：

1）与项目监理日志合并的主要专业监理工作情况，内容可比照专业监理日志中相应要求填写。

2）专业监理日志所未记载的收发文。

3）涉及整个项目的会议及工地洽商等，项目监理日志应予记载。

4）专业监理日志所未记载的综合性监理事件，对于重大监理事件，应予详细记载。

5）其他事宜。

二、旁站记录

旁站是监理人员控制工程质量，保证项目目标实现必不可少的重要手段。认真贯彻执行旁站监理工作，并对旁站监理作详细的记录，是监理单位的重要工作之一。需要旁站监理的主要是施工难度大、技术要求高、难以检查、出现问题后难以处理的关键部位或关键工序。因此真实、准确、规范地记录好旁站监理记录，对于每一位监理人员来说至关重要，同时也是工程实施中监理工作的原始记录和最真实的工作依据，是监理档案资料的重要组成部分。

旁站监理记录的主要内容包括：

(1) 基本情况。包括工程名称、编号、日期及气候、工程地点、旁站监理的部位或工序、旁站监理开始时间、旁站监理结束时间。

(2) 施工情况。主要记录施工单位在该关键部位或关键工序的施工过程情况、试验与检验情况、机械设备和材料的使用情况、安全文明施工情况等。

(3) 监理情况。主要反映项目监理机构在旁站监理过程中的三控制（资金、进度、质量控制)、三管理（安全文明、合同、信息管理)、一协调（协调各方关系）的行为。

(4) 问题及处理。包括发现问题、处理意见、备注三方面。发现问题可以是监理人员，也可以是施工、设计、建设单位的人员发现提出的。处理意见应是对问题作分析后而得出的一个结论意见。备注就是对问题和处理的跟踪记录，是问题处理后的最终结论记录，也就是对整个问题处理完后的“闭合”。

(5) 施工、监理人员签字确认。按时签字确认是旁站监理记录的重要环节之一，没有施工质检员、旁站监理人员签字的旁站监理记录是无效的。不及时签字，是对旁站监理工作的不重视、不负责，因此必须有一个严谨的时效性。

三、会议纪要

会议纪要是各类会议的记录，如第一次监理工地会议、经常工地会议、每日工地协调会、工地碰头会及其他非例行会议的记录。会议纪要格式见表 10－2。

表 10－2　　会　议　纪　要

（监理〔　　〕纪要____号）

合同名称：　　　　　　　　　　　　合同编号：

<table>
<tr><td>会议名称</td><td colspan="3"></td></tr>
<tr><td>会议主体</td><td colspan="3"></td></tr>
<tr><td>会议时间</td><td></td><td>会议地点</td><td></td></tr>
<tr><td>组织单位</td><td></td><td>会议主持人</td><td></td></tr>
<tr><td>会议主要内容及结论</td><td colspan="3">（可附页）
监 理 机 构：(名称及盖章)
会议主持人：(签名)
日　　期：　年　月　日</td></tr>
<tr><td colspan="4">附件：会议签到表</td></tr>
</table>

注　1. 本表由监理机构填写，会议主持人签字后送达参会各方。

2. 参会各方收到本会议纪要后，持不同意见者应于 3 日内书面回复监理机构；超过 3 日未书面回复的，视为同意本会议纪要。

第五节　监　理　报　告

在施工监理实施过程中，由监理机构提交的监理报告包括监理月报、监理专题报告、监理工作报告，监理报告由总监理工程师负责组织编制，审核签字、盖章后，报送建设单位和监理单位。监理报告应真实反映工程或事件状况、监理工作情况，做到内容全面、重点突出、语言简练、数据准确，并附必要的图表和照片。

一、监理月报

监理月报应全面反映当月的监理工作情况，编制周期与支付周期宜同步，在约定时间前报送发包人和监理单位。监理月报的主要内容如下：

（1）本月工程施工概况。

（2）工程质量控制情况。

（3）工程进度控制情况。

（4）工程资金控制情况。

（5）施工安全监理情况。

（6）文明施工监理情况。

（7）合同管理的其他工作情况。

（8）监理机构运行情况。

（9）监理工作小结。

（10）存在问题及有关建议。

（11）下月工作安排。

（12）监理大事记。

（13）附表。主要包括完成合同完成额月统计表、工程质量月评定统计表、工程质量平行检测月统计表、变更月统计表、监理发文月统计表、监理收文月统计表。

二、监理专题报告

监理专题报告应针对施工监理中某项特定的专题编制。专题事件持续时间较长时，监理机构可提交关于该专题事件的中期报告。

（一）用于汇报专题事件实施情况的监理专题报告

用于汇报专题事件实施情况的监理专题报告主要包括下列内容：

（1）事件描述。

（2）事件分析：

1）事件发生的原因及责任分析。

2）事件对工程质量影响分析。

3）事件对施工进度影响分析。

4）事件对工程资金影响分析。

5）事件对工程安全影响分析。

（3）事件处理：

1）承包人对事件处理的意见。

2）发包人对事件处理的意见。

3）设代机构对事件处理的意见。

4）其他单位或部门对事件处理的意见。

5）监理机构对事件处理的意见。

6）事件最后处理方案和结果（如果为中期报告，应描述截至目前事件处理的现状）。

（4）对策与措施。为避免此类事件再次发生或其他影响合同目标实现事件的发生，监理机构提出的意见和建议。

（5）其他。其他应提交的资料和说明事项等。

（二）用于汇报专题事件情况并建议解决的监理专题报告

用于汇报专题事件情况并建议解决的监理专题报告主要包括下列内容：

（1）事件描述。

（2）事件分析：

1）事件发生的原因及责任分析。

2）事件对工程质量影响分析。

3）事件对施工进度影响分析。

4）事件对工程资金影响分析。

5）事件对工程安全影响分析。

（3）事件处理建议。

（4）其他。其他应提交的资料和说明事项等。

三、监理工作报告

在进行监理范围内各类工程验收时，监理单位应按规定提交相应的监理工作报告。监理工作报告应在验收工作开始前完成。监理工作报告的主要内容如下：

（1）验收工程概况。包括工程特性、合同目标、工程项目组成等。

（2）监理规划。包括监理制度的建立、监理机构的设置与主要工作人员、检测采用的方法和主要设备等。

（3）监理过程。包括监理合同履行情况和监理过程情况。

（4）监理效果。包括质量控制监理工作成效、资金控制监理工作成效、进度控制监理工作成效、施工安全监理工作成效和文明施工监理工作成效。

（5）工程评价。

（6）经验与建议。

（7）附件。

1）监理机构的设置与主要工作人员情况表。

2）工程建设监理大事记。

复习思考题

1. 水利工程监理的工作文件有哪些？

2. 简述监理大纲的主要作用及内容。

3. 简述监理规划的主要作用及内容。

4. 监理大纲、监理规划、监理实施细则有何区别与联系？

5. 监理实施细则编制要点有哪些？

6. 简述监理报告的种类及内容。

7. 背景资料：某水利工程建设项目，建设单位委托某监理公司负责施工阶段的监理工作。该公司副经理出任项目总监理工程师。总监理工程师亲自主持编写该项目监理规划，该监理规划经公司经理审核签字后，报送给建设单位。该监理规划包括以下内容：①质量、进度、资金控制的措施及方法；②施工安全及文明施工监理；③合同管理的其他工作；④组织协调；⑤缺陷责任期监理工作。

第一次工地会议上，项目总监理工程师根据监理规划介绍了监理工作内容，项目监理机构的人员岗位职责和监理设施等内容。

（1）监理工作内容：①编制项目施工计划，报建设单位批准后下发施工单位执行；②检查现场质量情况并与规范标准对比，发现偏差时下达监理指令；③协助施工单位编制施工组织设计；④审查施工单位投标报价的组成，对工程项目造价目标进行风险分析；⑤编制工程量计量计划，依此进行工程计量；⑥组织工程竣工验收。

（2）监理设施。监理工作所需测量仪器、检验及试验设备向施工单位借用，如不能满足需要，指令施工单位提供。

问题：

（1）指出该监理公司编制“监理规划”的做法不妥之处，并写出正确的做法。

（2）请指出该“监理规划”缺项的内容。

（3）在总监理工程师介绍的监理工作内容中，找出不正确的内容并改正。

（4）在总监理工程师介绍的监理设施的内容中，找出不正确的内容并改正。

8. 背景资料：某水利枢纽工程建设项目，建设单位委托某监理公司负责施工阶段的监理工作。在地下洞室开挖过程中，负责现场监理的监理员根据实际工程进度编制监理实施细则并按照该细则开展相应的监理工作。其编制的监理实施细则包括以下5项内容：①适用范围；②编制依据；③专业工程特点；④现场监理工作内容、程序和控制要点；⑤资料和质量评定工作要求。

问题：

（1）指出在编制“地下洞室开挖监理实施细则”中的做法不妥之处，并写出正确的做法。

（2）请指出该“监理实施细则”缺项的内容。

9. 某水利工程建设项目，包含水闸两座，河道治理40km，建设单位委托某监理公司负责施工阶段的监理工作。假如你是该工程的安全监理工程师。

（1）试列出安全监理实施细则编制计划。

（2）试列出安全监理实施细则的内容。